◎最有希望的成功者，并不是才干出众的人，而是那些最善利用每一时机去发掘开拓的人。

——苏格拉底

◎我们应当努力奋斗，有所作为。这样，我们就可以说，我们没有虚度年华，并有可能在时间的沙滩上留下我们的足迹。

——拿破伦一世

The Talmud Of Wisdom

塔木德智慧

高 翠——编著

陕西新华出版传媒集团
三 秦 出 版 社

图书在版编目(CIP)数据
塔木德智慧 / 高翠编著. -- 西安 : 三秦出版社,
2012.3（2018.11重印）
（影响一生的成功励志经典）
ISBN 978-7-5518-0112-6-02

Ⅰ.①塔… Ⅱ.①高… Ⅲ.①成功心理－通俗读物
Ⅳ.①B848.4-49

中国版本图书馆CIP数据核字(2012)第039084号

塔木德智慧

高 翠 编著

出版发行 陕西新华出版传媒集团 三秦出版社
社 址 西安市雁塔区曲江新区登高路1388号
电 话 （029）81205236
邮政编码 710061
印 刷 阳信龙跃印务有限公司
开 本 787 × 1092 1/10
印 张 30
字 数 250千字
版 次 2012年6月第1版
2019年1月第6次印刷
标准书号 ISBN 978-7-5518-0112-6-02
定 价 39.80元

网 址 http://www.sqcbs.cn

前言

《塔木德》凝聚了犹太人对自己民族历史、民族文化、民族智慧的发掘、思考和提炼，是整个犹太民族生活方式的航图，是滋养世代犹太人的精神支柱，是其他民族的人走进犹太文化，接触犹太智慧的一扇必经大门。《塔木德》早已成了犹太人真正的衣钵。到处流浪的犹太人，随身携带着这本书，以此去追求自己的梦想。犹太民族作为一个古老而又神秘的民族，在人类的文明史上占据着举足轻重的地位。犹太人是世界上最富有的民族，也是举世公认的最有智慧的民族。

随着时代和环境的变化，《塔木德》被人们赋予了许多新的内容。犹太人成功的秘密就隐藏在《塔木德》之中。《塔木德》在世界上广为流传，已被译成十几种语言。尤其是犹太人人手一册，从生到死一直研读，常读常新。它不仅教会了犹太人思考什么，而且教会了他们如何思考。它用一种始终如一的声音，构建了犹太人的世界观。它宛如一位和蔼可亲的朋友或思想深邃的学者，始终和每一个犹太人进行交谈和讨论，并穿透琐细的生活，让人感觉到鲜活的智慧和触及万物的力量。犹太民族不但是一个古老而神秘的民族，而且是一个了不起的民族，他们没有家园，流离失所，安宁对犹太人来说只是昙花一现。相反，苦难、迫害、残杀几乎将他们的生命之火灭绝，但更使人们惊奇的是，犹太人是世界的少数人，却掌握着庞大的资产；他们遭受了千年的凌辱，但生生不息；他们颠沛流离，却可以生存在世界上任何一个角落。

其实，犹太人之所以在世界上任何一个地方都可以立足，这其实得益于他们独特的处世智慧。也就是说，与其研究犹太人做生意、控制金钱的智慧，还不如学习犹太人的处世智慧，正是他们千年的处世智慧为犹太人提供了坚实的经商基础。

犹太民族的智慧包含了永不消逝的温情与魅力，这些都是伟大的东西，就像玫瑰色的晨星，闪耀在寂寞的早晨，那是对人类灵魂永恒秘密充满激情的探索。

本书从犹太民族的生存智慧、处世智慧、经商智慧、心态智慧、成功智慧等方面入手，以品质、得失、积累、顽强、善待自己、生存、挫折、善恶、精明、合作、借势、变通、奉献、双赢、诚信、契约、风险、公共交往、目标与成就、享受、幽默、交友、教育为切入点，通过精彩的案例故事，全面而简练地展示了犹太民族的独特智慧。

希望通过阅读本书您能获得更多的人生智慧！

编　者

目　录

第一章　塔木德之生存智慧

第二章　塔木德之处世智慧

第三章　塔木德之经商智慧

第四章　塔木德之心态智慧

第五章　塔木德之育人智慧

第一章

塔木德之生存智慧

或许再没有哪一个民族像犹太民族一样，经历过那么多的不幸，经历过那么多的压迫和杀戮。犹太人四处流浪，他们从血腥的屠杀中挣脱出来，他们从险象环生的黑暗丛林中突围出来，他们在无尽的偏见和仇视中默默地抗争着、奋斗着。面对不幸与欺辱，他们从未被击倒，身临困厄与逆境，他们从不畏缩和气馁。他们坚信自己是上帝的“特选子民”，只要自己不失去信念，不停止奋斗就终会取得胜利；他们把逆境和打击看作检验自己信念与意志的机会，也把它们看成是下一次成功的垫脚石。

大劫难孕育着大复兴

“巴比伦之囚”后开始了犹太民族历史上的第一次大流散。那些寄人篱下的犹太囚虏深切怀念故国，渴望回到故土，但又没有物质力量去实现这一愿望，于是不得不求助于精神依托。正是在这样的情况下，一种特殊的宗教救赎信念——以宗教信仰为基础的复国思潮在流散于巴比伦的希伯来人中应运而生。当时耶利米、以西结和以赛亚第二等先知将复国思想与宗教信念巧妙地结合起来，使宗教复国思潮逐渐成形。

公元前538年波斯帝国战胜新巴比伦帝国。居鲁士宣布“奉耶和华神谕”，让巴比伦的犹太囚虏返回故国，还支持他们重建圣殿。这样，犹太宗教复国思潮因一个偶然机遇得到“证实”从而影响大增。

两个世纪后，亚历山大东征军占领耶路撒冷，犹太人光复故国化为泡影。此后，犹太人又先后处于马其顿、托勒密和塞琉古等希腊人王国统治之下。公元前42年，犹太人在反抗塞琉古王朝起义中建立了独立的马卡比王国，但这次复国也只是昙花一现，仅维持了百年左右。

随后犹太人又处于罗马帝国“铁与火”的野蛮统治下，而巴勒斯坦犹太人不断揭竿而起，试图以自己顽强不屈的武装斗争推翻罗马暴政，再度实现复国目标。其中规模最大的一次是公元132~135年由巴尔·科赫巴领导的反罗马起义。

从这次起义中所铸造的硬币上留下的铭文“以色列光复第一年”“以色列第二年”“耶路撒冷的自由”中，我们可以感受到犹太人强烈的复国愿望。但起义行动的接连失败以及罗马统治者对起义者的残酷镇压使犹太人对现实悲观失望，于是为摆脱压迫而祈求超自然佑助的观念与日俱增，犹太人的宗教复国思潮再趋高涨并进一步体系化。

待到犹太人进入世界性大离散时期，由于犹太人的生存权利在一些地区，尤其是中世纪的欧洲备受践踏，犹太宗教复国思潮得以进一步发展，并与犹太教神秘主义学说相结合。为广大离散犹太民众所虔诚信仰，以致在犹太人各散居地不时出现一些犹太人自称救世主来实现复国目标的“弥赛亚闹剧”，但其结局逐渐使犹太人的希望破灭。

近代之初，受到欧洲启蒙运动和欧美资产阶级民族民主革命影响的犹太人开始探索通过政治努力而非宗教途径来实现返乡复国的夙愿。犹太宗教复国思潮逐渐向政治锡安主义转变。这时的犹太复国思潮已成为犹太文化固有组成部分，成为政治锡安主义的主要思想渊源之一。

事实证明，宗教复国思潮只是一种虚无缥缈的空想，解决不了现实生活中面临的实际问题。到中世纪晚期和近代初期，欧洲的一些犹太精英们开始探索通过非宗教的方式摆脱苦难的途径。

也就在此时，文艺复兴、启蒙运动和工业革命正在深刻地改变着欧洲的面貌。新兴的资产阶级高举自由、平等、博爱的大旗登上了政治舞台，向封建专制和教会统治发起了攻势。这股清新的启蒙、改革之风也吹进了被高墙禁锢的犹太社区，使之受到冲击和震动。

在深受启蒙思想影响的犹太精英的领导下，一场相对整个欧洲启蒙运动来说是迟到的，但却在犹太民族复兴史上具有划时代意义的犹太启蒙运动终于在欧洲腹地兴起了。

在欧洲资产阶级民族民主运动逐步演变为资产阶级大革命的过程中，一些欧洲国家已开始采取措施改善犹太人的境况，但真正使犹太人获得解放的，还是1789年爆发的法国大革命。

1791年9月，革命后的法国制宪议会赋予所有犹太人以国家公民的权利。1807年2月，犹太教在法国首次享有与其他宗教在法律上平等的地位。在这前后，其他欧洲国家也纷纷宣布“解放”犹太人。

无论是欧洲各国政府的解放政策，还是犹太人自己“走出隔都”的启蒙改革运动，均没能使饱受苦难的犹太人从此真正地、永久地获得自由平等的权利。

与此同时，随着欧洲资本主义的迅速发展。一个犹太资产阶级已在欧洲形成，其经济实力迅速增强。毫不夸张地说，到19世纪前半叶，若离开犹太金融世家（罗思柴尔德家族，欧希塔尔家族，奥本海默家族等），就没有一个欧洲国家能够发行债券。

在经济实力不断增强，社会地位逐渐提高的情况下，以资产阶级为核心的各阶层犹太人对自己受歧视、受迫害的现状日趋不满。他们认识到文化启蒙和宗教改革不可能彻底改变这一状况，仅有经济实力也不足以维护自己的权益，因而开始探索解决问题的政治途径。

在犹太民族主义思想影响下，一批犹太知识分子开始对犹太民族传统的返乡复国思想进行改造加工，设计重建犹太国家、复兴犹太民族，一劳永逸地解决“犹太人问题”的种种政治方案。政治锡安主义正是在这样的社会历史条件下应运而生的。

第一次世界大战使欧洲的反犹主义有所减缓，但战争一结束，这股经久不衰的思潮马上又抬头了。

在波兰，政府公然制定了歧视犹太人的经济政策。在罗马尼亚出现了把犹太人驱逐出境的组织和运动。在立陶宛和拉脱维亚，削弱犹太人的经济、文化领域中的影响加剧，并得到了官方的支持。

在苏维埃俄国革命初期，犹太人的境况大为改善，反犹主义被宣布为非法，所有犹太人都获得了平等权利，一些犹太人还担任了党和国家的领导职务。但随着阶级斗争的扩大化和一批犹太领导人如托洛茨基、季诺维也夫、加米涅夫等被定为反革命，根深蒂固的反犹主义又开始上升，使苏联境内的几百万犹太人再次处于困境之中。

希特勒于1933年初在德国上台，随即迫不及待地发动了反犹运动。从1933年到1945年的12年里，这场运动从没间断，而且逐步升级。从迫害、驱赶到“最后解决”，致使约有600万犹太人死于纳粹之手。

纳粹大屠杀从肉体上消灭了成千上万的犹太人，但却从精神上促成了犹太民族空前的大团结。当所有的犹太人都为着民族的生存而殊死拼搏之时，阿兹肯纳齐人与塞法迪人之间的差异，正统派、保守派与改革派之间的隔阂，锡安主义运动内部各派别之间的歧见，俄国犹太人与德国犹太人之间的矛盾等等都显得无关紧要了。

希特勒的反犹政策使欧洲犹太人不再是德国人、波兰人、匈牙利人、罗马尼亚人、法国人、苏联人等等，而仅仅是犹太人，从而使许多犹太人的民族意识大大增强。既然同化程度如此深的德国犹太人都无法生存下去，那其他国家的犹太人还有什么希望呢？看来只有一条路可走：去巴勒斯坦重建犹太国。这是绝大多数犹太人从大屠杀中悟出的一条道理。大屠杀为以色列建国及犹太民族和犹太文明的复兴创造了极为有利的外部环境和历史机遇。

塔木德智慧录
ta mu de zhi hui lu

犹太人认为：人生就是一种挣扎与奋斗，只受过一次打击就一蹶不振的人是真正失败的人，而只要敢于从失败中重新认识自己，汲取经验和教训，就可以达到新的起点，最终就会取得成功。我们的周围充满着困难与障碍，也充满着希望与绝望，我们要做的就是坚定信念，培植希望。

塔木德是犹太人的精神支柱

《塔木德》就是犹太人的精神支柱，犹太民族历经迫害追杀，唯有《旧约·圣经》和《塔木德》是他们不灭的灵魂。就像是上帝的旨意，指引苦难的犹太人一次又一次找到希望，也使流散世界各地的犹太人紧紧结合在一起，为了生存，不屈不挠地进行抗争。

犹太人虽然寄人篱下，却从不抛弃传统的生活规范和道德文化，这是不争的事实。《塔木德》是犹太人生命的一部分。与其说犹太人用生命保护了他们的法典，使它延续不断，倒不如说《塔木德》指引着犹太人，使他们继续生存发展，免遭灭亡的厄运。

直到今天，这部法典仍被不少犹太信徒视为最可贵的。他们把它当作心灵的避难所和生活的慰藉。

在《塔木德》中记录了这样一则小故事：有两名男子结伴做长途旅行，一番艰苦的跋山涉水之后，他们又渴又饿。此时，他们来到一间屋子前。进去后，发现从天花板上垂下一篮令人垂涎欲滴的水果，但篮子挂得很高，伸手够不着。于是，一个男子想："水果虽然很诱人，但挂得太高了，我拿不着，只好算了。"而另一个则想："这些水果真诱人，我一定要设法吃到它。虽然挂得很高，但既然有人能够把篮子挂上去，我就能够想办法把篮子取下来。"于是，他屋里屋外一通搜寻，终于在房间的角落里找到一架梯子，顺利地取下了水果。

这则小故事更使众多的犹太人相信：《塔木德》纵然是博大精深，也是由同为血肉之躯的人所写成的，只要一步一步地踏踏实实地去学，终会心领神会并受益终生的。

这一信念使犹太人执著地求索"法典"所蕴含的智慧，从中汲取养分，滋养着犹太民族这株大树，也使犹太教在世界的力量越来越大。

在人类文明发展史上，犹太人占有着非常重要的地位。他们为人类社会进步作出过巨大贡献，涌现出了一大批杰出的伟人与名人，他们在各自领域作出了惊人的成就。不妨看一看下面的名单，我们就知道犹太人的伟大与卓越了。

第一，诺贝尔奖是全世界荣誉最高的奖项，这种奖项是绝对少不了犹太人的。到 1984 年为止，有 98 个犹太人获诺贝尔奖。其中，物理学 30 人，化学 15 人，生物医学 5 人，经济学 7 人，文学 8 人，和平奖 5 人。

第二，耶稣是基督教的创始人，但他是犹太人，耶稣自称是上帝的儿子，到处传教，主张用禁欲、忏悔等方法来拯救人类，后来被罗马人处死。如今已经过去大约 2000 年，耶稣仍是世界上家喻户晓的人物，继承他衣钵的也是个犹太人，叫保罗，也是名满天下。

第三，马克思也是犹太人，这位人类历史上最伟大的思想家，提出了一个庞大完备的学说体系，这个学说引发了波及全世界的社会主义浪潮。还有弗洛伊德，是精神分析学之父，他的思想影响了人文科学和文艺界的各个领域。

第四，在社会科学界，大卫·李嘉图和迪尔海姆最为突出，前者在古典政治经济学方面成就突出，后者则在社会学方面业绩惊人。

第五，在国际政治舞台上，也不乏有犹太人的身影。英国著名首相迪斯累里，德国共产党领导人卢森堡，前苏联著名政治家和理论家托洛茨基，这些人都是国际政治舞台上数一数二的人物。

直到今天，犹太人在世界政坛仍旧大放光彩。如：曾出任尼克松和福特两任总统国务卿的基辛格就是犹太裔人；犹太裔人奥尔布赖特是美国前任总统克林顿的国务卿，她也是美国历史上第一位女国务卿；犹太裔人刘易斯·布兰代斯担任联邦最高法院法官长达 25 年之久。在美国仅以 1998 年选出的 106 位国会议员为例，就有 23 人是犹太裔议员。

第六，自然科学以及物理学方面，更是奇才辈出：爱因斯坦的相对论，深不可测；波尔和波恩开创了量子力学；费米开拓了原子物理学；李普曼创立了电守恒定律；迈克尔逊发现了测定光速的方法；芬曼是“李克”概念提出者之一；施温格提出量子电动力学公式。

第七，时至今日，犹太人在各行各业的成就也丝毫不逊色：喜剧大师卓别林、著名诗人海涅、音乐大师贝多芬、天才画家毕加索等等。美国的电影业几乎可以说是由犹太人开拓的，几乎所有大型制片公司的创办人都是犹太裔人，如华纳公司的华纳四兄弟；派拉蒙公司的阿道夫·祖柯；米高梅公司的刘易斯等。

不仅如此，在经济领域，犹太人有着更加骄人的成就。他们在世界各地赚钱，金融、钢铁、石油、化工、电子、餐饮、娱乐业等领域他们无不涉足。尤其在美国，每 4 名富豪中就有 1 名犹太人，犹太金融家在美国金融界的实力首屈一指。格林斯潘这位犹太裔金融大亨，长期担任美国联邦储备委员会主席，索罗斯被称为世界头号“金融大鳄”。

以上这些名人都是犹太人的骄傲，都是各自领域出类拔萃的人物。

为什么犹太民族多出伟人和名人呢？其实这与人种没有关系，并非他们的大脑特殊。科学巨人爱因斯坦去世后，有关专家检验了他的头颅，发现他的脑容量比一般人还少。因此，世界专家们一致认为：犹太人对教育的高度重视，是出伟人和名人的根本原因。

犹太人为了子女的学业，会不惜倾其全部家产，另外国家和政府对教育有严格的要求和优惠的政策。

犹太人教育孩子从小抓起。当孩子刚懂事时，母亲就把《圣经》翻开，并把蜂蜜滴在上面，然后让自己的孩子去吻上面的蜂蜜，使孩子意识到书是“甜”的，培养孩子从小爱书的习惯。

犹太人尊师重教、蔚然成风。对犹太家庭来说，如果一个家庭中出了一名或几名博士可谓荣耀至极。可见犹太多伟人和名人不是偶然的，是他们重视教育的结果。

领悟生活的真谛

生活为一切而存在

《塔木德》中说：
有颠覆之时，有建设之时；
有哭泣之时，有欢笑之时；
有哀号之时，有舞蹈之时；
有扔石之时，有收石之时；
有拥抱之时，有分离之时；
有寻获之时，有失落之时；
有保存之时，有丢弃之时；
有降生之时，有死亡之时；
有播种之时，有收割之时；
有杀戮之时，有救助之时；
有撕裂之时，有缝合之时；
有沉默之时，有言笑之时；
有爱恋之时，有憎恨之时；
有战争之时，有和平之时。
在生活中，每个人都莫因所获渺小而放弃，要知足常乐。在生活中为了保持平衡，应在更加广阔背景下接受自我位置。

正如犹太传说中的先贤和智者阿卡马雅·本·玛哈拉雷尔所说：“正如人来自母亲的子宫，终究还要离开，和来的时候一样赤条条。”

这好比一只狐狸，发现了一座葡萄园，到处围着篱笆，只有一个很小的洞口。

它试图进去，可是进不去。

它该怎么办？

它三天没有吃东西，变得瘦骨嶙峋，然后从洞里钻了进去。

它在葡萄园里大吃起来，变得肥胖了。

想离开的时候，它没法钻出那个洞。所以它又饿了三天，直到又变得瘦骨嶙峋。

然后它出去了。

走的时候，它回头看看这个地方，说：“唉，葡萄园啊，葡萄园啊，你多么美，你的果子多么好吃，你的一切都值得赞美。可是你给了我什么享受呢？谁进去了，都得离开。”

一个男人走到华沙的小酒馆，晚上，他听到音乐和跳舞的声音从隔壁的房子里传来。

“他们一定是在庆祝婚礼。”他想。

但是第二天晚上，他又听到了这样的声音，第三天晚上还是这样。

“一户人家怎么能有这么多的婚礼呢？”这个人问酒馆主人。

“那个房子是一个结婚礼堂，”酒馆主人说，“今天有人在那里举行婚礼，明天还会有别人。”

“对于世界来说也是这样，”一个哈西德派拉比说，“人们总是在享受，不过有时候是这些人，有时候是另外一些人，没有谁是永远快乐的。”

一条落入网中的小鱼对渔夫说：“我太小了，不值得你一吃。或煮或煎，我都不能保佑你的灵魂。你把我放了，让我再长长，满两年以后我一定来让你吃。到那时候，你就会在老地方找到我，发现我大多了，比从前胖了七倍。那时，如果你把我煮在水里，你全家一定像过节一样开心，那么我就能永远拥有你的心了。”

渔夫回答说：“与其将一个巨兽让我的邻居们管制一年，还不如有条小鱼就抓在我自己的手中。”

学会享受生活

《传道书》中是这样赞美美好的生活的：

“美丽、力量、财富、荣誉、智慧、年老、成熟和孩子气都是正当的，而且这就是世界。去吧，高高兴兴地吃面包，快快乐乐地喝酒，你的行为早已得到了上帝的恩准。把你的衣服洗得干干净净，头上永远不要缺了香油。和你钟情的女人共浴爱河吧，一生中飞驰而过的岁月都是在阳光下赋予你的——你所有飞驰而过的岁月。仅仅为此，凭着你在阳光下所获得的权利，你可以尽力发掘生活。

“不管什么，只要在你权利许可的范围内，你就用最大的力量去做。因为在你即将进入的未来世界里，没有行动，没有思想，没有学问，没有智慧。

“即使一个人已经活了很久，也要让他尽情享受，要记得将来黑暗的日子会多么漫长。那唯一的将来是一片虚空！”

犹太人认为，世间除了快乐之外，还有罪恶跟在后面，因此人们应防止过度贪婪。

比如，当一个人习惯了大吃大喝，一旦吃不上，喝不上了，他就会感到失望，他就会卷入最辛苦的事务，为了钱财奔波，只为了保有他已经用惯了的餐桌。这引发了狡诈和贪婪，随之而来的是伪誓和其他一切罪恶……然而，如果他不受到快乐的引诱，他就不会堕入这些罪恶的深渊。

正如《塔木德》所言：

“肉越多，蛆越多。

“财产越多，忧虑越多。

“妻子越多，魔法越多。

“婢女越多，不贞越多。

“男仆越多，抢劫越多……”

一个人在杜绝贪婪、罪恶的前提下，可以力所能及地追求自己的幸福和快乐，这是造物主赐予人类的权利。

懒惰的人应该去看蚂蚁

犹太人认为，勤勉和成功是相辅相成的，常常有很多人因为勤勉而获得成功，但很少因懒惰而成功的人。在犹太人心中，成功的背后定有辛苦。远古犹太人生火，要花很长的时间去摩擦木头和石头，要吃果实，就爬到很高的树上去摘。

因此，《圣经》中有两句话："眼泪撒种的，必欢呼收割；那流着眼泪走出去的，必要欢呼地回来。"

《羊皮卷》中记载了这样一个故事：

哈德良皇帝看见一个老人正在努力地种植无花果树。他问老人道："你是否期望自己能够享受果实？"

老人回答说："如果我不能活到吃无花果的时候，我的孩子们将会吃到。或许上帝会特赦我。"

"如果你能够得到上帝的特赦而吃到这树的果实，"皇帝对他说，"那就请你告诉我。"

时光流逝，果树果然在老人的有生之年结出了果实，老人装了满满一篮子无花果来见皇帝。见到皇帝时，他解释说："我就是你看见过的那个种无花果树的老人，这些无花果是我的劳动成果。"

皇帝命他坐在金椅子上，把他的篮子装满了黄金。可皇帝的仆人反对道："您想给一个老犹太人那么多荣誉吗？"

皇帝回答说："造物主给勤劳的人以荣誉，难道我就不能做同样的事吗？”

皇帝说得很对，对于勤劳的人，造物主总是给他最高的荣誉和奖赏，而那些懒惰的人，造物主不会给他们任何礼物。他们在有生之年一无所获，而他们的一生也必将是一事无成的。他们所收获的只有空虚的生活和无尽的悔恨。

犹太人始终相信，勤勉或懒惰很少来自一个人的本性，很少有人一生下来就是辛勤的工作者，也很少有人是天生的懒惰虫，而大多数人的勤勉或懒惰都是习性所致。此外，犹太人孩童时期的家庭环境，以及所受的教育，也会有很大的影响。

在贫穷的年代里，犹太人为了生活，咬紧牙关辛勤工作，在非常恶劣的环境中，他们长时间地从事机械性劳动，因为如果不如此，便无法维持生活。

电报业巨子萨尔诺夫小的时候，家里十分清贫，没有机会读书。读小学的时候，就不得不利用放学时间及假日做工，挣点钱贴补家用。在他小学快毕业时，父亲又因为长年辛苦而积劳成疾，过早地去世了。他没有办法继续他的学习了，只好辍学做了童工。

15 岁的他就开始步入社会，并挑起了全家生活的重担。他一边赚取微薄的工资补贴家用，一边开始自学。几经周折后，他在一家邮电局找到了一份送电报的工作。他工作异常辛苦，一天要送 20 份电报，为了一份电报，有时候要跑上几英里路。当他回到家里的时候，已经是深夜两三点了，他又累又饿，几乎不能再多走一步路了。吃完一点儿饭他就赶紧睡觉，为了多送几份电报，他又不得不在早晨五六点钟的时候赶到电报大楼。

但他始终没有忘记将来要做一番事业的愿望。于是，开始学习当时几乎没有几个人掌握的国际莫尔斯电码操作方法。他减少了每天送电报的时间，把时间挤出来用于学习。当时只有初中文化程度的他，要学习这样的先进技术，其难度是可想而知的，但由于他惊人的决心和毅力居然学会了这项高难度的技术，于是他被破格提升为报务员。

在公司的研究所，他完成了电气工程学学业，成为当时世界功率最强的电台——马可尼无线电公司的收发报员。在 1912 年 4 月，震惊世界的大型豪华客轮“泰坦尼克”号遇难的时候，他是世界上第一个收到沉船信息的人。他连续72个小时守在电报机旁，不间断地收传信息。长期的电报工作让他敏锐地发现，无线电技术的市场化具有广阔的前景，公司认为他具备了经理人的思维，于是他在30岁那年，升任无线电公司这所特大型高科技公司的总经理。他这样卓越的成绩，在当时是绝无仅有的。这些都要完全归功于他那种顽强坚韧的工作态度带给他的好运。

他们似乎是一群从来不知道疲倦的辛苦工作的人，可以在长期的工作中忍辱负重而没有丝毫的怨言，而且，一般都可以长期默默地埋头工作而不为外人所知晓。人们似乎早已经忘记了他们，而他们也似乎和这个世界没有任何关系。然而有这么一天，他们却获得了意外的巨大成功。

塔木德智慧录
ta mu de zhi hui lu

犹太民族是世界上最为努力的民族，这种顽强的精神不知道成就了多少犹太富翁，这些杰出人物无不具备这样顽强忘我的奋斗精神。

会选择，懂放弃

犹太人一旦决定在某项事业上投资，一定要制定短期、中期和长期三套投资计划。

短期计划投入后，即使发现实际情况与事前预测有出入，他们也会毫不吃惊或动摇，仍积极地按原计划实施。

经过短期计划的实施后，即使效果不及预料的好，犹太人仍会推出第二套计划，继续追加投入，设法完成各项策略的实施。等第二套计划深入进行后，仍未达到预测的效果，与计划不相符而且又没有确切的事实和依据证明未来会发生好转，犹太人会毫不犹豫地放弃这项投资。

犹太人认为，放弃已实施了两套计划的事业是明智的选择，即使亏掉了不少投入也无所谓。因为生意虽然未尽人意，但不为后来留下后患，不为一堆烂摊子而困扰未来的工作，长痛不如短痛。

在经营活动中，犹太人忍耐的个性是闻名于天下的。但是，他们的忍耐是基于合算和有发展前途的投资基础之上的，当发现不合算或没有发展前途时，不用说几个月，哪怕几天他们也不会等待下去。

犹太人詹姆士原来沾染了恶习，像个花花公子，把父亲给他的一笔财产败光之后，生活难以为继时才觉醒要努力奋斗，决心从头做起。

他从哥哥那里借钱自己开办了一间小药厂。他亲自在厂里组织生产和销售工作，从早到晚每天工作 18 个小时。然后把工厂赚到的一点钱积蓄下来扩大再生产。几年后，他的药厂极具规模了，每年有几十万美元赢利。

经过市场调查和分析研究后，詹姆士觉得当时药物市场发展前景不大，又了解到食品市场前途光明。因为世界上有几十亿人口，每天要消耗大量的各式各样的食物。

经过深思熟虑后，他毅然出让了自己的药厂，再向银行贷得一些钱，买下“加云食品公司”控股权。

这家公司是专门制造糖果、饼干及各种零食的，同时经营烟草，它的规模不大，但经营品种丰富。

詹姆士对该公司掌控后，在经营管理和行销策略上进行了一番改革。他首先将生产产品规格和式样进行扩展延伸，如把糖果延伸到巧克力、香口胶等多品种；饼干除了增加品种，细分儿童、成人、老人饼干外，还向蛋糕、蛋卷等发展。接着，詹姆士在市场领域上大做文章，他除了在法国巴黎经营外，还在其他城市设分店，后来还在欧洲众多国家开设分店，形成广阔的连锁销售网。随着业务的增多，资金变得雄厚，詹姆士又随机应变，把英国、荷兰的一些食品公司收购，使其形成大集团。詹姆士的成功，正是得益于他当初对小药厂经营前途不佳的理智分析，及时调整经营思路，转向食品行业。显而易见，在商业经营中，适时放弃也是一种经商智慧。

当事业不顺利的时候，要坚忍，但也不是一味地忍下去，究竟应忍耐到什么程度，应该什么时候放弃，也是身处逆境，败中求胜的智慧。

在苦难中成长起来的民族

扫罗、大卫、所罗门是希伯来王国时期的三代君王，他们都来自南部的犹太和便雅悯两个部落，因此，住在北部的其他10个部落之间互相猜忌和怨恨。所罗门死后，他的儿子罗波安继承了王位。

这个棘手的问题罗波安是怎样处理的呢?

罗波安是无能的君主，他奢侈好色，嫉贤妒能，听信谗言，手下也多是些诡计多端的臣仆。在他执政期间，希伯来王国的国力由盛而衰。人们的反抗情绪越来越高，罗波安不仅不安抚人民，缓和这种矛盾，反而侮辱斥责他们："我父亲给了你们沉重的负担，很好！现在，我成为了你们的国王，将会把更重的负担压在你们身上；我父亲用鞭子抽你们，我将用带刺的鞭子抽你们。"

这样，矛盾越来越尖锐，最后北部10个部落拒绝服从罗波安，另外选了一位新国王，将撒马利亚定为首都，称为以色列王国。而南部的犹太部落和便雅悯部落仍然效忠于罗波安，称他为犹太王，首都依然是耶路撒冷。

这样，犹太人国家一分为二，统一了100多年的犹太王国就这样分裂了。

公元前8世纪，两河流域的亚述人强大起来，改变了西亚地区的形势。以色列被迫向亚述纳贡称臣。没过多久，也就是公元前722年，亚述攻陷以色列首都撒马利亚，10 个部落的人民消失在历史中，毫无声息。从此，他们被称为“失踪的以色列 10 个部落”，这至今仍是一个千古之谜，一直困扰着后人。犹太王国虽继续维持了 100 多年，却比以色列强不到哪儿去，犹太王国的续存是以向亚述纳贡称臣为代价换来的。

然而，犹太王国的这种续存的状况却没有持续多久。公元前 605 年，新巴比伦消灭了亚述，它的国王尼布甲尼撒二世与埃及法老尼科争夺巴勒斯坦，耶路撒冷面临危机。公元前 586 年，耶路撒冷被尼布甲尼撒二世的军队攻陷。圣殿遭洗劫，耶路撒冷成为一片废墟。犹太王国的国王、祭司、贵族和工匠数万人被俘虏，押往巴比伦。

犹太人作为俘虏被押往巴比伦，史称“巴比伦之囚”。

在这次大流放历程中，他们又一次被迫离开自己的家园，向世界的各个方向奔逃，成为他乡不受欢迎的外来客。

然而，被流放到巴比伦的犹太人却比那些被异族同化的北部 10 个部落的人民要幸运得多，他们并没有被强制性地遣散到各个地方，而是聚集在一起，仍然沿用着自己民族的传统习俗和信仰，他们又渐渐形成了稳定的犹太移民区。但此后，“犹太人”就成了犹太人与其后人的称呼，同时也成为整个犹太民族的通称。

最初的时候，犹太人怀着亡国之恨，非常仇视巴比伦。《圣约·诗篇》就吟出了这样的诗句：

巴比伦的儿女们
我们要祝福那些
像你们对待我们那样报复你们的人
把你们的孩子摔在石崖上的人

公元前 538 年，新兴的波斯帝国消灭了新巴比伦王国，这时，犹太人的处境才得到了一些改变。波斯帝国国王居鲁士发现犹太民族的神教思想对巩固帝国的统治有很大的帮助；同时，由于犹太人非常重视自己民族的教育，犹太人普遍拥有较高的文化素养，这种知识对他们来说也是一种精神财富。因此，居鲁士对犹太人采用了借助和利用的政策。于是，犹太人生活在了一种较为宽松的环境里。

在波斯王的统治下，尽管拥有安逸的物质生活，但却出现了精神生活上的危机。在这个充满了诱惑的环境下，犹太人要把自己的民族性保持下来不是一件容易的事。这个时候，先知们又出现了，他们将犹太民族从精神崩溃的边缘中拯救出来。

在犹太民族的发展史上，这个时期占据着特殊地位。

犹太民族在长期的流亡生活中如此顽强地维护自己民族的特性，并从中汲取力量而重新站起来。散居异乡能忠于自己的民族，这是非常了不起的，是犹太民族所独具的，这是其他很多民族无法比拟的。

公元前 538 年，波斯国王居鲁士允许希伯来人返回巴勒斯坦，并支持他们复兴犹太教，在耶路撒冷重建圣殿。如果想留在巴比伦，依然可以留下，犹太人首批回国的约有 4 万人。

公元前 516 年，返回耶路撒冷的人和留在当地的极少数犹太人联合起来，经过 20 年的艰苦努力，才将重建圣殿的工程完成，历史上称为“第二圣殿”。但它的豪华程度及规模却远不如所罗门圣殿。

公元前 445 年，波斯宫廷内的犹太裔官员尼希米被任命为犹太省省长，回到了耶路撒冷，按祭司对犹太教教义、教规的观点治理当地犹太自治社团。

在“大流散”的历史中，犹太民族遭受磨难、历经艰辛，他们熬过了一个个充满辛酸和屈辱的漫漫长夜，不过这些磨难并没有击垮他们，反而使他们的意志更加坚强。

塔木德智慧录

ta mu de zhi hui lu

由宗教的超然性而保持自己民族的独立性，由民族的忠诚性又促进宗教的坚定性，这使得犹太民族在艰难中没有消逝。犹太人杰出的智慧在这里能够得到充分体现。

用智慧获得更大的生存空间和机遇

犹大国末代国王西底家政策失误、强敌压境、力量悬殊的情况下，先知耶利米提出彻底屈服于巴比伦是唯一正确的政策。在相当一部分民众背离了犹太宗教律法的情况下是无法抵御强敌的，这时候放在犹太民族面前的首要问题不是保卫国家，而是保持犹太传统得以延续。因此当巴比伦王围攻犹太国时，耶利米回答国王西底家的发问时说：上帝的旨意是“我要亲自攻击你们”，“我向这城变脸，降祸不降福，这城必交巴比伦王的手中，他必用火焚烧”。

在耶利米看来，暂时的投降与蒙受耻辱是接受背教的惩罚，只有通过民族的救赎，才能纠正对犹太传统的严重偏离，这才是犹太民族今后得以持久发展的希望所在。由此可见，一个敢于承认自己错误的民族，一个敢于作自我批评的民族，一个敢于作“道德自我剧烈再创造”的民族，也就表现出了强者精神。他们不为寻常伦理观念所累，在灾难中反省，在屈辱中再生，从而进入了强者伦理的更高境界。

公元135年，粗暴的罗马人将成千上万的犹太人赶出家园。于是犹太人开始了犹太史最大最长的一次民族流浪。

在罗马人的铁蹄和驱赶下，绝大多数的犹太人离开了迦南，一部分移居到小亚细亚、阿拉伯半岛、两河流域和北非。另一部分流散到了英国、法国、德意志、意大利、西班牙、葡萄牙及中东国家。在漫长的中世纪，犹太人处处受到排挤、剥削和迫害。在文化方面，犹太人没有宗教和信仰自由，各种出自宗教偏见的诬告和迫害不时发生。罗马教会宣扬说犹太人是上帝唾弃的民族，并强迫他们改信基督教，如犹太人继续信犹太教，就会遭到各种酷刑。在经济上，犹太人受到了种种经营上的限制，在中世纪后期欧洲各国商业贸易和金融市场上受到排挤和打压，其财产经常遭剥夺。各国统治者还通过课重税、行业准入限制、罚没财产等手段，敲诈、掠夺犹太人的财富；而政治上，犹太人被视为一切罪恶的魁首，成为欧洲各国政治矛盾下的牺牲品。

整个中世纪是欧洲犹太人的黑暗时代，犹太人因宗教问题屡遭指控、诽谤、驱赶和屠杀。在持续的迫害过程中，犹太人被排挤出农业生产活动，只能从事经商和放高利贷。在其后的几个世纪里，西班牙、英国、德国和意大利等国还多次发生驱逐犹太人的事件。

19 世纪中叶以后，欧洲掀起了新的反犹高潮，其中德国和法国最为典型。众所周知，反犹主义的存在，虽然使犹太人在政治上和宗教上屡遭迫害和打击，在经济上屡遇扼制和破坏，精神上倍受摧残，甚至肉体也多次受到毁灭的威胁的情况下，犹太人仍顽强地生存下来了。

当追寻着犹太人坎坷不平的漂泊旅程之后，每一个有思想的人都会追问：犹太人的生存力量从何而来？他们的生命之源从何而来？

犹太人四处流浪，他们从血腥的屠杀中挣脱出来，他们从险象环生的黑暗丛林中突围出来，他们在无尽的偏见和仇视中默默地抗争着、奋斗着。面对不幸与欺辱，他们从未被击倒，身临困厄与逆境，他们从不畏缩和气馁。他们坚信自己是上帝的“特选子民”，只要自己不失去信念，不停止奋斗就终会取得胜利；他们把逆境和打击当作检验自己信念与意志的机会，也把它们看成是下一次成功的垫脚石。他们已经历了太多的不幸与风浪，习惯了不如意之事居十之八九的人生，深知世上绝没有一帆风顺。

犹太人顽强而坚韧的精神意志和挑战风险、永不气馁的进取意识，恰恰构成了犹太人的又一重要精神积蕴，从而使他们在充满竞争的世界商业舞台上纵横捭阖、卓尔不群，犹太人不但敢于冒险，更能于逆境当中从容镇定、自由应付。他们不怕风险，更善于在风险中施展自己的商业智慧和经营技巧。他们面对失败，绝不气馁，而是汲取教训，重新再来。

逆境是座分水岭

有三只蛤蟆不小心掉进了鲜奶桶里。

第一只蛤蟆说：“这是神的意志。”于是，它盘起后腿，等待着。

第二只蛤蟆说：“这桶太深了，没有希望了。”于是，它淹死了。

第三只蛤蟆说："尽管掉到鲜奶桶里，可我的后腿还能跳。"于是，它奋力地往上跳起来。它一边在奶里划，一边跳，慢慢地，它觉得自己的后腿碰上了硬硬的东西。原来是鲜奶在蛤蟆后腿的搅拌下，渐渐地变成奶油了。凭着奶油的支撑，这只蛤蟆跳出了奶桶。

在2000多年漂泊流离的生活中，犹太人一直处在逆境之中，在这漫长的日子里，一方面，把逆境视若寻常事，任凭风吹浪打，而且在此中学会了忍耐和等待，坚信事物总会过去的，学会了如何在逆境中生存发展的智慧。另一方面，把逆境看做是一种人生挑战，发挥自身潜在的能力，精神抖擞地在逆境中崛起。

犹太人把这种智慧运用到商业操作中，就形成了在逆境中发财的生意经。

犹太实业家路德维希·蒙德学生时代曾在海德堡大学同著名的化学家布恩森一起工作，发现了一种从废碱中提炼硫磺的方法。后来他移居英国，在英国几经周折才找到一家愿意同他合作开发此技术的公司，结果证明此项技术的经济价值非常高，于是蒙德萌发了开办化工企业的想法。

不久，蒙德买下了一种利用氨水的作用使盐转化为碳酸氢钠的方法，这种方法是他一起参与发明的，但当时还不很成熟。蒙德于是在柴郡的温宁顿一边买下一块地建造厂房，一边继续实验，以完善这种方法。尽管实验屡屡失败，但蒙德从未放弃，日以继夜地研究开发。经过反复而复杂的实验，他终于解决了技术上的难题。

1874年厂房建成，起初生产情况并不理想，成本居高不下，连续几年，企业完全亏损。同时，当地居民由于担心大型化工企业会破坏生态平衡，拒绝与他合作。

犹太人在逆境中坚忍的性格帮助了蒙德，他不气馁，终于在建厂6年后的1880年取得了重大突破，产量增加了3倍，成本也降了下来，产品由原先每吨亏损5英镑，变为获利1英镑。当时的英国，工厂普遍实行12小时工作制，工人一周要工作84小时。蒙德做出了一项重大决定，将工人工作时间改变为每天8小时。由于工人的积极性极度高涨，每天8小时内完成的工作量与原来的12小时一样多。

工厂周围居民的态度也发生了转变，等着进他的工厂做工，因为蒙德的企业规定，在这里做工，可获得终身保障，并且当父亲退休时，还可以把这份工作传给儿子。

后来，蒙德建立的这家企业成了全世界最大生产碱的化工企业。

塔木德智慧录

ta mu de zhi hui lu

在人的一生中，人绝不会顺利地走向巅峰的，遭遇挫折或失败很难避免。逆境是一种优胜劣汰的选择机制，越过逆境这座分水岭，人生必然呈现一种崭新的境界。否则，只能是平庸一生，默默逝去。

自己就是钻石

超越自我

犹太人有一则故事教导人们要去超越自己。

有一对父子都是拉比（犹太教教士）。父亲性格温和，考虑周到；而儿子却孤僻、傲慢，所以他一直没有成功。

有一天，儿子对父亲抱怨。老拉比说，“我的孩子，作为拉比，我们之间的区别是：当有人向我请教律法上的困难问题时，我给他回答。他提的问题以及我的回答，我的提问人和我都满意；但是若有人问你问题，则双方都不满意——你的提问人不满意是因为你说他的问题不是问题，你不满意是因为你不能给他一个答案。所以，你不能怪别人，而必须放下架子鼓励自己，才能成功。”

“父亲，你是说我必须超越自己？”

“是的，”父亲回答，“真正超越自我的人，才是真正成功的人。”

超越自己的历史传统融入了犹太人的血液之中，所以，犹太民族为最勤奋的民族。

道理很简单，如果勤劳自勉，借以超越自己，那么总有一天，就会自然而然地超越了别人。人一定要把握住自己的内在动力。超越自己，才能不断地鞭策自己前进，而不因为一时的懈怠或者一时的成功而失去继续努力向前的动力。

身边的礼物

有个人，他要离开自己居住多年的城镇，搬到另外一个陌生的地方去生活。临行前，他去拜访本地一位德高望重的老拉比，并请老拉比给他一些忠告。

老拉比想了想，给他讲了一个这样的故事：

有个住在柏林的犹太人，时常梦见在一个碾房的地下，埋藏了许多等待他去挖掘的宝物。终于有一天，他抑制不住自己的好奇心，打定主意在第二天一早就开始挖掘宝物。

次日早晨天未破晓时，他就起床，到了碾房之后，他便仔仔细细、小心翼翼地开始挖起来，但是他挖遍了碾房，也没有掘出任何值钱的东西。碾房的房主闻声而至，问他为什么在此地挖掘。

他如实讲述，不料当房主听完这人的说明后，突然高声大叫："太奇妙了，我也经常梦见一个住在柏林的人，而他的院落里也埋着许多宝贝。"

房主不但这么讲，甚至还说出了梦中那个人的名字，说来也真凑巧，这正是那个犹太人自己的名字啊！

于是犹太人立马跑回家中，赶忙挖院子，没想到他真的挖出了许多宝物。

"你知道了吧！"老拉比说完故事后，对这个即将移居的人说，"有时自己的院子里也埋藏着许多宝物，只是我们没有去挖掘而已！"

"请勿忘怀身边的宝物，"老拉比说，"不要老是妄想去坐在国王的餐桌前，你自己家里的餐桌更好，因为在那里你便是国王。"

准备移居的人听到这里后，就决定不再移迁他方了。

敢想就敢做

犹太人的比喻是非常幽默的，他们说，有三种东西不能使用过多。那就是：作面包的酵母，盐，犹豫。

道理谁都懂，却让犹太人形象地总结出来了。

酵母放多了面包是酸的，盐放多了是苦的，犹豫多了则会丧失稍纵即逝的机会。

犹豫是因为恐惧失败。失败让人变得谨小慎微。犹豫的表现是以各式各样的借口延缓行动，结果当然是坐失良机。

这就是坐而言商不若起而行动。有行动才有事物的转变。犹太人当年饱受欺凌，如果只是默默地苟延残喘而不变通生存方式，恐怕早就灭绝了。犹太人正是敢于正视现实，正视险恶，心存目标，埋头苦干，终于突破现状，立足并扬眉于国际商界。

犹太人格言说：人生之门不是自动门，若是我们不主动地推开或拉开，它就永远关闭着。为了开启成功之门，我们必须采取推或拉的行动。

看见吊桥止步不前和高台跳水完全是两种人，起初做销售，年轻推销员往往没有勇气去敲开顾客的门。这种推销员缺乏应有的想象力，不知道叩开顾客之门就是叩开自己的人生之门，他们恐惧失败不敢冒险。

如果年轻时不敢冒险，到老将一事无成。不采取行动，一切会越来越糟糕。

让不成熟的行动走在万全的思想之前，才是上上之策。行动尽管不完全成熟，但可以收到实效。只有产生实效的行动才可能给思想提供依据，有依据的思想才会有巧妙之处。坚实的行动与非凡的思想相结合，事业才能获取大成就。

创造自己

《犹太法典》中有这样的记载：

有两个犹太人，一个是以家世为荣的青年，另一位则是一贫如洗的牧羊人。家底殷实富有的青年非常自豪，把自己的祖先和钱财美美地向牧羊人吹嘘了一通。青年说话的口气很大，充满了得意的神情。牧羊人听他说完后，毫无自卑之感地说：“原来你是那么伟大祖先的后代啊！不过，你要知道，如果你是你们家庭的最后一个人，那我就是我们家族的祖先。”

在犹太社会中，家的存在具有很大的意义，它的价值因学问、慈善行为及对于地域社会的贡献大小而有所不同，其中最重要的是学问。金钱和事业上的成功，对于家的荣誉并不是很重要的因素。

正是基于此点，犹太人中才涌现出了那么多居于世界一流的大学问家。他们是马克思、爱因斯坦、弗洛伊德、奥本海默……

学问的成就只取决于个人，而不取决于家族的贫富。如贫穷的牧羊人没有必要在富家子弟面前自卑。犹太人最具圣名的拉比希勒尔便是木匠出身，而亚雅基巴本身就是一位牧羊人。

每一个人都有自己的特色，都与众不同，若以同一件事去考验两个人，所做的事的结果必然不同。

塔木德智慧录
ta mu de zhi hui lu

否定个性的社会难以进步，自己扼杀自己个性的人也不会有进步。每个人都是尊贵的。神说神是照着自己造人的，造形各异，人形与神也就各异。倘若一个人只知道模仿大众，那就是忘了神赋予他的神圣使命——创造自己。

于逆境中搏击

最为坚强的人

犹太民族有着无比强烈的向逆境挑战的勇气和毅力，有着坚强的信念，这是这个民族之所以能够生存至今的一个重要因素。

犹太人喜欢经常对自己说：我们一定要勇敢，而且必须要坚强，一定要用自己的天分与优良的素质挑战逆境；要活下去，要生存，便要充分地认识到自己，要行动起来；我们最大的敌人就是恐怖、谨慎、懦弱和胆怯，我们必须要坚强。

坚强对犹太人来说是一种信仰，只有那些脆弱的人才会将它淡忘。我们试着想一想，如果说没有经过风雨的洗礼，花儿又怎么会娇艳成长。坚强，不需要任何理由，太多的理由会起到相反的作用。为了期待的眼神，为了摆脱孤寂的惆怅，我们选择了坚强。坚强让泪水在脸上风干，化作深刻的微笑，去迎接第二天更加绚丽的朝阳。坚强，赋予了我们广阔的胸怀，更赋予了我们正视逆境、面对挫折、忍受痛苦的力量。每当我们失败时，我们每个人都不能离开自信，但是我们更需要的是坚强。被击倒一百次又怎样，只要我心坚强，失败、逆境、痛苦、孤寂……也不过是疾风吹劲草而已！

事实上，就在这个近乎残酷的大自然当中，生命的坚强到处都可以看见。

如果登上黄山，经常会看到悬崖边摇摇欲坠的乱石堆里，生长出一棵松树，裸露在石缝中的根系盘结错杂，比树冠还要庞大，而遒劲有力的主根，比那棵松树的主干还要粗壮。它那扭曲的身姿，是松树在高峰之巅一次次与风雨抗争的烙印！不是乱石养育了这棵松，而是这棵松用自己的根系庇护了乱石，让它们在疾风劲雨中仍岿然不动。

犹太人觉得，遇到的苦难愈艰深，失败的次数愈多，就会愈坚强。

犹太人说，世界上卖豆子的人可以说是最快乐的，那是因为他们永远也不必担心豆子卖不出去。卖豆人每次在豆子卖不出去时，他们就可以拿回家，磨成豆浆，向行人兜售，假如说豆浆卖不出去的话，他们还可以制成豆腐，如果豆腐还是卖不出去，当它变硬了的时候，姑且当作豆腐干来卖。当豆腐干再卖不出去的话，那么就把豆腐干腌起来，变成腐乳。

还有第二种选择，那就是卖豆人把卖不出去的豆子拿回家，加入水让它发芽，过不了几天，卖豆人就可以改卖豆芽，如果豆芽还是卖不动，那么干脆让它长大些，卖豆苗。豆苗卖不动的时候，就再让它长大一些，移植到花盆里面，当作盆景来卖。如果盆景还是卖不出去的话，那么就再次移植到泥土里面，让它生长，过不了几个月，它就能够结出许多新的豆子，你想象一下这是多么划算的一件事，这样一颗豆子就会变成上百颗豆子。

敢于向逆境挑战

每个人的一生都不可能是一帆风顺的，正所谓社会当中的许多机会也不可能是总是顺风而来的。所以，我们都要有面对逆境的勇气与智慧，无论在什么时候，我们对于逆境都应该抱着乐观而积极的心态，敢于向逆境挑战。

《塔木德》中有一则名叫“飞马腾空”的寓言。

在古代，曾经有一个叫哈比的犹太人，他因为触怒了国王而被判了死刑，这个犹太人请求国王能够饶恕他。他说：“你只要给我一年的时间，我就有办法让您最心爱的马飞上天空。假如过了一年以后，您的马还不能够在天空自由飞翔的话，我宁愿被处死刑，绝对不会有半点怨言。”

国王想了想，就答应他了。

哈比回到牢房以后，另一位囚犯对他说：“你不要信口开河好不好，马怎么可能飞上天空呢?”

这个犹太人回答说：“在这一年之内，不一定会发生什么样的事呢?也许国王会死，也许我自己病死，说不定那匹马出意外送了命。”

犹太人觉得，无论是什么事都不能太悲观。因此，在这种观念下，犹太人就算是面对危机与逆境，他们总是可以保持乐观，他们可以在别人感觉不可能的情况下，找出可能性，让那些不可思议的事，变成事实。

股票大王约瑟夫·贺希哈小的时候是一个乞丐，可是他却发誓，自己一定要成就一番伟大的事业。

在流浪街头觅食的时候，约瑟夫·贺希哈每天捡别人不要的报纸，坐在街边的石椅上看个不停，晚上借路灯的光阅读捡来的书。就在这种恶劣的环境下，他慢慢地对书报上的经济资讯、股市行情产生了兴趣，因此，他决心从股票方面发展自己的事业。对于一个衣不蔽体、食不果腹、一无所有的人来说，他竟然想发展股票事业，很多人都觉得他简直是异想天开。可是约瑟夫·贺希哈就是凭着自己的顽强精神，一步一步地朝这个目标前进着。

1914 年第一次世界大战开始的时候，纽约证券交易所和其他证券交易所都因经营惨淡而关闭了，绝大多数证券公司都岌岌可危。就在这个时候，约瑟夫·贺希哈决定到证券交易所去找工作。

有几位在交易所门口玩纸牌的人听说他是来找工作的，不禁哄然大笑起来，他们认为他在股市大崩溃的情况下还想做股票工作，一定是神经有了问题。

但贺希哈并没有因此而灰心丧气，他转身又到别的交易所去寻找工作。在接连受到讥笑的情况下，他仍然不放弃自己的追求。后来，他来到了百老汇大街 120 号的依奎布大厦，在爱默生留声机公司那里找到了一份工作。那是一份负责办公室打杂和午间总机接线的工作，工资非常低，每周只有 12 美元，但是他仍很高兴地接受了这份工作。

他满腔热情地开始了工作，而且还非常珍惜自己所拥有的这个机会。他利用晚间和假日认真钻研股票知识和市场行情。没有过多久，贺希哈发现爱默生留声机公司也发行股票和经营股票，因此他时刻注意着公司的经营情况。

他想，自己现在从事的打杂工作与高层的股票操作差距太大，应该想办法使自己靠拢，甚至也可以操作股票。

一天上午，他鼓起勇气，敲开了总经理办公室的门，他大胆地问："总经理先生，我可以做您的股票经纪人吗？"

总经理惊讶后稍稍沉默了一下。在他眼里，这位犹太小伙子工作勤快，反应灵活，因此，他对贺希哈说："胆量是成功的首要条件，你既然有这种勇于向困难挑战的勇气，就不妨试试吧！"

从此以后，贺希哈成为爱默生留声机公司股票行情图的绘制员。他运用自己积累的股票知识和行情资料，很快便上手了。在工作当中，他慢慢地对股票买卖领悟得更深了，这为他后来事业的发展，打下了坚实基础。

贺希哈在爱默生公司工作的时候，每天只花很少的车费、午餐和零用钱，其余的钱全部积攒下来。他还替另一家股票交易所当跑腿，这份兼职工作是从每天下午 6 点到第二天凌晨 2 点，来回递送有关文件，每星期从中赚取 12 美元的报酬。经过 3 年的艰辛努力，他终于积累了 2000 美元。

贺希哈根据自己的人生计划，自立门户成了一名股票经纪人。从此，他开始走上了发财之路，不到一年时间，他已经拥有了168万美元的资产。

股海是风云变幻的，它不会被人们的意志所左右。就当贺希哈的财富积累到上亿美元的时候，有一次股市骤然崩盘，他先前买股票所赚到的上千万美元及其他获利，一下都亏光了。

这一次的惨败一点也没有打败贺希哈，相反的，使他变得更聪明了。

他回忆说：“这一次失败使我只剩下4000美元，几年的心血几乎输光了，那是我一生最痛苦的一个阶段。可是，我觉得，每一个人都会犯错。我如果不犯错的话，也就没有办法学到这些宝贵的经验。”

确实，从那一次失误以后，贺希哈经营股票顺利多了。到1928年，他已经成为每月可以赚20万美元的股票大王了。

1929年是他最辉煌的一年，这一年也是股市历史上最热闹的一年，几乎全民都加入了股票买卖的行列。

丰富的经验已经让贺希哈认定大雨和风暴即将来临，他果断地将1928年末及1929年初大量买入的各类不同的股票，一分不留地抛售出去，最后他得到了相当于原来投资十倍多的回报，贺希哈这一下又赚了上亿美元，这使他成为当时赫赫有名的股票大王。

从约瑟·贺希哈的发迹历程中可见，一个人要想成功，必须要有积极进取的精神，不畏困难，不怕挫败。

“请主给我磨难，考验我对主的信仰；请主给我苦痛，让我和普通人不一样；请主给我逆境，让我拥有成功。”逆境就是人们遭受挫折或失败的时候。在人的一生中，这种境况谁都会碰到几次，重要的是应该用什么样的态度去对待它。

怨天尤人，灰心丧气是人们面对逆境的时候，最常见到的一种态度。不少人在遇到一连串的打击或不幸后，很可能会一蹶不振、沉沦颓废。

其实，面对逆境，有些人懂得以坚强不屈的态度来面对，屈身忍耐，静心等待，他们坚信万事万物都是在变化的，总会有时来运转的时候。

除此之外，还有的人把逆境看作是人生的挑战，正因为有了外来的压力，才激发出他的潜力。当他一帆风顺时，他可能会昏昏欲睡，但是如果一遇到逆境，有了压力，他反而精神抖擞，变成了一个勇者或英雄。

曾经有一位心理学家做过这样的试验：

他把100个人分成A、B两组，A组的人所处环境舒适，可以打高尔夫球，可以打桥牌，吃西餐，还有高级轿车接送，总之，他们的一切需求和欲望都可以得到满足。

B组的人却不管做什么，都不如意，他们要吃饭电饭锅却坏了，口渴了水质却很差，他们想洗澡才发现停水，肥皂也发霉变黑。

就这样过了6个月，A组的人整天昏昏然，精神不济，对人生感到无聊和空虚；而B组的人却精神抖擞，随时有很多解决问题的创意。

塔木德智慧录
ta mu de zhi hui lu

逆境也可说是人生的一个分水岭，有的人就此销声匿迹，有的人从逆境中崛起，人生和事业进入了一个全新的境界，整个人也脱胎换骨，像破蛹的蝴蝶一样，获得新生。

学会用心说话

人之所以有两个耳朵、一张嘴巴，是为了让人多听少说，听的分量要多于说的两倍。于是，那些懂得听话艺术的人总是让人尊敬，而那些只知喋喋不休的人只能让人厌恶。

尽管舌头没有骨头，但也应该特别小心它的厉害。因为话一旦说出口，就像射出的箭，再也不能收回了。

有一个拉比对他的仆人说："到市场去给我买些好东西。"

仆人去了，带回来一个舌头。

拉比又对仆人说："到市场上给我买些不好的东西。"

仆人去了，又带回来一个舌头。

拉比对他说："为什么我说'好东西'你带回来一个舌头；我说'不

好的东西’，你还是带回来一个舌头？”

仆人回答说：“舌头是善恶之源。当它好的时候，没有比它再好的了；当它坏的时候，没有比它更坏的了。”

从这则犹太故事中可以看出警惕自己舌头的重要性。

犹太人认为，愚者常常暴露出自己的愚昧，贤者却总是隐藏自己的智慧。基于此，犹太人坚信：“假如你想活得更幸福、更快乐的话，就应该从鼻子里充分吸进新鲜空气，而始终关闭你的嘴巴。”

犹太人有一句俗话说：“当傻瓜高声大笑时，聪明人只会微微一笑。”因为喜欢表现自我、喋喋不休的人，通常都是些傻瓜。

一个波斯国王快要病死了。他的医生告诉他，喝母狮子的奶是存活的唯一希望。国王转向仆人们，“谁去把母狮子的奶给我拿来？”他问道。

“我愿意去！”有个人回答说，“如果你愿意让我带上10只山羊。”

那人带着羊群上路了，找到一个狮子洞，那儿有一头母狮子正在给幼崽喂奶。第一天，这人远远站着，把一只山羊扔给母狮，它很快就把山羊吃掉了。第二天，他走近了一些儿，又扔过去一只山羊。这样他往前走着，到第10天，他和母狮子成了朋友，它让他抚摸，和它的幼崽玩耍，最后让他取了一些它的奶。这人就返回了。

走到半路，这个人睡了一觉，梦见自己身体的各个部分吵了起来。他的腿说：“身体的其他器官都不能和我们相比。要不是我们走近母狮，这个人就没办法取到奶给国王。”

手回答说：“要不是我们挤奶，他也没有办法取到奶给国王。”

“但是，”眼睛说，“要不是我们指路，他什么也干不了。”

“我比你们都好！”心喊叫着，“要不是我想到这个办法，你们都没有用。”

“而我呢，”舌头回答说，“是最好的！要是不能说话，你们还能干什么？”

“你怎么敢和我们比？”身体的各部分一起叫起来，“你整天在那个黑暗的地方待着，不像我们都有骨头，你甚至连一根骨头都没有。”

“早晚你们会知道的，”舌头说，“到那时你们就会说我是统治者。”

这个人醒过来，继续赶路。当他走进国王的宫殿，他宣布：“这是我给你带回来的狗奶！”

“狗奶！”国王咆哮道，“我要的是狮子奶。把这人带走吊死。”

在去刑场的路上，这个人身体的各个部分都颤抖起来，这时舌头对它们说：“我说过我比你们厉害。如果我救了你们，你们会不会承认我统治你们？”它们都忙不迭地同意了。

“把我送到国王那里去。”舌头冲着刽子手大喊。这人又被带到国王面前。

“为什么你下令把我绞死？”这人问道，“这奶能治好你的病。你不知道有时候母狮子也叫做母狗吗？”

国王的医生从这人手里接过奶，检查一番，发现真的是母狮子奶。国王喝了以后，病很快就好了。

这个人因自己的成就而获得了丰厚的奖赏。现在身体的各部分都转向舌头，“我们向你鞠躬致礼，你是我们的统治者。”它们谦恭地说。

从这则犹太故事可知，话不可以随便乱说，应该一字一句地斟酌才对。

塔木德智慧录
ta mu de zhi hui lu

适量的言语可以一针见血，但是用量过多就会有害。

警惕自己的舌头，如同慎重地对待珍宝一样。使自己的舌头保持沉默，人生将会得到很大的好处。

寄希望于自己

任何人都希望别人给予帮助。在困难和危险面前，我们总在想：要是有人帮我一把有多好！于是，我们老寄希望于别人，特别是自己的朋友。但实际上，朋友再好也仅仅是朋友，他的心里想什么你只能去揣测，而绝对不会受你的左右，而至于那些不曾相交的一般人，就更别指望了。一般而言，人是有善心的，但是绝不是每个人都是菩萨。所以，自己不做事而寄希望于人，自己便是天生的寄生虫。与其将希望寄托在别人身上，不如从自己开始，牢牢把握自己。

人人都希望有个好的家庭，在生活中获得成功与幸福，也希望自己有个好的工作条件和拥有一个好的祖国。这样的话，我们便可以不怎么努力就可衣食无忧。可是，我们知道如何来创造一个良好的家庭环境，好的工作条件和富裕的国家呢？我们羡慕那些显赫的家族，可我们必须知道，当他们的先辈创业时多半也是白手起家，靠自己的双手和智慧才赢得了一片天地，而后继者也是勤耕不辍、兢兢业业，在先辈的基础上继续前进，而绝不是坐享其成、坐吃山空。我们梦想着有个优雅舒适的工作空间，做着令人艳羡的白领或金领贵族，可是我们必须知道，这样的工作空间是靠自己不断地学习和经验积累才有的。同样，我们希望自己降生在一个美丽富饶繁荣的国度，可是，正如肯尼迪说的那样：不要问你的国家能给予你什么，而要问自己能为自己的祖国做些什么。如果没有一个个个体的奋斗与努力，一个国家又何来繁荣与富强呢？

总之，一个道理，一切都要从自己开始，与其指望别人，不如自己亲自动手。

可是，人的天性就是对别人的过失总是很敏感，而对自己却异常的宽容，有时甚至还为自己强词夺理、巧言辩护。人很能严格地要求自己的妻子、儿女、同事、朋友、上司、下属，却唯独不能严格要求自己。因此，人最大的缺点就是不能以身作则，从我做起。中国有句俗话叫“正人先正己”，更告诫人们“其身正，不令而行；其身不正，虽令不从”。我们要时时反省自己，“吾日三省吾身也”，先自我批评，管好自己，然后才能推己及人。

《塔木德》中这样告诫犹太人：

“最值得依赖的朋友在镜子里，那就是你自己。”

“人们介意他人身上的皮肤病，却看不见自己身上的重病。”

“人有两个耳朵和一张嘴，就是要人凡事应多听少说。”

同时，《塔木德》也这样来比喻领导者：

“身体从头开始。”

“没有船长的船，就如同没有舵，全然不知方向。”

“能以微笑回答别人非难的人，是领袖之才。”

人首先要要求自己，然后才可以要求别人。路要真正自己去踩，才真正算走自己的路。自己不走，叫别人走，是毫无道理的；而踩着别人的脚后跟走，其实是替别人走路。

犹太人有着凡事从自己做起，善于自我反省，慎独自律的传统。作为上帝的“特选子民”，他们以信守合约、遵守法律著称于世。在商业活动中，犹太商人严格遵守契约合同，哪怕这种约定是口头上的。在他们看来，既然双方达成了某种一致，就应该一丝不苟地去执行。也就是说，不管如何，都要求自己遵照契约的约定来履行自己的义务和享用自己的权利。他们相信，只有从自己做起，从自己这方面去执行合约，才符合上帝对“特选子民”的要求，而只有这样，才能真正体现合约的精神——按照合约来履行自己的义务。两方都按合约来要求自己，这样合约的价值才能真正体现，否则，一方不从自己做起，却要求对方，那合约的执行就会遇到困难；如果双方都想着用合约去牵制别人，那么这个合同就可能要破产。在与犹太人的商业往来中，根本不存在犹太人不履行合约的情况，除非是合约本身有问题。正是这种先从自己做起，自己严格要求自己遵守约定的商业精神，使犹太人获得了“世界第一商人”的桂冠。

同样，在犹太人的经营管理活动中，他们从来都是以身作则，先自己做好表率，然后才以自己的行动去感化影响别人，而很少有自己都没有遵守却让别人遵守的情况。遵守规章，履行契约，从我做起，这些只是犹太人从我做起的比较浅层次的表现。在内心的灵魂深处，犹太人有着可贵的“慎独”精神，也就是可贵的自我反省、自我批评的精神，他们总是去问自己做了什么，做对了什么，应该做什么，却很少去要求别人该怎样。

在公众面前受到社会的压力，遵守规范是比较容易的，而单居独处之时，外界压力完全消失，只剩下内心的良知抵御着蠢蠢欲动的恶念。唯有此时能把持得住自己，方算得上有道德根底的人，所以《塔木德》上有一句话，叫“在他人面前害羞的人和在自己面前害羞的人之间，有很大的差别”。

这个差别，就是所谓“罪感”和“耻感”的区别。

所谓“罪感”就是把罪之恶看作是由罪本身的属性决定的。无论何时何地，人知我知，犯罪就是为恶，就是一件应该激起愧疚之心的事情。

而所谓“耻感”，则把罪之恶看作某种取决于外界状态的属性，为人知者方为恶，不为人知则无所谓恶不恶。所以，犯罪者的愧疚或者忏悔，不是为了作恶本身，而是为了作恶竟然被人发现。这种“愧”是为了“出丑”而愧，“丑”要是不出来，何愧之有？这种“悔”是为了搞错时机而悔，要是正逢无人发现的机会，何悔之有？

很明显，在“罪感”支配下的个体行为要比在“耻感”支配下的行为，在遵守规范时有着更大的自愿性、自觉性和自律性，这在犹太人的行为中表现得是十分明显的。

犹太民族的大门始终敞开着，不能遵守上帝律法的人尽可以自己走出教门，何况连犹太共同体都长期处于某种“独居”状态，更不要说犹太人个体了，这样一个民族不能不要求其成员多多“慎独”、多多“知罪”。在拉比的教诲中，“独居闹市而不犯罪”，之所以能同“穷人拾遗不昧”和“富人暗中施舍十分之一的收入给穷人”同立为“神会夸奖的三件事”，其共同之处，尽在一个“独”字。犹太人的上帝所赞赏的“慎独”，其实正是犹太民族延存的基本要求。

犹太民族弘扬“慎独精神”，但绝不意味着一切以自我为中心，他们绝不提倡“独善其身”式的“隐士”，而是教导人们要和普罗大众生活在一起。

塔木德智慧录

ta mu de zhi hui lu

犹太人“从我做起”的这种以自我为基点的人生观念，并不是与集体或与别的个体相离移的，犹太人“从我做起”的意义在于提升了自己，却又影响感化了别人，这比单纯的要求别人要强得多。

专注于一件事

一个人的成功，有时纯属偶然，可是，谁又敢说，那不是一种必然呢？

成功的犹太人常常说，一个人一生只要干好一件事情就可以了。这句话的意思是：要专心把一件事做好。由于人的时间、精力、脑力有限，所以，当你在一生或一段时间内选择一两个目标时，就应该在这方面投入你所有的时间、精力、脑力。社会上有一些专家或专才，他们连一般的生活常识都不清楚，但他们在某一个方面却有很深的造诣。这就是因为他节约了其他时间，集中精力专心做一两件事，他们在这一两个方面付出了很多的时间和精力，所以成功了，在这方面有了比人家更多的回报，这也是一种捷径。当你在谈论或与他讲一些与他无关的话题的时候，他的脸上不会有丝毫的反应，也不会接一句话，好像根本没有听见，这种人很知道节约时间、精力和脑力，尽量不与别人讨论一些毫无意义的事情也是一种节约，这种人能够成就一番事业。所以最好的方法就是在一阶段专心做一件事，其他不重要的事情先放一放，完成以后再设定一个新目标。

人脑的脑细胞不少于 140 亿个，即使是成功的犹太人也是这样，他们大脑潜力的开发还不足 10%。可见，一个人一生做好一件事不是太难，关键是看能不能把它坚持到底。有的人不计长远，只图眼前，风来随风，雨来随雨，今天干这，明天干那，见到什么就想干什么，什么都想凑凑热闹。结果，常常到头来只落得两手空空、一事无成。

一生只追求做好一件事情，是做人的一种方式，一种风格，或者说，是一种活法。让我们找准自己的人生坐标，坚持不懈地干好自己能够干好的一件事。这样，这辈子也就没白活了。

我们常人也一样，贵在勤奋，贵在坚持，只要牢牢把握住自己的人生目标，踏踏实实，一步一个脚印地走下去，就可能取得成功。

有一位年轻的犹太人住在以色列的一个小镇上，他是一个单位的看门人。也许是因为工作太轻闲，为了让生活过得充实，他经常看一些历史方面的书籍，作为自己的业余爱好。就这样，他看了60多年的门，也看了60多年的历史书籍。功夫不负有心人，经过这么多年的努力，他在历史学方面有了很深的造诣。此后，他声名远播，只有初中文化的他，被授予院士头衔，成为了世界上著名的历史学家。

这位犹太人成功的例子告诉人们：一生干好一件事。宇宙无限，人生有限，每个人都应当把有限的精力、有限的时间集中起来，做一件应当作、可能做好的实实在在的事情。

塔木德智慧录

ta mu de zhi hui lu

一个目标确定以后，必须把自己的全部心力、体力凝聚起来，心无旁骛，坚守初衷，直到成功。

换个角度来看

在很多情况下，如果我们一味地从正面思考问题，问题并不能得到很好的解决，但如果我们换一下思路，从相反的角度着手，问题可能就迎刃而解了。

大部分的成就都受制于形形色色的人，有些人的决定对成功与否特别重要。这些人就是你成功路途上的门卫，他们在放你通过前，必须对你的计划、产品、思想及求职的要求，乃至你的长相和性格说一声“OK”。

逆向思维就是要鼓动那些站在你和目标之间的门卫。逆向思维首先要确定或设定一个可以达到的目标，然后从目标倒过来往回想，直至你现在所处的位置，弄清楚一路上要跨越的关口或障碍以及是谁把守着这些关口。要把这一切都记下来，详细写出计划是整个过程中重要的一环。

要想让门卫同意通过，你必须找出促使他们开门放行的原因。最佳办法就是直接去问，征求他们的建议和看法，也可向经常与他们打交道的人咨询。

20 世纪 60 年代中期，当时在福特一个分公司任副总经理的艾科卡正在寻求方法，改善公司业绩。他认定，达到该目的的关键在于推出一款设计大胆、能引起大众广泛兴趣的新型小轿车。在确定了最终决定成败的人就是顾客之后，他便开始绘制战略蓝图。以下是艾科卡如何从顾客着手，反向推回到设定的步骤：

顾客买车的唯一途径是试车。要让潜在的顾客试车，就必须把车放进汽车交易商的展室中。吸引交易商的办法是对新车进行大规模、富有吸引力的商业推广，使交易商本人对新车型热情高涨。说得实际点，必须在营销活动开始前做好轿车，送进交易商的展车室。

为达到这一目的，他需要得到公司市场营销和生产部门百分之百的支持。

同时，他也意识到生产汽车模型所需的厂商、人力、设备及原材料都得由公司的高级行政人员来决定。艾科卡将为了达到目标必须征求同意的人员名单完整地列出之后，就将整个过程倒过来，从后向前推进。几个月后，艾科卡的新型车“野马”轿车从流水线上生产出来，并在 20 世纪 60 年代风行一时。

“野马”的成功也使艾科卡在福特公司一跃成为整个轿车和卡车集团的副总裁。

逆向思维的一个基本要素就是分出阶段重点。这样，你不得不将长远目标和近期目标清楚地区分开来，然后再将逆向思维分别应用到每一个目标中去。

举例来说，如果你说 40 岁想成为首席行政总监，这是不够的。这个目标太过遥远，逆向思维不能得以有效的发挥。你必须瞄准所要取得的具体成绩，这些成绩才是助你步入高层的高明战术。你想怎样为自己树立声誉并想对公司做出怎样的贡献？在前进道路上，你想拥有哪些特别的工作经验？你想在哪里工作，与哪些人共事？以上这些问题的回答为逆向思维提供了十分具体的目标。在考虑上述问题的同时，要将长远目标分成一系列明确目标。

目标越集中，逆向思维越奏效，为达到目标所需征得同意的人就越少，整个过程花费的时间就越短。

命运掌握在自己手里

犹太人的眼里只有自己的力量，其他的诸如家世显赫、门面堂皇之类的东西不过是与己无关的陪衬罢了。他们只相信自己的力量，认为自己的命运掌握在自己的手里，那种将个人的命运依靠在别人身上的人注定是要过悲惘的一生。

《塔木德》中有这样一个故事：

有两个犹太人，一个是家世显赫的青年，另一个则是一贫如洗的牧羊人。家底殷实的青年非常神气，他为自己的祖先和自己的富有而自豪，并向牧羊人趾高气扬地吹嘘。牧羊人听后，毫不自卑地回应说："原来你是那样伟大祖先的后代啊！可是，你要知道，你或许是你们家族的最后一个人，而我却是我们家族的祖先。"

牧羊人的意思是说，尽管你很富有，但你不过是背靠着显赫的家势，并不能说明你自己有多大本事；我尽管贫穷，但我的一切都来自我自己的努力，而不是家族或祖先的给予。并且只要我努力地去奋斗，我们的家族就可能因我而开始富裕，从而慢慢显赫起来，到若干年后，我就是我们这个显赫家族的祖先了。由此看来，在犹太社会当中，个体的存在是高于家庭乃至家族存在的。家族的存在不是不重要，但在个人的成功方面，家庭或家族并不是重要的因素，最重要的因素是自己，是个人的努力与奋斗。

正是基于此种认识，我们才有马克思、爱因斯坦、弗洛伊德、奥本海姆这样伟大的智慧头脑，而他们并没有一个来自显赫的家族，他们唯一可以依靠的是自己。

那么具体而言，怎样才能将命运握在自己的手心呢？在犹太人的思想和犹太商人的行动当中，可以体现出以下几点：

（1）要有顽强的独立意识；

（2）要具有自强不息的精神；

（3）要确立自己人生奋斗的远大目标；

（4）要在人生奋斗的旅程中，积极进取，奋斗不已。

如果做到了这四点，估计你就找到了掌握自己命运的金钥匙。

犹太人的现实生活，几乎都是处于动荡与逆境之中。如何在逆境中求得生存和发展，把握住自己的命运，是每个犹太人都在思考和关心的问题。长期的流浪和居无定所，加上所料不及的歧视和压迫，使他们在艰苦恶劣的环境中树立了一种独立的生命意识。而对于后代，在他们还是孩提时就被灌以独立的意识，以其能在未来的坎坷人生路上应付自如。这种独立意识的培养，主要得自于父母对孩子只相信自己，不相信别人，任何人都不可靠的知性教育。

每个人在童年时都有一颗纯洁的心，他们并不知道世界的真实面目，只觉得世界很美好。他们不仅相信自己，而且信任周围所有的人。如此天真单纯的人，是无法应付复杂的人类社会的。由于犹太人生来就处于逆境之中，生存的环境对他们来说更可谓是充满荆棘。要适应这个环境，首先就必须懂得怎样对待自己和他人。因此，犹太人教育自己的孩子要相信自己，除了自己以外，任何人都是信不得的。

为了达到让孩子们不信任别人的目的，父母时常担任坏角色，不断地骗自己的孩子，同时让孩子清楚地意识到自己的双亲在骗自己。每次的上当受骗，使孩子们意识到，双亲是信不得的，自己至亲的人都信不得，还能去相信谁呢？

一则小故事很能说明这个问题，它讲述的是父亲和独生子之间的故事。

有一天三岁的迈克在客厅里和姐姐玩游戏。当他们玩得正高兴的时候，父亲抱住小迈克，把他放在柜橱的上面，并伸出双手做出接住他的样子。迈克为父亲参加他们的游戏而感到十分高兴，他望着父亲，毫不犹豫就往下跳。在跳下来的时候，父亲却缩回双手，迈克重重地摔在地板上，号啕大哭。他向坐在沙发上的妈妈呼唤。可是，妈妈却若无其事地坐着，并不去扶他，而是微笑地说："啊，好坏的爸爸！"父亲则在一旁站着，用嘲弄的眼光看着可怜的迈克……

在中国人看来，这样做未免残忍了些，可是，犹太人认为这是很正常的、合情合理的。他们说："像这样重复五六次以后他们就不敢相信别人了，这样做的目的无非是让他们知道：世界上没有一个人是可以相信的，连亲生的父母也不例外，唯一可以信任的就是自己。"

这种只相信自己的思想，是孩子们独立意识形成的基础，它使犹太小孩从小便有独立生计的意识存在。他们相信，只有自己才能养活自己，靠别人来养活绝对是天真的幻想。因此，他们在任何条件下，都能顽强地生存下去。他们依靠的是自己的能力，再加上强烈的生存意识，他们当然能找到赚钱的好办法去解决自己的生活问题。

这种"唯我可信"的做法，也使他们在处理所有事务时小心谨慎，认真思考后再做出决择，所以他们很少上当受骗。

这种培养孩子独立意识的做法，在我们看来虽有些残酷，但绝对理智。它正是犹太民族长期流散不亡的一个重要原因。在长期的流浪生涯和被人排挤中顽强生存下来的犹太民族自然会对他人疑窦丛生。而商业经营者作为独立掌握自己命运的市场经济一分子，首先应具备的便是这种理智的独立意识与生存意识。这种意识还构成了犹太商人自我保护的防护膜，使他们从不陷于别人的商业陷阱。

犹太人正因为不轻信别人，不被许多事物的表象所迷惑，所以才能在生意场上纵横捭阖、成就卓然。当然，犹太人这种不轻信别人的思想也几乎到了偏执的程度，他们不相信父母也就罢了，但对自己最爱的妻子也不相信就有些匪夷所思。按照中国的传统，这种思想是可怕的，不相信自己身边最亲最近的人，家庭岂不破裂。可换一个角度，那些腰缠万贯的大亨巨富，又有几个真正拥有一位只爱他并愿与之终生为伴的妻子？正如一位犹太人律师的幽默所言："娶了老婆，她必会觊觎我的财产。为了我的财产，说不定什么时候她还会将我杀掉，我何必冒生命和财产的双重危险而去结婚呢？"怪不得有那么多的犹太富翁独身，原来如此！

他们只相信自己的力量，认为自己的命运掌握在自己的手里，那种将自己的命运依靠在别人身上的人注定是要过悲惘的一生。

自强不息——生存的法宝

在长期的漂泊生涯中，犹太人历经坎坷，遭受了前所未有的磨难，但他们从没有向命运屈服，顽强地保持着其特色和民族凝聚力，并谱写出一曲曲壮丽的赞歌，这正是这个民族自强不息的民族性格和旺盛的生命意识的明显印证。

犹太人的杰出代表马克思，为了共产主义事业奋斗终生。在他的一生中，多次遭到驱逐，而且经历了饥寒交迫的生活，但这些困难从没有动摇过他的事业。为了完成他的巨著《资本论》，马克思耗费了 40 年的心血，如果没有自强不息的信念和百折不挠的毅力，不要说 40 年，就是坚持 4 个月也难以办到。在逝世前夕，马克思说：“我已经把我的全部财产献给了革命斗争，……我从不为此感到后悔。相反的，要是我重新开始生命的历程，我仍然会这样做。”

马克思、爱因斯坦、弗洛伊德是 3 位影响世界进程的巨人，其中最有争议的是弗洛伊德，他被很多人误解过。一方面他被当作偶像顶礼膜拜，一方面他又被斥为招摇过市的骗子和色情狂，他的《梦的释义》刚出版时，几乎无人问津，在 8 年的时间里，《梦的释义》才卖了 600 本，前后只收到 200 美元的稿费。在科学史上，这样的事情是极为罕见的，而且在那段时间里，他遭到了很多人的恶意攻击。有人将他的理论同瑜珈术、基督教义一视同仁，还有人将它同“巫术”相提并论。最使他气愤的是，很多对心理学一窍不通的人也大肆攻击他的理论。他说："任何一个不懂物理学的人对爱因斯坦的相对论都不敢评价，但所有的男女老少对我的理论都敢大肆评论，不管他们是否懂心理学。"但弗洛伊德并没有被击倒，在孤立无援的境地中，他苦苦挣扎了近 10 年，又陆续发表了几部重要著作，最后他的学说终于震惊世界。

世界连锁店先驱卢宾，由于家境贫寒很早就辍学，16 岁时随淘金狂潮到了加州。他筹了一些钱开了一家小杂货店，在他兢兢业业的经营下，终于走上了连锁经营的发迹之路。犹太商人经商理财的代表是罗斯柴尔德，在发迹前，他在一个公爵的府邸做事，这一干就是 20 年。20 年中，他尽职尽责地做好自己的本职工作，但同时又要忍受着公爵对他犹太人身份的鄙视。由于他的不懈努力，最后终于成为控制欧洲经济命脉的金融巨擘。巴拉尼年幼时患了骨结核病，因为家庭贫穷无钱医治。由于没有得到治疗，他的膝关节永久性僵硬。在痛苦的思索后，他立志学医，在经历了千难万苦以后，最后获得了诺贝尔生理学及医学奖。"世界语之父"柴门霍夫，著名犹太诗人海涅，文学家戈迪默，影星达斯汀·霍夫曼，音乐家帕尔曼等，都是生活中的强者，面对厄运，他们从不低头，勇于挑战，最终都取得了成功。

塔木德智慧录
ta mu de zhi hui lu

自强不息是催人奋进和取得成功的法宝。

犹太人生存观

犹太人对苦难的忍耐力是罕见的，他们就像弹簧一样对压力有着极大的韧性。他们认为只有饱尝苦难和贫穷的人，才能在商场上有所作为，从而摘取生活甜美的果实。

犹太的先知们认为人的一生分为 6 个阶段：

1 岁时是国王——家人围绕着他，像扶持国王一样扶持他，把他照顾得无微不至；

2 岁的时候是头小猪——喜欢在泥巴里面玩耍；

18 岁的时候是小羊——无忧无虑地欢笑、跳跃；

结婚时是驴子——背负着家庭的重担，低头缓行；

中年时是狗——为了养家糊口，不得不摇尾奉承，乞求他人的善行；

老年时是猴——行为和孩童无异，然而再没有人去关心他了。

可以看出，纵观人的一生，犹太人认为困难和不如意占十之七八，而幸福和快乐只占人生命运的十之二三。这就是犹太人的人生观：痛苦，才是人生之路。这个苦难和痛苦的观念充满了他们的一生。为了生存，他们已经想尽了一切办法；为了生存，他们已经吃尽了人间的一切苦难；为了生存，世界上已经没有什么可以是他们不能做、不敢做的事情了。因此，只要环境相对稳定下来，他们千百年的忍耐与顽强就像火山一样爆发出来，做出了让世人称羡的成就。

相信自己

《塔木德》上面说："相信自己，便会攻无不克，不能每日超越一个恐惧，便从未学得生命的第一课。"在犹太的商人们看来，自信是自身的一种信念，是对自己的一种肯定。

靠谁都不如靠自己

《塔木德》说：不必空盼航船抵岸，除非你早已遣它出海。

犹太人至今保持着自己民族的特色和凝聚力。千百年来，犹太人人才辈出，精英遍布世界。自强不息是犹太人的一个优良传统，在困难和挫折面前他们从不退缩，迫害和杀戮也阻挡不了他们前进的路。自强不息的精神是催人奋进和获取成功的法宝，是犹太人生存方面的一种致胜术。

有这样一个故事：

小蜗牛爬到它的妈妈身边问："妈妈，为什么我们一生下来就要背负这个又硬又重的壳呢？"

它的妈妈答道："傻孩子，因为我们的身体没有骨骼的支撑，只能爬，但又爬不快，所以需要用这个壳来保护自己！"

小蜗牛不解地问："那毛虫姐姐也没有骨头，也爬不快，为什么它却不用背这个又硬又重的壳呢？"

它的妈妈说："因为毛虫姐姐能变成蝴蝶，到那时天空会保护它啊！"

小蜗牛还是忍不住问道："可是蚯蚓弟弟也没有骨头，也爬不快，也不会变成蝴蝶，它为什么不背这个又硬又重的壳呢？"

它的妈妈耐心地答道："这个啊，因为蚯蚓弟弟会钻土，大地会保护它啊！"

小蜗牛听到这里哭了起来："妈妈，我们好可怜，天空不保护我们，大地也不保护我们！"

它的妈妈笑着安慰他说："孩子，所以我们有壳啊！我们不靠天，也不靠地，我们靠自己来保护自己。"

故事中的小蜗牛并不可怜，因为它已经懂得了自强不息。人就应该像故事中的小蜗牛一样，自己靠自己，无论环境是安逸还是艰苦。

在犹太的商人们看来，自信是自身的一种信念，是对自己的一种肯定。这将使他人尊重并信任你，如果你自己对自己都不信任，又怎么能指望别人信任你呢？当遇到挫折时，如果你认为自己被打倒了，那么你就是真正的被打倒了。如果你认为自己仍屹立不倒，那你就真的屹立不倒。如果你认为自己会失败，那你必败无疑。

伊莎贝拉是犹太人，她由于遇到了房产销售的情势大好，她就决定代理销售活动房屋。当时很多人告诉她不应该这样做，说她不可能做得好。

她的顾问当时忠告她说："你看竞争多么激烈呀！此外，你在销售活动房方面又有多少实际经验？更不用说那是业务管理了。"

然而伊莎贝拉女士却对自己充满了信心。她自己也承认她的确缺少资金，竞争非常激烈，而且她也缺乏经验。"但是，"她接着说，"我收集的资料显示，活动房屋这个行业正在扩展，我也分析研究了我可能遇到的竞争。我知道我在销售方面可以做得比任何人都好。我预料到会犯一些错误，但是我会尽我的努力很快地去赶上别人的。”

最后，她还是毫不动摇的行动了。她那坚定不移的信心赢得了两位投资者的信任，使她得到了几乎不可能得到的优惠——一家活动房屋制造商答应，在不需要现金的条件下，供应她一些少量的存货。就这样，伊莎贝拉获得了很大的成功。当年，她卖出了超过 100 万美元的活动房屋。这所有的一切归根到底都是因为她对自己有信心。

不仅要有坚决和忍耐，而且还要有意志和信心。一切的胜利都开始于每个人的求胜的意志和信心。一个人只要有自信，那么他就能成为他希望成为的那种人了，一个人要永远保持成功的自信！无论是在任何的情况下，你都要依靠自己、相信自己、挖掘自己潜能、发挥自己优势，只有自己才能主宰你自己的一生。

做自己命运的主人

犹太人认为：成功之路就在脚下，需要自己走。

《华盛顿邮报》是美国首都的第一大报纸，它以独到的见解和勇敢求实的风格而闻名于世，白宫的高级决策者们，无不在每天伊始首先阅读它。这家报纸的主人就是有着犹太血统的女强人——凯瑟琳·格雷厄姆。

当初，凯瑟琳是在丈夫去世后仓促接管报纸的。处处都是男人，这是凯瑟琳遇到的第一个问题。她不得不对付他们，因为他们办事果断，能说会道，有抱负，有远见，信心十足，同他们相处很容易感到自己迟钝。男人本来就够难对付的了，何况他们又不是一般的男人，有时，看起来他们好像是用另一种语言讲话，这使她感到惊恐，感到自己不相称，因为他们懂得比自己多得多。

凯瑟琳找到老朋友李普曼，向他吐露了自己的心情。李普曼建议她每天阅读自己办的报纸，如有的报道她不理解，干脆把记者叫来，平心静气地在办公室问一些问题，从交谈中了解情况，把问题从专家们神秘的世界里挖掘出来，展开讨论。她逐渐了解到《华盛顿邮报》并不是一家特别好的报纸，一直存在着很多问题。于是，凯瑟琳决定改革。

报纸的兴旺关键在于人才。希拉德利原是《新闻周刊》的主编，在凯瑟琳的丈夫（菲尔）买下这家杂志之后，曾因一个女职员与菲尔争风吃醋，两人成为情敌。但当下，为了事业，凯瑟琳断然决定把希拉德利安排到《华盛顿邮报》任副主编，并很快提升他为社长。希拉德利把一批普利策奖获得者、最有才华的明星都聚集在自己周围，组成了一个光彩夺目的记者群，《华盛顿邮报》焕然一新。到20世纪60年代末，该报的财政预算由1962年的290万美元提高到730万美元，工作人员增加了35%，报纸的页数从56页增加到100页，发行量增加了15%，年利润差不多是原来的两倍。

1971年，《华盛顿邮报》开始公开出售股票，但是，股票销售情况不好，股票公司有点迟钝，不知道如何销这种特别的股票，除此之外，华尔街有许多保留，他们信不过一个女人领导的公司。这样一来，凯瑟琳就不得不去参加华尔街分析家们推销股票的辩论会。

出席辩论会的那天，凯瑟琳害怕得要命，但在发表讲话的过程中，她似乎一口气也没喘。她给人们留下了深刻的印象，表现出自己是一个坚强的有吸引力的女人。她成功了，几天内，股票上升了三个指数，凯瑟琳征服了整个华尔街。

所以，面对逆境时，要相信自己：无论困难多大，但通往成功之路，就在自己脚下，不管男人或是女人，只要相信自己，敢于主宰自己的命运，充分发挥自己的聪明才智，一定能成就一番事业。

盲从权威等于毁灭自己

《塔木德》中有许多鼓励人们反抗的话语，所表达的中心意思就是：人必须脱离常规，才能促使自己进步。

犹太人认为，每个人都要珍视自己，并且真正地尊重自己。一个人如果非常珍视自己时，便能产生个性，然后才能透过个性，发挥专长以贡献社会。因此，对犹太人来说：培育个性是每个人的义务。个人的独立是个人的生存之道，整个民族的独立是这个民族的生命不息之泉。这就是犹太人对于权威不盲从的智慧之处。

一次，拉比以利扎·本·西蒙从老师家里出来，悠闲地骑着毛驴，感到很快活，因为他刚刚学习了不少《律法书》中的知识，心中充满了骄傲。突然，一个非常丑的人对他打招呼："祝你平安，先生。"

他不对人家打招呼而是说："你可真丑陋啊！你周围的人都和你一样难看吗?"

那人回答说："我不知道。但是你可以去跟我的造物主说：你造出来的东西多么丑陋啊。"

拉比以利扎意识到自己犯了错，他对这个人鞠躬说："我在您面前低头，请原谅。"

但是，那个愤怒的人说："我不会原谅你，除非你去我的造物主那里说，'你造出来的东西多么丑陋啊。'"

拉比以利扎跟在那人身后来到自己的镇子上。当镇上的人看到他们的拉比，都来致意，说："祝你平安，师尊。"

"你们这是在跟谁致意?"丑人问道。

"跟在你身后的那个人。"人们回答说。

"如果那人是一个老师，"他大声说，"以色列再没有和他一样的人!"

人们很奇怪都问他为什么这样说，他讲了刚刚发生的事情。

"可是你应该原谅他啊，"他们催促着，"因为他是一个很博学的律师。"

"为了你们，我会原谅他。"丑人最后说，"但是他以后再也不许做这样的事了。"

这个非常丑的人之所以不愿原谅拉比以利扎，是因为他并不盲从权威。当他认为拉比犯错时，敢于坚持自己的正义。

虽然犹太人不盲从权威，但是，在日常生活中，犹太人认为，并不需要随时向权威挑战，只需适当模仿别人的做法，服从社会主流，就能过得很安乐。因此，犹太人不盲从权威，非常强调自己首先独立。

塔木德智慧录
ta mu de zhi hui lu

自强不息的精神会产生自信，自己潜在的力量也会得到发挥，这种力量用在自己的奋斗目标上，就可以排除万难。相反，没有自强不息的精神，轻易地自我菲薄，压抑自我发展的想法和潜力，成功就会敬而远之。

热情要靠理智来支撑

犹太人把人的热情分为两种：一种是感情所煽起的热情；另一种则是理智所支持的热情。

犹太人认为，感情所煽起的热情是很危险的，因为感情时而高昂，但却绝不能持久，理智则可贯彻终生。

在犹太人看来，人的热情要靠理性来支持。比如爱因斯坦的“相对论”研究，充满着热情，并以理智为基础，理智促进了热情，使热情向困难挑战，终于建造了伟大的金字塔。

同时，在犹太人心中，凡是经不起时间折磨，过一段时间就会失去价值的东西，都不珍贵，感情便是这种不堪时间折磨的东西。

在犹太人心中，同情是一种感情煽动起来的热情。

犹太人称同情为“雷赫姆”，“雷赫姆”是“母亲的子宫”之意。

拉比们说母亲怀胎10月时，不管肚子里的孩子是男是女，她都一定会流露出深切的母爱，“同情”的语源就是这么来的。

《圣经》上说：神本来打算让这个世界成为只有正义才可以统治的地方，但是没有成功，在不得已的情况下，他把“同情”给了人，使人能继续生存于世上。

犹太拉比告诫人们：绝不可因过度的热情而引火焚身，毁灭自己。因为这种热情会使人生的齿轮狂转，恋爱就是其中的一项。犹太人很少有激烈的热恋，虽然他们也会恋爱，但是大多数人认为，恋爱只不过是为建立家庭预做准备而已。

犹太人很重视“中庸”的观念，而不喜欢偏激，这也是犹太人强调理性处世的原因之一。

虽然如此，但并不是所有的犹太人都不重视感情。

《塔木德》中有一句很美的话："心满了的时候，就会从眼睛溢出来。"可见《塔木德》是肯定感情的存在。但是，当犹太小孩哭时，他们的父母就会以"笑是风力，哭是水力"这句谚语来耻笑孩子，教导他以理性的态度来停止感情的泄放。

塔木德智慧录

ta mu de zhi hui lu

在处世的智慧中，犹太人作为整体的民族来说，是比较偏重于理性，而少用感情的。

只有爱自己才能更好地爱别人

《塔木德》有云："客人和鱼一样，新鲜时是美味，但超过 3 天便会发出恶臭。"

"道路的右侧冻成冰块，左侧是一片火海，如果走向右侧就会受冻，如果走左侧便会烧成焦炭。唯有道路的中间保持不冷不热，这是一条恰当的前进道路。"

在长期的漂泊流浪生涯中，犹太人备受欺凌。他们身处异乡，无依无靠，只有靠自己。因此，他们养成了靠自己来拯救自己的信念。在他们看来，人活在世上，首先就要学会为自己着想，为自己谋求利益——只有自己的财富变得足够多时，才会有能力去帮助别人。一个人要想活得有价值，就必须不断奋斗与拼搏，这样，人生才会变得更加充实。那些一天到晚心忧天下而自己却穷得丁当响的人，固然值得尊敬，但他们对社会并没有做出有价值的事。犹太人认为，懂得珍惜和完善自己的人，才有能力去帮助、去解救别人。

翻阅那些成功犹太人士的奋斗史，我们就能知道：他们都是将命运掌握在自己手中，从自我做起，不断超越自己，最终成为生活的强者。在犹太人的眼里，那些名震天下，拥有巨额财富的商人们，更是从无到有，白手起家，不断积累，不断壮大自身实力，而最终成为功成名就的代表。

卢宾是美国连锁店先驱，他最初也是一个身无分文的穷光蛋。在他 16 岁时，西部掀起了淘金浪潮，他随着淘金的人们去了加利福尼亚，但淘金并没有为他挣来多少钱。

后来他做一些小商小贩的买卖，手里才开始有了钱，并且越赚越多，在此基础上，他将自己的生意扩大到城市，直到发明连锁经营的方式。他的生意越做越大，像滚雪球一样，经过多年的发展，终于成了一个有名的大富翁。

罗斯柴尔德是一个出生于德国法兰克福一条脏乱犹太街的穷小子。他开始时贩卖古钱币，这一干就是 20 多年，由于他的努力，终于使世人对古钱币产生了兴趣；而他的命运也从此发生了改变，成了一名富翁，并最终进入金融领域，一发不可收，最后成了威震欧洲乃至全球的金融舵手。另外，牛仔裤的创始人利维·施特劳斯，服装大王罗森沃德，股票神人巴菲特，美国电报大王萨尔诺夫等等都是以自己为起点，白手起家，从一无所有，最终成为富翁大亨的犹太人。

塔木德智慧录

ta mu de zhi hui lu

一个懂得珍惜自己的人，才懂得如何去珍惜他人，连自己都不爱的人是绝对不可能去爱别人的。

顽强的斗志是在苦难中磨炼出来的

从圣经时期开始，犹太人就遭受着无尽的苦难，但这也练就了他们坚韧不拔的性格。在犹太人看来，苦难同样也是一笔财富，只要一息尚存，就永不绝望，因为黑暗过后就是光明。

犹太民族在经历苦难时，他们顽强地承受着、忍耐着，他们怀抱希望，等待着机会，寻找着人生陡变的突破口。

约瑟夫·贺希哈，这位股票世界常赢不输的超人，正是这样一个从贫民窟中走出来的人。让我们从约瑟夫·贺希哈苦难的童年开始，去追索他曾走过的苦难历程。贺希哈先生的故事将告诉人们该怎样去面对苦难，该如何去奋斗；又该怎样面对生活，怎样去回报社会。

1908 年 5 月，熊熊大火烧傻了 8 岁的小约瑟夫，也把他烧成了一个小乞丐。与母亲和兄弟姊妹们赖以栖身的小房子只剩下断壁残垣，散发着缕缕青烟……

兄弟姊妹们被别人领养走了，当一对老年夫妇要领养小约瑟夫的时候，小约瑟夫仿佛才从梦中惊醒，“就是当乞丐我也要和妈妈在一起”。小约瑟夫从小失去了父亲，再不能离开母亲了。

小约瑟夫不懂，为什么有人享福，有人受苦。他也要去享福的世界，他要逾越那条低等和高等之间的鸿沟。

他来到纽约，回到了母亲的身边。新鲜的世界让从乡野里来的小约瑟夫目不暇接。他还没有看够这个世界，就被母亲带到了和刚才完全不同的世界——位于纽约布鲁克林区的杂乱肮脏的贫民窟。不久以后的一天下午，母亲不幸被大火烧伤，只好住进医院。她住的是乱哄哄的大病房，那些有鲜花有地毯有白色天使特别护理的病房，母亲却无缘问津。饭店、食品店比比皆是，而自己却饥一顿饱一顿在垃圾桶里找东西吃，这一切都是因为没有钱。那声鄙夷的“穷鬼”刺痛了小约瑟夫的自尊心，那块饼干不重却砸碎了小约瑟夫的心，他警醒了：没有钱永远会被人看不起！

小约瑟夫逐渐意识到金钱是旋转世界的魔方。金碧辉煌的摩天大楼，低矮潮湿的贫民窟；欢乐幸福，沉痛悲哀；慷慨大方，尔虞我诈；脑圆肠肥，瘦骨嶙峋……这一切，都和金钱有关。

小约瑟夫暗暗发誓，决不再受金钱的奴役。

1911 年春暖花开的季节，曼哈顿区百老汇街纽约证券交易市场熙熙攘攘。年仅 11 岁的约瑟夫也在这里穿梭着，看着听着想着，一无所有可以转眼拥有百万。他的血液在沸腾，他震惊了：“这里才是我的天堂，我一定要加入这个行列。”

二三年以后，14岁的约瑟夫，个子窜得老高，腰宽背阔，从一个小男孩长得像一个男子汉了。他没有征得母亲同意就不假思索地辞掉了在当时看来很不错的珠宝店小伙计的工作，雄心勃勃地要向纽约证券交易所的露天市场进攻。年轻幼稚的他怎么也没想到，当时是第一次世界大战刚刚开始的时候，纽约证券交易所冷冷清清，往日热闹非凡的景象荡然无存。

万般无奈之下只好重新找工作，但他决心要找一个与股票有关的工作。然而，没有一家公司的大门向他打开，他几乎要绝望了。就在他精神濒临崩溃准备回家接受母亲责骂的时候，爱默生留声机公司终于露出了天使般温柔的面庞，他做了办公室的收发员，中午还兼任接线生。

小约瑟夫满腔热情地开始工作。不久，他发现虽然爱默生留声机公司发行股票，并且经营股票，但是他从事的工作却与之毫不沾边。终于，他在上班6个月后的一天上午，鼓起万分的勇气敲开了总经理办公室的门，从容镇定地走进去，大胆地迎着总经理惊愕的目光，镇静地说："我要做您的股票经纪人。"

胆量是股海冲浪的首要条件，小约瑟夫的胆量征服了总经理。两个星期后，他开始为总经理绘制股票行情图。

从不熟悉到熟悉，小约瑟夫兢兢业业绘制了3年的股票行情图。为了多挣些钱贴补家里，他开始为华尔街劳伦斯公司做同样的工作。耳濡目染和苦心钻研，使他的炒股知识和经验不断地增长着，他越来越成熟了，这个股市的门外汉踏进了股市的大门。1917年，约瑟夫17岁，他不再受雇于人。虽然倾其所有他也仅有255美元，但是他要开创自己的事业了。

在最初的一年里，小约瑟夫炒股一帆风顺，赚了168万美元。然而，被胜利冲昏了头脑的他由于买下了大量因战争结束而暴跌的钢铁公司的股票，转眼又赔得只剩下4000美元。实践证明，小约瑟夫自身的知识和经验还不足以控制变幻莫测的股市。为此他疯狂地学习并遍访各路股市高手。他没有被困难吓倒，他想，现在总比初涉股市时的本钱多，一定要再干下去。

1924年，小约瑟夫经过分析发现，未列入证券交易所买卖的某些股票实际上是有利可图的。这些股票利润虽然不算太大，但风险极小，他就把精力放在了这些股票上。开始时资金不够，他就和别人合资经营，不到一年，他就开设了自己的证券公司——贺希哈证券公司。到1928年，他就成为股票大经纪人了，每月收益达28万美元，那年他才28岁。在当时的金融业中，一个初出茅庐的小伙子能拥有这样一方领地，的确不多见。

经济危机迅速度卷了美国，又从美国蔓延到西欧，工农业生产下降了三分之一。美国的生意已经很难做了，今后的道路应该怎么走?

约瑟夫随之把眼光转向了矿产丰富的加拿大。1933年，他在多伦多开设了证券公司，成为当地屈指可数的大经纪商。4月，他与加拿大产业巨子拉班兄弟联袂开设戈纳尔黄金公司，以每股20美分的廉价取得该公司59.8万股的上市股票。在他们的参与下，股价扶摇直上，3个月后涨至每股25美元，他见股价涨得过热，料定会出现大的滑坡，因此他又悄悄地卖出。果然不出所料，一个月后股价大跌，为此他又因先见之明而赚了130万美元。从1933年到1963年的30年间，约瑟夫不仅拥有了金矿，而且还吞并了诸如铀矿、铁矿、铜矿、石油等矿产业。除此之外，房地产生意也做得很红火。他的事业蒸蒸日上，取得了辉煌的成就。

凭着对股票生意的天赋，凭着对股票事业的执著，更凭着他的智慧和胆量，他实现了自己的愿望，成为亿万富翁。

约瑟夫从衣衫褴褛的乞丐成为拥有亿万的富翁，但约瑟夫从未忘记与自己长期合作患难与共的伙伴，更没忘记生他养他的受尽苦难的母亲。他始终不能忘记自己曾经有过的那段生活。因此，他向学校捐款，使贫穷人家的孩子也有机会受教育；他向盲人医院、孤儿院捐款，使残疾人和无依无靠的孤儿能活得更幸福。他特别喜欢资助那些贫穷而富有艺术才华的学生们，使他们能够全身心地投入到艺术之中。有人这样做是为了赢得公众的欢心，从而更有利企业的发展。约瑟夫不是这样，他不准下属和捐赠单位张扬。因为他在追寻着自己年轻时由于生活所迫而没有上成大学的美好的梦。

他的事业并不只是赚钱，并不只是股票投机生意，他慷慨大方而又悄声无息地捐赠，他对艺术的热爱和对艺术人才的关爱，都是他人生价值的体现。人生价值的实现就是他的事业。做股票投机生意获取金钱只是他实现人生价值的经济基础，没有这个基础，就谈不上捐赠，也谈不上追求艺术。他说做股票投机生意使他体会到生命的乐趣和生命火花的激荡，使他感觉自己还年轻，还有敏捷的思维，还能和年轻人搏一搏。他说，一时的输赢并不重要，重要的是自身个性的充分展现。他有句很潇洒的话：“不要问我能赢多少，而要问我能输得起多少。”

塔木德智慧录
ta mu de zhi hui lu

通向财富的道路就在脚下，只要执著地去追求，用心地去把握机会，果断地运用自己的胆识，财富就会源源不断地滚来。

学会分享

在犹太人看来，分享是一个很重要的观念。但是，大多数人不希望别人与自己分享利益，而总是希望分享别人的利益。对此，犹太拉比常常用以色列的两个内海——死海和加利利海给犹太人以这方面的教训。

死海在海平面下392米的低处，它的对岸则是约旦的领土，周围是一片无垠的沙漠。死海中盐占了很大的比重，当人们掉进去时，身体会浮在上面而不会淹死。死海中无鱼，也没有其他任何生物。

加利利海是一个充满生机的淡水湖，里面的生物有很多，因耶稣基督曾在这里钓过鱼而享有盛名。加利利海中盛产一种“圣彼得鱼”，虽然这种鱼外观丑陋，但是肉质爽口，已成为这一带的特产。加利利海海边餐厅林立，都以售“圣彼得鱼”为主，来此游玩的游客们都能吃到味道鲜美的“圣彼得鱼”。

加利利海的岸边有很多树木，树上枝叶茂密，鸟儿穿梭其中，是一个充满生机的绿色世界！而死海就不能和它相比了。死海没有任何生物生存在其中，周围见不到一棵树，更听不到鸟儿的歌声，给人一种死气沉沉的感觉，从来没有一只住在沙漠上的动物到岸边去喝水，因为如此，人们才会称之为“死海”。

犹太拉比们的解释是：加利利海不像死海那样只知收，而不知出。

约旦河流入加利利海之后，又流了出来，最后又会流到死海里去。

加利利海接受了多少东西，也会给别人多少东西，所以它里面充满了生机。而每一滴水，到了死海之后，都会被它占为已有。死海只知道占有所有的东西，而不知道付出，所以生物都不喜欢在它那里居住，死海变成一片死气沉沉的景象。

水不流，鱼不栖，没有任何生物饮水，只知道索取而不知道给予，如果这样，那是非常不正常的现象。因为死海从来不分给别人什么东西，所以它才会“死”在那里。在人的一生中，也常常会遇到像死海这样只进不出的人。

因此，犹太人认为，人不能学死海，只进不出，而应该像加利利海那样活跃，经常给予别人什么。

聪明人的处世之道应该是有进有出。犹太民族在处世之中就常常注意这一点，既接受人家的给予，同时也知道将自己的东西付出，他们把分享作为人生的信条。这是犹太人成为世界上最优秀民族的原因之一。

塔木德智慧录
ta mu de zhi hui lu

犹太人认为，没有人能够占据所有的东西。

自我思考成就完美人生

犹太教中根据知识取得的数量，说某人具有拉比的资格，但绝对不是说拉比伟大。

《塔木德》中写道：“靠手艺吃饭的人，比畏惧苍天的宗教家更伟大。”

在犹太教的观念中，某人是否值得尊敬，取决于他能否自食其力。学者及宗教家要是单纯靠别人的援助和施舍过活，那就不值得尊敬。有了钱和空闲时间，任何人只要投入全部精力学习，都能够成为学者。

到学校学习是为了扩展视野、丰富感情、培养自己考虑事物的能力。圣经派称“父亲必须教会子女了解事实的能力”（《以赛亚书》38 章 19 节）。学校的功能不是单纯地传授知识，而是要使学生掌握自己了解事实、独立考虑事物的能力。

为了拥有才能，必须具备个性。

那么，怎样才能增强能力呢?

德国的拉格尔·巴伦哈根出生于富裕的犹太资本家家庭，她为了从事妇女运动过着颠沛流离的生活，她说：“为了拥有才能，必须要有个性。只有能力和天生的资质，是不会产生才能的。”谈到个性，从事磨镜片行业的犹太人哲学家巴鲁市·斯皮诺扎说道：“总是认为自己能力有限的人，将一事无成。”

在美国最高法院任过法官的犹太人路易斯·布朗达依斯说：“不要过分地夸耀名人的能力，也不要过分贬低普通人的能力。姑且赋予他们机会和责任，让他们做做看，这样才能充分发挥各人的能力。”

要想使他们的能力增加，只有让他们本人去做。想只通过教导就使其能力增强，这是不可能也是不现实的。最好是在他们尝试着做了以后再进行评价，使其拥有自信心。

拉比说：“应该经常像芦苇草那么柔软，而不要长得像杉树那么硬直。”

犹太人认为，芦苇草所过的是柔软的生活，所以有舒适的余年；杉树过的是硬直的生活，所以最后终于尝到恶果。

芦苇草柔和的处世艺术，犹太人是贯穿人生之中的。想要和这么多各式各样的人相处在一起，一定要有“柔软性”。这样这个世界才平静，人们之间相处才会少摩擦和纠纷。

有一则这样的故事：

曾经有一个拉比，有很深邃的思想，以至于能看透问题的方方面面。一天一对男女来找他，希望拉比允许他们离婚。

“你对妻子有什么成见呢?”拉比很严峻地问他。

这个男人开始他冗长的抱怨。

“你是对的。”拉比同意地说。

然后，拉比转向妇人。

“现在让我听听你的说法吧。”他催促道。

拉比带着明显的同情听着。

“你是对的。”当她结束抱怨时，他以很肯定的语气说。

这时拉比的妻子出现了，她说：“怎么会这样？他们不可能两个人都对！”

拉比皱紧了眉头，细想了一下。

“你也是对的！”他做出了回答。

塔木德智慧录
ta mu de zhi hui lu

在一切都对的回答中，智慧的拉比可以说是最能体现芦苇的处世性。因为，他正是用自己的行动告诫人们：在对待他人不要像杉树那样硬直，应该多一些柔性，才能和睦无事。

成功并不难

凡事都有解决的窍门

有一天，两个妓女来见所罗门王，站在他面前。其中一个说：“陛下啊，这女人跟我住同一个屋子，我在家生孩子的时候，她正住在那里。我生了一个男婴，两天后她也生了一个男婴。这屋子里只有我们两个，没有别人。一天晚上，她不小心压死了自己的孩子，就半夜起来，趁我熟睡时抱走我的孩子，放在她床上，然后把她那死了的孩子放在我的床上。第二天早晨，我醒来要给孩子喂奶，发现他已经死了，再仔细一看，才知道那并不是我的孩子。”

另一个女人说：“不！活着的孩子是我的，死的才是你的！”

第一个女人回答：“不！死孩子是你的，活着的是我的！”

她们在所罗门王面前就这样大声争辩起来。

所罗门王心想：“既然她们都说活孩子是自己的，死孩子是对方的，那么……”他对左右说，“拿一把刀来！”左右的人把刀拿进来，王下令说：“把这活着的孩子劈成两半，一半给这个女人，一半给那个女人！”

那孩子的亲生母亲心疼自己的儿子，就对王说：“陛下，千万不要杀这孩子！求你把他交给那女人好啦！”

另一个女人却说：“不必给我，也不要给她，把这孩子分成两半吧！”

所罗门王说：“不可杀死这孩子！把她交给第一个女人，因为，她才是孩子的真正的母亲。”

以色列人听说所罗门这种英明的裁决，都非常敬佩他；他们知道上帝赐给他智慧，使他公平地审判案件。所罗门确实不愧为睿智的君王，眉头一皱，就解决了一桩棘手的疑案。

那个“恶毒”的妓女，不仅想夺人之爱，而且还想将孩子一分为二，以求心理上平衡。但上帝是公正的，正义终将战胜邪恶。

当然，凡事都有解决的窍门，只要我们肯动脑筋，勤于学习，也会像所罗门王一样充满睿智。

把能砸碎障碍的石头当作钥匙

两个儿子大了，犹太富翁老了。

这些日子富翁一直在苦苦思索，到底让哪个儿子继承遗产？富翁始终拿不定主意。

想起自己白手起家的青年时代，他忽然灵机一动，找到了考验他们的好办法。

他锁上宅门，把两个儿子带到100里外的一座城市里，然后给他们出了个难题，谁答得好，就让谁继承遗产。

他交给他们一人一串钥匙、一匹快马，看他们谁先回到家，并把宅门打开。

马跑得飞快，所以兄弟两个几乎是同时回到家的。

但是面对紧锁的大门，两个人都犯愁了。

哥哥左试右试，苦于无法从那一大串钥匙中找到最合适的那把；弟弟呢，则苦于没有钥匙，因为他刚才光顾了赶路，钥匙不知什么时候掉在了路上。

两个人急得满头大汗。

突然，弟弟一拍脑门，有了办法，他找来一块石头，几下子就把锁砸了，他顺利进门去了。

自然，继承权落在了弟弟手里。

1956 年 10 月，以色列军队企图夺取西奈半岛，而首要目标是埃及军队的核心要塞——米特拉山口。埃及驻西奈半岛守军将领当然也十分明白，一旦米特拉山口失守，那么西奈半岛也就难以维持了。因此，他们除了派重兵镇守山口外，还在旁侧地带驻军策应，以备不测。

“以我们目前的守备力量，我想，米特拉山口在我们手中是万无一失的了。”山口埃军守备部队首领这样向上司说道。

10 月的一天，米特拉山口的埃军阵地上空，突然出现了 4 架以色列野马式战斗机。“不好，敌人要来偷袭我们。全体进入阵地，准备战斗！”指挥员下达了作战命令。埃军士兵纷纷进入隐蔽掩体，举起自动步枪，架起高射机枪，准备射击。可是，那以色列战斗机并没有对埃军阵地用机枪扫射，也没有投下炸弹。它们轰鸣着，一忽儿猛然掠地俯冲，一忽儿又直插云霄。低飞时距地面不过 4 米高，而升起时又不见了飞机的踪影。

埃军官兵对以色列战斗机的这种奇怪举动一时目瞪口呆。

“不要傻看了，快打电话向上报告吧！”不知是谁提醒了一下，于是官兵慌忙摇起电话，准备向上司报告。可是摇了半天，一部电话机也听不到声音。

“哦，是那几架该死的飞机把我们的电话线给割断了。这可怎么办呢？”

事情正是这样，以军用飞机的螺旋桨和机翼将埃军的电话通信线切断了。

埃军官兵一下子陷入了极大的惊慌之中，这时，一场大战开始了……

塔木德智慧录
ta mu de zhi hui lu

《塔木德》上说：“办法总比困难多，凡事都有解决的窍门。”

于传统中突破创新

一位学者指出：许多犹太的天才思想家，在不同程度下都是犹太传统的叛逆。斯宾诺莎因其异端思想而被开除教籍，海涅放弃了犹太教而改基督教，马克思在6岁时接受过基督教的洗礼而后来成为无神论的旗手，弗洛伊德并不信仰犹太教，柏格森梦寐以求的是加入天主教，赫茨尔、胡塞尔，尤其是维特根斯坦则似乎没有表现出对犹太教的任何感情。其他的思想家如斐洛、迈蒙尼德、门德尔松、科恩、布伯等，虽然坚持犹太教的信仰，但是无不对当时正统宗教提出了质疑、非议和改造。这提示我们：缺乏叛逆精神而固守在传统之内的犹太人不可能成为伟大的思想家，换而言之，自己不首先成为世界主义者，其思想就不可能跨越民族和传统的藩篱而成为世界级的思想家。

然而，他们又是传统的受益者。他们得益于传统，所以酷爱学习。犹太经典《塔木德》中有一篇《先贤遗训》，其篇幅不过几十页，而其中教导犹太人勤奋学习的地方却随处可见。犹太人重视教育，视师如父，喜欢藏书、酷爱读书是有名的。被流放到英国的马克思有时曾困窘到衣食无着，然而，他依然坚持到大英博物馆刻苦读书，以至在地板上“永远”地留下了他的脚印。斯宾诺莎被开除教籍后孤身一人，贫困潦倒，靠磨制镜片为生，但他对学习却孜孜不倦，最终以空前绝后的几何学方法筑就独特的体系，成为卓然大家……不论是在当年的纳粹德国，还是在今天犹太人最集中的美国，犹太人受教育的水平都是最高的。有谁能说，犹太人之所以出了这么多思想家，不是得益于其酷爱学习的传统呢？

他们得益于传统，所以最富有批判和挑战精神。《圣经》先知书中记载了诸多犹太先知的言行。先知被认为是上帝在人间的代言人。他们抨击朝政，针砭时弊，预言未来。疾恶如仇、无私无畏是其典型的品质。先知精神遗传给了后来者，包括那些离经叛道的犹太人。且不说斯宾诺莎是第一个以历史的方法批判《圣经》的哲学家，也不谈马克思不仅对资本主义社会使用“批判的武器”，而且身体力行地诉诸“武器的批判”，只要稍稍提及弗洛伊德的“泛性主义心理学”，马尔库塞、弗洛姆等的社会批判理论，波普在“证实原则”一统天下的英美哲学界独树一帜，偏要主张“证伪主义”，就足见其锐利的批判眼光和“反潮流精神”了。随波逐流者是不会成为世界级思想家的。

他们得益于传统，所以自信而又自强。按希伯来《圣经》，上帝与以色列的3位始祖以及摩西立约，赐给他们“流着奶和蜜”的土地，佑助他们子孙繁茂，启示给他们十诫等613条律法，从而使以色列人成为“上帝的选民”。诚然，如犹太人自己强调的那样：“选民”不是一种特权，而是一种责任和义务。然而，谁也无法否认，选民意识体现了以色列人与上帝的特殊关系，使之具有一种“天降大任”“舍我其谁”的神圣使命感。正是这样的选民意识和由之而来的使命感成为历代犹太人的精神支柱，使他们能够在极端困苦的岁月里充满自信，能够以难以想象的坚韧不拔的毅力，发愤图强，自强不息，克服了历数不尽的困难和障碍，从而成就非凡。

塔木德智慧录

ta mu de zhi hui lu

有不少犹太人思想家并不欣赏“选民”概念，但是，有谁能够否认他们从其先辈、家庭和文化传统中，通过耳濡目染的熏陶，接受了选民的精神和使命意识，并使之成为激励他们取得辉煌成就的巨大动力呢？

具备坚定的信仰

犹太一神教从多神教中发展而来。公元前 14 世纪，埃及法老在宗教改革中提倡崇拜太阳“阿顿”，把它作为埃及唯一的神。虽然并未得到公认，这种一神教观念已有了初浅表达。但犹太学者们仍认为摩西是犹太一神教创始人，理由是摩西主张一神教的教义与异教神话及特征根本对立。这样才为圣经思想后来发展奠定了基石。

从以后的发展来看，犹太一神教具有几个很重要的特征：希伯来人与耶和华之间的契约关系；与一个圣地（耶路撒冷圣殿）、一个王朝（大卫王朝）联系起来的一个民族的神；不与偶像崇拜联系的神；创造天地与人类的神；使希伯来民族从苦难中救赎出来的神。

到希腊化时期，犹太思想家开始吸收希腊哲学，其中尤以亚历山大的犹太思想家最为突出。精通希腊语的犹太学者将《圣约》译成了希腊文，形成著名的《七十子希腊文译本》。在《亚里斯提亚书信》中，犹太学者向希腊人解释自己的宗教，说摩西“首先证明了，只有唯一个上帝，而且，上帝通过宇宙显现自己的力量。因为每一块地方皆充满着他的威权。在地上之民看来秘密发挥作用的万物，均不能逃脱上帝的眼睛”。在此，犹太学者指出“除我们自己之外，整个人类均信奉多神的存在”，并用石头或木头雕成形象作为偶像来崇拜；而犹太人却保持了身体和灵魂的纯洁。抛却了所有无谓的偶像，崇拜高于万物的至能上帝。

斐洛第一个把犹太一神教引入希腊哲学，又用希腊的哲学思想来解释《圣约》。他将犹太一神教的观念加以哲学化的成果，是通过探寻《圣经》字面意义所含有的比喻意义亦即深层意义而取得的。借用希腊哲学中身体与灵魂、精神与物质，以及心灵、意识等概念来阐析《圣约》。同时，斐洛运用了希腊哲学的思想逻辑，强调了作为宇宙心灵的上帝具有伟大的创造力并内在于万物之中，上帝是无限的、终极的。他认为，对上帝的存在，人们只能真正理解神圣力量的本身，只能看到神圣力量的结果。上帝是超验的，人可从自然的秩序中得到“创造者和统治者这一概念”。斐洛又引进希腊哲学中的“逻各斯”概念，认为逻各斯就是人们所遵循的上帝律法。他还用智慧概念来表述上帝。把智慧比喻为“上帝的长子”“上帝的主要信使”等，通过科学、哲学、美德的智慧追求，人们便有了与上帝相会的无形媒介。

到了拉比犹太教的全盛时期。关于上帝存在的讨论仍是犹太一神教的核心问题。拉比们热衷讨论的是上帝的称谓与品性，因为上帝存在已为世人所接受。

虽然在《圣约》的早期记述中，上帝是以人形向犹太始祖显现的，但在后来的记述中，上帝主要通过先知来传递旨意，是用语言而不是以人形向犹太人显现。圣殿被毁后，会堂成了宗教祈祷的场所，对上帝的称谓不直呼上帝本人，出现了“梅莫拉”的新名称。在亚兰语中，梅莫拉意指“上帝之语”“上帝之道”。该词的使用避免了直呼耶和华这一名称，较符合超验的上帝的本意。

后来拉比们又提出用“舍金纳”来称呼上帝。以表达上帝居于他的子民之中，在游荡旷野期间，居于幕篷中以及居于锡安山他的殿中。这个词的内涵后来日趋丰富。有时指在各种特别时刻上帝与人类的接近，有时又用来指进入深奥学问时的一种感悟上帝存在的境界，有时又与好客、仁慈、忠信等相联系。谈论上帝的方式，还有“宇宙之主” “仁慈之主”“天界上帝”等等。据说，那时称呼上帝的方式有 90 个之多。

中世纪的犹太教以各种方式来维护至高神上帝的绝对唯一性。在伊斯兰教势力范围内，犹太学者不遗余力地与异端意见进行斗争。萨迪亚·本·约瑟认为，理性与宗教并行不停，我们能证明上帝存在是因为我们运用推理得出宇宙的形成在时间上有一个起点的结论。由于宇宙不可能创造自身，在它外部具有一个唯一的无形创造者，这个造物主从天中创造出宇宙，他就是上帝成为中世纪犹太神学思想的重要来源。

虽然基督教也是一神教，但与犹太一神教相比，区别是明显的。例如，基督教使上帝肉身化，提出圣父、圣子、圣灵三位一体的观点，均为犹太教所坚决反对。犹太教只承认上帝的唯一性与绝对性，不可化成具体的形象。

在苦干中获得机遇

世界上有许多不幸的可怜虫，当机会向他们叩门时，他们却视而不见，充耳不闻，因为他们正躺在床上呼呼睡大觉呢！

机会是不会花费气力去找寻那些浪费时间、偷懒的人；机会好像总是落在那些忙得无暇顾及自己成就的人身上。就逻辑而言，机会应该会找那些时间充裕的人，但事实上，机会却是为那些有梦想和实施计划的人显现。我们总以为机会是活的，会动的，它会主动找到那些愿意迎接机会的人。事实上，刚好相反，机会是一种想法和观念，它只存在于那些认清机会的人的心中。

犹太人华勒是某一建筑工程公司的执行副总，几年前他是作为一名送水工被这支建筑队招聘进来的。华勒跟其他的送水工不同，他不会满腹牢骚，抱怨工资太少。他给每一个人的水壶倒满水，并在工人休息时围在他们身边，让他们给自己讲解有关建筑的各项工作。没过多久，华勒勤奋好学的举动引起了建筑队长的注意。过了两周，华勒成了一名计时员。当上计时员的华勒依然勤勤恳恳地工作，每天，他总是最早一个到来，晚上最后一个离开。由于他对建筑工作有了一个全面的了解，当建筑队的负责人不在时，工人们有不懂的地方总喜欢问他。

一次，负责人看到华勒在日光灯上包上了旧的红色法兰绒，以解决施工时没有足够的红灯来照明的问题，于是决定让这个勤恳、能干的小伙子做自己的助理。由于自己的不断努力，他当上了公司的副总，但他对工作依然十分专注，没有丝毫怨言。他鼓励大家学习和运用新知识，还常常画草图、拟计划，向大家提出各种好的建议。只要给他时间，他可以做好客户要求他做的所有的事。

犹太人华勒只是一个穷苦的孩子，一个普普通通的送水工，并没有什么惊世骇俗的才华，但是靠着自己的勤奋，他幸运地被赏识，并逐渐走向成功。没有什么比这样的故事更让人心灵震颤的了，也没有什么比它更能洗涤我们被享乐和功利污染的心灵的了。它告诉我们，要想在事业上有所作为，你就必须付出比以往任何时代更多的勤奋和努力，拥有奋发向上、积极进取的心，否则你会逐步走向平庸，最后变成一个没有用的人。

所以，无论你现在所从事的是怎样一种工作，不管你是一个精英，还是一个建筑工人，只要你勤勤恳恳地努力工作，你就会被老板赏识，就会走向成功。

美国历史上有许多感人肺腑、催人泪下的故事，主人公确定了伟大的人生目标，尽管在前进中遭遇了种种艰难险阻，但他们以坚忍的意志力最终克服了一切困难，获得了成功。

失败者的借口通常是：“我没有机会!”他们将失败的理由归结为没有人垂青他们，好职位总是让他人捷足先登。而那些意志力坚强的人则决不会找这样的借口，他们不等待机会，也不向亲友们哀求，而是靠自己的苦干努力去创造机会。他们深知唯有自己才能拯救自己。

在取得了一次战役胜利后，有人问亚历山大是否等待下一次机会，再去进攻另一座城市，亚历山大听后竟大发雷霆：“机会？机会是靠我们自己创造出来的。”不断地创造机会，正是亚历山大成为历史上最伟大帝王的原因，也唯有不断创造机会的人，才能建立轰轰烈烈的丰功伟绩。

做任何事情总是等待机会是极其危险的。一切努力和热望都可能因等待机会而付诸东流，而机会最终也不可得。

只要我们永不懈怠，善求于勤，就一定能够获得成功的机会，在事业上取得伟大成就。

有一个著名的犹太化学家，小学时成绩非常差，周围的人都认为他将来不会有出息，但他靠着自己的勤奋努力，终于成为了伟大的化学家。

基辛格原是一个遭受纳粹迫害的犹太难民，因没有钱上高中，曾在牙刷工厂勤工俭学，还当过二等兵。后来，他通过自身的努力，终于成为哈佛大学的教授，并当上了美国的国务卿，还获得了诺贝尔和平奖，被人称为“超人”。

他们获得了成功是因为他们有实力，但是他们的实力是通过努力换来的。

塔木德智慧录
ta mu de zhi hui lu

对于每个人来说机会都是非常重要的，没有机会，即使一个人再有才华，也不一定能够取得成功。然而，没有实力，即使机会再多，也不一定能够把它牢牢抓住。

朝着目标出发

犹太人因其民族的特性，所处的环境，普遍都能从小怀志，确立自己人生的奋斗目标。正因为这样，许许多多的犹太人能集中人生有限的时间和力量去攻克一个目标，所以成功率比别的民族要高。确立自己的奋斗目标，也就有了动力之源。在不断求索和前进的人生历程中，促人前进的“马达”源自于对既定目标的追求和向往。

爱因斯坦一生所取得的成就，是世界公认的，他被誉为20世纪最伟大的科学家。他的一生，更是典型的为目标奋斗的一生。

爱因斯坦出生在德国一个贫苦的犹太家庭，家庭经济条件不好，加上自己小学、中学的学习成绩平平。虽然有志往科学领域进军，但他有自知之明，知道必须量力而行。他进行自我分析：自己虽然总的成绩平平，但对物理和数学有兴趣，成绩较好，自己只有在物理和数学方面确立目标才能有出路，其他方面是不及别人的，因而他读大学时选读瑞士苏黎世联邦理工学院物理学专业。

由于奋斗目标选得准确，爱因斯坦的个人潜能得以充分发挥。他在26岁时就发表了科研论文《分子尺度的新测定》，以后几年内他又相继发表了4篇重要科学论文，发展了普朗克的量子概念，提出了光量子除了有波的特性外，还具有粒子的特性，圆满地解释了光电效应，宣告狭义相对论的建立和人类对宇宙认识的重大变革，取得了令人瞩目的显著成就。

爱因斯坦在物理学领域奋斗目标的实现，是与他能准确地选定学习目标分不开的。他在16岁时就明白，知识的海洋浩瀚无边，学者不宜在这个海洋里无方向地漂荡，避免耗费人生宝贵的时光，应该选定一个对自己最有利的目标扬帆前进。爱因斯坦善于根据目标需要进行学习，使有限的精力得以充分利用。

他创造了高效率的定向选学法，即在学习中找出能把自己的知识引导到深处的东西，抛弃使自己头脑负担过重和会把自己诱离要点的东西，从而使他集中力量和智慧攻克选定的目标。

特别值得一提的是，爱因斯坦不但有可贵的自知之明精神，而且对自己确立的目标矢志不移。1952年以色列第一任总统魏兹曼逝世，鉴于爱因斯坦科学成就伟大，声望巨大，加之他又是犹太人，以色列就邀请他接受总统职位。他却婉言谢绝了，并坦然承认自己不适合担任这一职务。确实，爱因斯坦是一位伟大的科学家，这是他终生努力奋斗才实现了的目标。如果他当上总统，那他未必就会有多大建树，因为他在这方面从未显示出过人的才华。犹太人不管是从商、从政或从事科学事业，都注重确立人生奋斗目标，先是确立目标，然后全力以赴而终至成功。

塔木德智慧录

ta mu de zhi hui lu

犹太人在确立目标时注意切合个人实际和环境，不会把自己的奋斗目标确立在可望而不可即的位置上。就像爱因斯坦不会把自己的奋斗目标确立在总统的位置上，即使别人推荐他往此目标去，他也不接受。

找到难题的最佳解决办法

犹太人自己有这么一个笑话，也许可以作为犹太商人这一策略的幽默解说，虽然其中并没有出现商人。

以色列的住房问题很严重，几个德裔犹太人只好将一个报废的火车车厢作临时住舍。有一个晚上，几个德裔犹太人穿着睡衣，在寒风中颤抖不已地来回推着车厢。一个本地犹太人不解地问："你们在干什么？"

"因为有人要上厕所，"推车人耐心地说明，"车厢里写着：停车时禁止使用厕所。所以，我们才不停地推动车厢。"

凡乘过长途火车的读者，想必都有机会看到这一条规定。其意图何在，大家也都清楚。现在既然车厢已经成为固定居所，此规定作为列车运行中的规定理当自然失效，虽然在保障"住宅"周围的环境卫生中还有必要遵守，可是这几个德裔犹太人（犹太人中法律观念最强的，也许就是德裔犹太人）却不知变通，死守规定，弄得两头不讨好：人冻得要命，环境卫生仍没搞好。

这是对笑话的一般理解。

然而，要是换一个角度来看，事情就完全不是一个"迂腐"问题，反倒是"变通"的表现了。

这几个犹太人是寄居在火车车厢之中的，就像犹太商人长期寄居在其他民族的社会中一样。这条规定是铁路主管部门制定的，无论其是否有效，应由列车车厢的所有人或铁路主管部门宣布，这几个犹太人没有立法的权力，自然也没有废除某项法律的权力。说实在的，犹太商人在各自所在国中，经常也要面临这类原该自然废弃但偏偏还实际起着"作用"的法律或约定俗成的规矩，要是他们也经常越俎代庖地宣布予以废除或犯规不已，带来的恐怕远不止"环境卫生"的问题了。

规定既然不能废除，用厕所又在情理之中，聪明的德裔犹太人就想出了让列车“动起来”的点子。只要车厢一动，规定便从其本意上不适用了，无须再由任何人来废除，既然铁路主管部门从未规定是否允许人力推车，他们当可自行决定。而就在他们几个人的瑟瑟发抖之中，规定没有违反，如厕的要求也满足了，不是两全其美吗？

所以，这则笑话只能表明：在通常情况下，犹太人有变通法律，从形式上遵守，同时又不真正改变自己原有活动方式的智慧和能力。

我们把这么个抽象概括同一则看似漫不经意的笑话扯在一起，并非牵强附会。“道在屎溺”，笑话本是最有“道”之处。只要我们把笑话中的两难移进生意场上去，就会发现其中的妙处。

行贿是生意场上几乎不可缺少的手段，但许多国家都有禁止行贿的法律规定。尤其是在美国国内，对行贿的制裁很严。联合商标公司的伊利·布莱克，是在洪都拉斯总统强行索贿的情况下，被迫交纳的，但即便如此，布莱克还是被政府主管部门公开点了名。

其实，也不能说美国政府规定得太死。国内有同一个法律制度不容易产生规范互相冲突的情形，而同外国无法无天的统治者打交道时，并不能将美国的法律搬过去。美国政府不是没有看到这个两难，所以规定了只需将付给类似人物的小费，在公布于众的公司损益计算书中交代清楚，在对外贸易中并不一般禁止行贿。布莱克就是因为付了小费之后却拒绝公开说明，且小费数额又开创了纪录，才被点名的。

不过，布莱克的拒绝公廾说明，也有他的埋由。行贿大多是暗中进行的，能拿到桌面上来的机会极少。联合商标公司之所以把贿赂款存入瑞士银行，因为洪都拉斯总统毕竟也有不方便之处。秘密谈判之后，再来个公开说明，岂不是多此一举了吗？在某种程度上，美国法律的这条规定自身仍有缺陷，虽然还没有到车厢中的那条规定的严重程度。

在这样一个背景下，我们再来看另一个犹太商人利昂·赫斯的做法，就会觉得他手脚做得干净多了。

利昂·赫斯是美国犹太人中新出现的一个石油富豪，在美国的大富豪中位列第 21 名，控制着颇具规模的阿美拉达-赫斯石油公司将近 22%的有表决权的股份，拥有的财产据计算在 2 至 3 亿美元之间。

在 1981 年之前，阿美拉达-赫斯石油公司一直使用国外进口的高价石油，同时享受着政府每年 2 亿美元的补贴。但从 1983 年起，美国政府取消了国内石油价格管制，国内石油与进口石油的巨大差价不复存在，价格补贴也就同时取消了。这么一来，赫斯也开始为自己进口的石油价格犯愁了。解决问题最简便的办法，就是向有关国家的官员行贿，争取优惠价。

这种做法是石油行业中司空见惯的，一些大石油公司也都走这条捷径，只是大都采用各种财会手法来掩盖诸如此类的付款，不让主管机构查实。

赫斯比他们都聪明，他选择了一种较为直接的方法：他在给股东们的信中告诉他们，“这一笔数额可观的款项只从我个人的基金中支付”。而且这笔基金本身也不作为业务开支而在他个人应纳税款中扣除。

这就是说，赫斯是以个人的钱在为公司业务铺路。不单如此，他还得为这笔铺路费交纳个人所得税。美国政府对行贿的有关规定，是在企业法人行为层面上的规定，对于个人之间的馈赠是完全不适用的，更何况馈赠金本身的税额已经完全付清。这样一来，赫斯就干干净净地避免了涉嫌有争议的法人行为，更准确地说，行为本身仍然存在，但已不是法人行为，赫斯也没必要再把付款的去向向股东们说清楚了。不过，只要贿赂还在送出去，优惠价的原油就会流进来，公司就能挣大钱，赫斯个人的腰包就会随之鼓起来，他的个人基金也不会枯竭。最后，美国政府也可以一方面禁止行贿，一方面又分享行贿带来的利益，而股东也乐得让赫斯用他自己的钱为他们谋利益。

赫斯没有宣布政府有关规定无效，但却以自己的方式使它完全不适用了。

他的这笔个人基金与德裔犹太人在寒夜中颤抖不已地推动车厢，不是有异曲同工之妙吗？相比之下，倒是布莱克显得太迂腐了一点。

塔木德智慧录

ta mu de zhi hui lu

犹太商人素以守约、守法著称，这很为人称道。在实际经营活动中，犹太商人同样也会遇到种种法律规则与经营目标发生冲突形成两难的情境，但同一些喜好偏执于一端的他族商人不同，犹太商人的基本策略是化两难为两全。

尽情发挥你的潜力

《塔木德》上记载：超越别人，不能算真正的超越；超越从前的自己，才是真正的超越。在犹太人看来，人有两个生命，一是父母给的，二是自己赋予的。赋予自己生命以实质，只能依靠创造力，而旧有习性却束缚创造力。要获取创造力只能自己凭意志和毅力超越这种旧习性。

道理很简单，如果勤劳自勉，借以超越自己，那么总有一天，会自然而然地超越别人。人一定要把握住自己的内在动力，超越自己，只有这样才能不断地鞭策自己前进，而不因为一时的懈怠或者暂时的成功而失去继续努力向前的动力。

若想超越自我，就要打破现有的状态，敢于向未知的领域挺进，具有冒险精神，正如犹太科学家爱因斯坦所说："人必须经常思考新事物，否则和机器没什么两样。"

犹太人认为，超越自己的事情一天都不能放松，尽量地学些不同的事物，将它们组合起来，才会有新的智慧和洞察力产生，这些不同的事物相互影响之后，往往会产生许多新的创见。每个人都有与生俱来的创造力，只是有些人通过坚持不懈的学习，把它发挥了出来，更多的人则因为懈怠让这种才能荒废掉了。

食品大王保罗·纽曼的故事更能说明犹太人如何打破旧有的生活状态。纽曼是美国著名的影星，他有杰出的表演才能和先天的强健体魄，是银幕上的男性偶像。他饰演了许多影片，如 1956 年的《上帝喜欢我》，1958 年的《漫长的夏日》，1960 年的《在阳台上》，1961 年的《骗》等，均获观众的好评。他曾 5 次被提名为奥斯卡金像奖最佳男主角，到 1987 年他 60 岁时，终于在第 6 次提名时，荣膺奥斯卡最佳男主角，圆了自己 40

年的梦。此外，他还是出色的导演。他在电影上的成就，为他赢得了声誉和财富，他成了一位富有的艺术家。

保罗·纽曼是出生在美国的犹太人，他的父亲是一位小商人，母亲喜欢音乐、艺术。纽曼大学毕业后，留在父亲的商店工作，他也喜欢表演。本来做一个老板，做一个犹太商人，他也可以成功，可他不满足于日复一日的平淡的生意。于是，在不解和怀疑的目光中，他毅然卖掉了杂货店，一心一意投身到了演艺界。1987 年，他因在《金钱本色》中的成功表演而获奥斯卡奖。保罗·纽曼从商人到艺人的跨越，使其在新的领域内赢得了更大的成功，也开掘了自己在表演上的天赋。

但是，保罗·纽曼的超越永远没有完结。1982 年，一个偶然的机会使他接触到了一种新的食品。这种新玩意是拌面条用的酱汁，味道非常好。曾经作为商人的纽曼看到了其中蕴藏的商机，于是他与朋友合作，投资数十万美元开发这种食品，并成立了“保罗·纽曼食品公司”，就这样，他又开始了从艺人到企业家的超越。最后，他被誉为美国的“食品大王”。

塔木德智慧录
ta mu de zhi hui lu

保罗·纽曼从商人到演员直到天皇巨星，再从天皇巨星到企业家再到食品大王，他的人生之路告诉我们，只有不断超越自我，不断让自己在新的生活和环境中去迎接挑战，才能保持住生命不灭的创造力，才能最大限度地发掘自己的潜力。

有智慧一切皆有可能

“葡萄长得越丰硕，就越会低下头来。同样，越智慧的人，便越懂得谦虚。”

学识和谦虚同样重要，一个人如果认为自己是幸福的，那他一定是幸福的；但如果他自认为是聪明的，那么他一定是个愚蠢的人。

犹太商人以令人敬佩的商业智慧独步于变幻莫测的商海。他们尊重知识，渴望学习，重视教育，崇尚求知。这一切，使他们具有了卓尔不群的文化素养和精神底蕴，这便是犹太商业经营高手在商海中引领风骚的根基所在。不过，要将知识转化为财富，就需要有将知识转化为财富的本领。当然，知识本身就是精神财富，但是犹太人看重的是如何把知识转化为实实在在的物质财富。这种化知识为财富的本领就是人的知性、人的智慧。犹太人视知识为财富，但更看重智慧，因为它是打开幸福和财富之门的金钥匙。

犹太人对财富的重视程度是人们有目共睹的，他们追求财富，崇尚金钱，然而，他们从来没有深陷到财富与金钱的泥潭中不能自拔，而是一直以一种平和而恬然的心态来对待财富、对待生活。这便是追求财富，享受生活的智慧。

那么，犹太人的智慧从何而来呢？他们认为，智慧的来源是经历和生活，但是，对经历的认知和对生活的体悟，又与知识紧密相关。如果没有知识，人变得智慧是不太可能的；而想获取知识就首先要有一种对知识的尊重，对知识追求的渴望，然后就是要有努力学习、不断探索的行动；学习不但可以获取知识，而且能够让人处于常变常新的状态，也能历练人的心智，让人永远保持年轻与活力。因此，犹太人的智慧是以知识为基础，以完善知识，提高心性和能力为目的而构建起来的精神大厦。

根据犹太人的经验，智慧源于学习、观察和思考，这是看似简单，但人最难做好的事情往往就是看似简单的事情。

学习是磨炼人的心性和思维的，只有不断地学习，才会让人处于一种不断更新完善的状态中。犹太人视学习为义务，视教育为“敬神”，我们知道知识源于实践和经验，但个人由于受时空和自身的限制，不可能什么都自己去实践、去经历，而更多的是来自于别人既有的经验。书本无疑是知识的主要载体，它是新知识、新技术和信息的仓库，它丰富头脑，也启迪思维。因此，学习是使人变得智慧的第一条件。据统计，最近 10 年内发展起来的工业新技术，30%已过时，电子产品的寿命周期又缩短到了 3 年，“摩尔定律”更昭示现代信息技术的快速更新。在这样一个多变的世界里，任何人如果固步自封，因循守旧，缺乏远见和不求上进都是走向失败的前奏。犹太人深深知道，不但自己需要不断学习，别人也要学习，特别是要竭力培养后代的学习精神，让他们成为文化素质较高，懂知识，乐于学习和进步的新一代。至于学习方法，犹太人认为：一是要善于找学习资料，切不可盲目为之；二是要有重点，不可平均用力，对精要部分要读懂读透；三是借脑读书，作为上司，可以让下属去读想要读却没有时间精力或不值得花大量时间精力的书，然后让他们把核心内容或要领归纳出来告诉你；四是善于向别人学习，与别人交流、讨论。另外，电视、广播、因特网都是学习的有效渠道。还有就是要学会观察。知识或许是死的东西，只有我们将它用来观察世界，分析问题时它才能“活”起来，知识通过人的感观和思维与实在的事物和存在的问题或现象发生联系时其价值才得以体现。所以，观察是学会运用知识的重要步骤。

连锁店先驱卢宾就是一个善于观察的人。他最早在淘金热中做一些赎卖生意，以满足那些淘金者的生活需要，后来他的生意越做越大。但是，经过 8 年的经商实践，加上深入市场调查研究，他发现：商店不标价，靠买卖双方讨价还价的交易方法既不利于自己业务的发展，也消除不了顾客对商店的诸多不信任和猜忌；而且，由于价格不一且变幻莫测，没有一个参照的标准市场非常混乱。针对这些情况，卢宾反复思考终于研究出一种经营方式，叫“单一价格店”，即对每一种商品明码标价并按此价格销售。这样，顾客对价格心里有数，商业欺诈行为也减少很多，既增加了交易的效率，也赢得了顾客的信任。于是，卢宾的单一价格生意非常火暴。随着顾客的增多，他又发现，一方面，大多数的顾客光顾造成了购物空间的拥挤，使得交易速度难以提高，而且也浪费了顾客宝贵的时间；另一方面，一个商店总有一个辐射范围，让太远的顾客前来显然不太可能。于是，他又发展了“连锁经营”的方式，也就是多个店同货同价，且店面设计、布局、装潢也相同。这样，就等于将一家店开在了更多、更广的地方，当然生意就越做越大。

从这个例子我们可以看出，卢宾的创新是对已有的销售方式、营销模式的一种拓展，一种突破，同时也是深谙销售和顾客消费心理方面的知识。卢宾为什么能创新？因为他善于观察、发现问题，进而能针对问题运用知识提供解决方案。

而更重要的是要学会思考。所谓“思考”不单是指对知识的理解、咀嚼，更是指对环境、对变化的一种反应。我们每天都在经历着变化，也在耳闻目睹种种变动，可是，我们有几人可以洞悉变化的规律，预见到变化的趋势呢？应该说，学会思考是智慧的最高境界，它必须在知识被理解掌握而融会贯通举一反三的基础上才可能达到，并且还必须辅以敏锐的直觉能力、开阔的视野和胸怀。

华尔街的金融巨子摩根正是那种善于把握变化趋势，具有非凡洞察力和远见卓识的少数人之一。1871 年，普法战争以法国战败而告终，法国因此陷入一片混乱，既要赔德国 50 亿法郎的巨款，又要尽快恢复经济。这一切都需要钱，而法国现政府要维持下去，就必须发行 2.5 亿法郎的国债。面对如此巨额的国债，再加上一个变数颇多的法国政治环境，法国的罗斯柴尔德男爵和英国的哈利男爵（他们分别是两国的银行巨头）不敢接下这笔巨债的发行任务，而其他小银行就更不敢了。面对风险，谁也不敢铤而走险。这时，摩根敏锐地发现：当前的环境，政府不想垮台就必须发债，而这些债务将成为投资银行证券交易的重头戏，谁掌握了它，谁就可以在未来称雄。但是，谁又敢来冒这个险呢？摩根想到：能不能将华尔街的各大银行联合起来？

把华尔街所有大银行联合起来，形成一个规模宏大、资财雄厚的国债承购组织——“辛迪加”，这样就把需由一个金融机构承担的风险分摊到众多的金融组织头上，无论在数额上，还是所承担的风险上都是可以被消化的。摩根这套想法从根本上开始动摇和背离了华尔街的规则与传统。不，应该是对当时伦敦金融中心和世界所有的交易所、投资银行的传统的背离与动摇。当时流行的规则与传统是：谁有机会，谁独吞；自己吞不下去，也不让别人染指。各金融机构之间，信息阻隔，相互猜忌，互相敌视，即使迫于形势联合起来，为了自己最大获利，这种联合也像六月的天气，说变就变。各投资商都是见钱眼开的，为一己私利不择手段，不顾信誉，尔虞我诈。闹得整个金融界人人自危，提心吊胆，各国经济乌烟瘴气，当时人们称这种经营叫海盗经营，而摩根的想法正是针对这一弊端的。各个金融机构联合起来，成为一个信息相互沟通、相互协调的稳定整体。对内，经营利益均沾；对外，以强大的财力为后盾，建立可靠的信誉。摩根坚信自己的想法是对的，摩根凭借过人的胆略和远见卓识看到，一场暴风雨是不可避免的。

正如摩根所料想的那样，他的想法犹如一颗重磅炸弹，在华尔街乃至世界金融界引起了轩然大波。人们说他“胆大包天”“是金融界的疯子”，但摩根不为所动，他相信自己的判断没有错，他在静默中等待着机会的来临。后来的事实无疑证明了摩根天才的洞察力，华尔街的“辛迪加”成立了，法国的国债也消化了。摩根改变了以前海盗式的经营模式，后来又积极向银行托拉斯转变。此处无意去评析托拉斯的垄断模式，但华尔街无疑从投机者的乐园变成了全美经济的中枢神经，而摩根及其庞大的家族也成了全美最大的财团之一。

摩根的胜利不仅是知识的胜利，更是智慧的胜利。

塔木德智慧录

ta mu de zhi hui lu

如果你问犹太人什么最重要，答案一定是智慧。知识固然重要，但它是用来磨炼智慧的。智慧是终其一生永远相伴相随的财富，它会永远帮助你，庇护你；而知识不同，它可能给你带来好运，给你带来财富，但它不会永远这样，因为知识会随着时间的推移而变得陈旧。因此，必须不断地追求新的知识。智慧是财富，却远胜于金钱。

第二章
塔木德之处世智慧

《塔木德》里说："山峰永不相遇，而人却时时相逢。"这就是要我们重视人际关系的原因。人活在世上，无非是面对两大世界，身外的大千世界和自己的内心世界。人，一辈子无非是做两件事——做事和做人。怎么做事和怎么做人？从古到今都是人类探讨的课题。多少人一辈子都在哀叹做人难，难做人，人难做，但一枚小小的铜钱却将一切变得那样简洁、那样明白。

为人处事之道

为什么铜钱是内方外圆？这就是犹太人辩证哲学的集中体现，做事要方，做人要圆。

先说方，做事要方，便是说做事要遵循规矩、遵循法则，绝不可乱来，绝不可越雷池一步。

每一个行当都有自己绝不可逾越的行规。比如说做官就绝对要奉守清廉的原则，从一开始就要做好承受清贫的思想准备，就像曾国藩家训“八不得”中的一条：为官要清，贪不得。如果做官开始的动机就不纯或慢慢变质，企图以权谋私或权钱演变，那这个官就绝对当不好，当不长了。

为商要奉行的金科玉律是一个“诚”字。真正的大商人必是以诚行天下，以诚求发展，绝不会行狡诈、欺骗之伎俩，为一些蝇头小利或眼前得失而失信于天下。像韩国因商业楼倒塌而产生的震惊世界的惨案，便是因为韩国的建筑承包商在建造大楼时偷工减料；像中国生产鳖精厂家的秘密彻底被揭露，是因为生产鳖精的厂家生产的竟是没有鳖的鳖精，为此他们犯了行商的大忌。

做学问信奉的是一个“实”字。一步一个脚印，一天一点长进方能积少成多、积薄成厚。那些虚假的沽名钓誉之辈终将会成为人类的笑柄。

做人要圆。这个圆绝不是圆滑世故，更不是平庸无能，这种圆是圆通，是一种宽厚、融通，是大智若愚，是与人为善，是居高临下、明察秋毫之后，心智的高度健全和成熟。不因洞察别人的弱点而咄咄逼人，不因自己比别人高明而盛气凌人，任何时候也不会因坚持自己的个性和主张让人感到压迫和惧怕，任何情况都不会随波逐流，要潜移默化别人而又绝不会让人感到是强加于人……这需要极高的素质，很高的悟性和技巧，这是做人的高尚境界。

圆的压力最小，圆的张力最大，圆的可塑性最强。

这圆好做又不好做。好做是因为如果人真正有大智慧、大胸襟，真正能自强自信，心态平和，心地善良，凡事都往好的一面想，凡事都能站在对方的立场为他人着想，人的弱点皆能原谅，即便是遇见恶魔也坚信自己能道高一丈，如真能那样，人还有什么做不好呢？

如若不是这样，凡内心孤独的人必喜虚张声势；内心弱小的人必好狐假虎威；心中有鬼的人必爱玩弄伎俩；没有自信的人必会尖酸刻薄。试问这样的做人方式又从何谈圆？

当然也不乏有人为了某种利益和目的不惜敛声屏息，不惜八面讨好，不惜左右逢“圆”。但这种圆和那种圆绝对有本质的区别，这种“圆”的后面是虚伪和丑恶。

任何成功的后面都包含着牺牲。如果说有人能做到内方外圆的话，那也肯定包含了许多的牺牲。比如说做事要方，做事要有规矩、有原则，那就意味着许多事不能做、许多事又非要做，那无疑也就意味着会得罪许多人，惹恼许多人，意味着要舍弃许多利益，甚至招来杀身之祸。如中国的英雄岳飞，为了“忠”舍弃了“孝”。但在“忠”君和“忠”国之间，他做不到只为了忠于昏君而放弃抗击金兵，为了这种原则，他惨死在风波亭。

做人圆，那也会有牺牲。有时要牺牲自我；有时要忍辱负重，忍气吞声；还有更多的时候要承受屈辱、误解，甚至来自至亲至爱的人的伤害。如明明你在履行一种神圣的职责，他却以为你好大喜功；明明你在深谋远虑，他却认为你是哗众取宠。

小牺牲换来小成功，大牺牲换来大成功。能做到“方”“圆”的同时却并没有感到那是一种牺牲、痛苦的，才是大成功、大境界；能为了“方”“圆”去承受牺牲的是小成功、小境界；不愿牺牲也做不到“方”“圆”，是不会成功的。如果截然相反，做事是圆，只要有利，不择手段，什么都敢干；做人是方，刁钻古怪，锋芒毕露，心狠手辣的话，那这个人一定会糟糕透顶，不能容于天下了。

做事要方，即做事要遵循规矩，绝不可乱来，绝不可越雷池一步。做人要圆，是一种宽厚、融通，是大智若愚，是与人为善，是居高临下、明察秋毫之后，心智的高度健全和成熟。

犹太民族的慎独智慧

犹太民族弘扬“慎独精神”，即可贵的自我反省、自我批评精神，他们总是去问自己做了什么，做对了什么，应该做什么，却很少要求别人该怎样做。但这绝不意味着一切以自我为中心，他们绝不提倡“独善其身”式的“隐士”，而是教导人们要和普通大众生活在一起。

有个拉比，行为高洁，为人亲切而仁慈；对神虔诚，做事审慎，因此他理所当然地成为受人景仰爱戴的人。

过了 80 岁后的某一天，他的身体突然变得虚弱了，并很快地衰老下去，他知道，自己的死期已经临近，便把所有的弟子叫到床边。

弟子到齐了之后，拉比却开始哭了，弟子十分奇怪，便问道：“老师，您为什么要哭呢？难道您有忘记读书的一天吗？有过因为疏忽而漏教学生的一天吗？有过没有行善的一天吗？您是这个国家中最受尊敬的人，最笃敬神的人也是您。照理说，老师您没有任何哭的理由才是！”

拉比却说：“正是因为像你们说的这样，我才哭啊！我刚刚问了自己：你读书了？你向神祈祷了？你是否行善？你是否做了正当行为？对于这些问题，我都可以做肯定的回答；但当我问自己，你是否参加了一般人的生活时，我却只能回答：没有。所以我才哭了。”

这则犹太故事除希望人们凡事从我做起，要自我反省，慎独自律，同时也在劝说一些不在集体活动中露面的人，以使他们一起“参加一般人的生活”。从这里不难看出，这个“一般人的生活”不是指一般意义上的衣食住行，也不是指常人的其他感性生活，而是特指犹太民族的集体生活。

正如在犹太复国运动中体现出来的，犹太人不论贫富，地位悬殊，一律为着心中的以色列建国而积极努力，他们从没有想过要求别人为重建国家而做些什么，而只是想着我能为祖国的重建做些什么。正是这种先从自己做起的理念和精神升华了犹太民族的集体感和凝聚力，从而使他们能够在四散各地的情况下紧密相联，并最终促成了以色列的再生。

塔木德智慧录
ta mu de zhi hui lu

可见，犹太人这种以自我为基点的“慎独自律”的处世观念，并不是与集体、个体相脱离，犹太人“慎独自律”一方面在于提升了自己，另一方面却又影响感化了别人，这比单纯的要求别人要强得多。

施恩比受恩更有福

犹太人注重施恩于人，所以，他们也很注重施舍。在犹太人眼中，施舍的人要比接受施舍的人更有福气。得到施舍的人满足了自己的需要，同时，施舍的人会得到上帝的赞赏，比接受施舍的人更有福气。

在一个靠近海边的村子里，住着一个寡妇。她靠补渔网维持自己的生计。可是有一段时间，天总是阴沉沉的，渔民不敢出海，她也因此没有生活来源。勉强度了几日，便再无食物了。

她向村里最富裕的人家要一块面包充饥，富人不愿意，她又表示向这个富人借块面包，等挣上钱了再还给他，富人仍旧不愿意。她没有放弃希望，继续说道：“那么，您就忍心眼睁睁看着你一个村子里的人在您面前活活饿死吗？恐怕神也不希望你这样做吧。”

富人不紧不慢地答道：“你不会被饿死的，你可以捡那些没有主人的东西，比如仓库地板上撒落的面粉。”

寡妇来到仓库，把那些撒落的面粉整理了一下，然后带回家烤了三个面包。

正当她开始吃这来之不易的面包时，一阵紧促的敲门声打扰了她。

她刚打开门，一个面黄肌瘦的人便一把拉住她的胳膊，苦苦哀求：“我居住的村里发生了火灾，我侥幸生存了下来，已经饿了好几天了，给我点吃的吧。”

寡妇产生了怜悯之心，随手给了他一个面包，转眼间这个人便走远了，寡妇心里在想：没想到自己要来的面包，还帮助他人填饱了肚子，她很感谢神。

想着想着，正在她要吃第二个面包时，门再一次被敲响了。

“仁慈而善良的人啊，求你施舍点充饥的食物吧，强盗杀了我全家，并抢走了我的财产，我昼夜逃亡，才穿过沙漠，来到这里，你救救我吧。”一个衣衫褴褛的人哭诉着说。

寡妇把手里拿着的这个面包给了他，这位男子匆匆地离开了。

虽然现在只剩下一个面包，但是她已经做了两件善事，寡妇心里非常高兴。

好事已经做了，寡妇本以为可以安心地吃面包了，不幸的是，一阵大风忽然刮过来，她所居住的破烂小屋的屋顶顿时被掀了起来。更不幸的是，她唯一的一个可以用来充饥的面包也被这可恶的风给刮得无影无踪了，随后，雨也跟着来了。

风呼呼地刮了一夜，雨哗哗地下了一夜，寡妇在饥饿和寒冷中苦苦地受着煎熬。

天终于亮了，暴风雨终于停了，可是寡妇仍然空着肚子，她无论如何也琢磨不透，神是仁慈的，神会照顾孤苦伶仃的人，自己已经把两个面包给了两个忍受饥饿的人，为什么留给自己唯一的面包还被风刮走了呢？难道是风在神不知道的情况下这样做的？

她决定离开村子，去所罗门王那里为自己讨公道。带着饥饿和委屈，她踏上了通往耶路撒冷的路，最后她来到了所罗门王的宫殿。

“陛下，我有冤屈。”她说。

“有何冤屈？”所罗门王问道。

寡妇讲述了她的遭遇。所罗门王没有表示什么，让家臣给她安排了住处，让她在此住下。

寡妇出去不久，有三个外国人又进了宫殿。这三个外国人是商人，他们来到这里是为了履行诺言的。他们是做珠宝、香料生意的，途中遇到了暴风雨。船底破了个洞，水不断往船里面涌，为了谋生，他们别无他法，大声祈求神的救助，可是船依旧在下沉。他们忽然想到了以色列的神灵，便向以色列神求助，并发誓说如果他们得救，愿把船上所有宝物献给以色列神。刚发完誓，空中飞来一物，船底破洞被堵上，暴风雨随后也消失了，于是，他们安全地上了岸。

所罗门王从商人那了解到空中飞来之物是一个烤面包，便把寡妇叫来：“你见过这个面包吗？”

寡妇端详了一会儿，认出了这个烤面包正是她那个刚准备吃却被风刮走的面包。

“那么，商人的这些珠宝归你所有，作为神对你的善行的赏赐和回报。你经历的那些事情是神的安排。”

善良的寡妇带着珠宝和那块烤面包回家了。

这虽然是一个传说，但却蕴含着深刻的寓意：善良的人一定能够得到回报，行善的人会得到神灵的恩泽。

犹太民族是一个乐于施舍的民族，施舍已经成了他们的习惯。他们相信，给别人带来幸福，自己也会幸福的。

穷则独善其身，达则兼济天下。在为人处世中，面对需要帮助的人，只要自己有能力，就尽力去帮助他，因为，施恩于人会给自己带来福气。

或许自己会暂时地失去经过劳动创造出来的成果，但是，施舍过后，自己得到的是任何物质都无法换来的精神粮食，自己会因善行而高兴，因为自己的善行让另一个人得到了救助或是得到了重生。

在犹太人眼中，施舍的人要比被施舍的人更有福气。施舍可以让别人获得幸福，也可以让自己蒙受福气。

能保守秘密的人才值得信赖

为了尊重别人的隐私，防止他人对隐私做任何方式的探查，犹太人把隐私提到诉诸法律的高度。

在日常生活中，犹太人为表现出对于别人隐私的尊重，非常注重守口如瓶，他们认为能够守口如瓶的人才是善于生活的高手。

保守秘密是一个人是否值得信赖的试金石，犹太人常常把人的价值用保守秘密到何种程度来予以衡量。

犹太人认为，只要秘密仍在你手中，你便是秘密的主人；但当你说出一秘密后，便会成为它的奴隶。当一个人得知一个秘密时，都会沉不住气地想把那一份秘密透露出来，并且认为这是人之常情。

因为一个人手中握有某种秘密时，他可以借此引人注意——每一个人都喜欢探知别人的秘密，同时也希望吸引他的目光。当秘密被抖出来时，必定会备受大众的注目，出尽风头。占卜者巴拉姆去诅咒以色列人，可是，一看到他们的营地，就为他们祈祷。

原来，巴拉姆看到以色列人的帐篷并非彼此正对，他认为他们尊重彼此的隐私，所以为他们祈祷。

在犹太民族中，基于对别人隐私的尊重，任何人不能没有打招呼就到别人家里去。甚至，当一个人借贷给邻居的时候，也不能闯到别人家里去拿抵押品，而要在外面等着，直到对方自己拿着抵押品出来。

尽管犹太拉比们意识到保守秘密多么困难，但无论是私人意义上的，还是职业上的，他们都众口一词强调对信任的尊重。正如哈西德派拉比阿普塔所指出的，即使在熟知该秘密的人群中私下提起，也是品质低下的一种表现。

不论是朋友还是敌人，不要讲他们的故事。即使沉默压迫你，也千万不要泄露别人的秘密。因为一旦他人知道秘密被泄露，就不再信任你，而且他将抓住每个机会来憎恨你。

最好的诀窍就是，让它死在心里。不要恐惧，你不会因此而爆炸。否则的话，一个怀着秘密的傻瓜就像一个临产的孕妇一样痛苦。

据说，拉比艾米的某个学生提前 24 天泄露了一场课堂上的秘密讲座。

于是拉比艾米把他赶走了，谴责他“泄露了秘密”。

假若一个走出法庭的法官这样说：“我主张犯人无罪，可是我的同事认为有罪。他们是多数，我能怎么办呢?”

针对这种人应该说：“不要在人群中搬弄是非!”

对于如何尊重别人的隐私，为他人保守秘密，犹太人有许多保守秘密的谏言：

“有三个以上的人知道的消息就不能称之为‘秘密’了。”

“听到秘密很容易，但要将之保存下来则是很困难的。”

“傻瓜和小孩不能保守秘密。”

“喝下秘密这种酒，舌头就会跳起舞来，所以应该特别小心。”

保守秘密的另一种表现是不揭他人伤疤。我们知道，真正体贴人的人甚至不会提及可能会让别人感到不快的话题，甚至不能容忍那些念叨别人过错的人。瑞什·拉吉什是 3 世纪巴勒斯坦的著名学者，一个魁梧、强壮的人，曾经在年轻的时候做角斗士和野兽搏斗。

著名的犹太人拉比乔拿森劝服他放弃了角斗士生涯，改而求学。他成为了一个信徒，后来和拉比乔拿森齐名。一天，拉比乔拿森在约旦河里洗澡，这时瑞什·拉吉什看到后他也跳进河里。

“你的力量应该贡献给《律法书》研究。”拉比乔拿森说。

“那么，你的美丽，应该贡献给妇女。”瑞什·拉吉什说。

拉比乔拿森说：“如果你忏悔，我就让你娶我的妹妹，她比我还美丽。”瑞什·拉吉什忏悔了，娶了拉比乔拿森的妹妹，和拉比乔拿森一起学习，后者教他《圣经》和《塔木德》，使他成为伟大的学者。某天，在教堂里发生了一场争论，问题是什么时候某些日常用具——剑、刀、匕首、矛、手锯、镰刀——会成为宗教仪式中的不洁之物。

拉比乔拿森认为：在熔炉中煅炼过的是不洁之物。

瑞什·拉吉什则坚持认为：浸过水的东西是不洁之物。

拉比乔拿森的自尊受到了伤害，说：“强盗懂得自己的营生。”拉比乔拿森的言外之意是指瑞什·拉吉什做角斗士的时候用过这些武器。

瑞什·拉吉什对此感到愤怒，说：“你对我有什么帮助呢？在罗马的竞技场上，我被称为大师，在这里我也被称为大师。”

拉比乔拿森受到很深的伤害，因为瑞什·拉吉什暗示自己没有帮助过他，拒绝原谅瑞什·拉吉什。结果，瑞什·拉吉什终于病倒了，然后就去世了。

拉比乔拿森陷入无比的沮丧之中……撕烂了自己的衣服，哭泣道：“拉其沙的儿子，你在哪里？拉其沙的儿子，你在哪里？”直到他发了疯。

其他的拉比都为他祈祷，让他从悲伤中获得解脱，然而他也去世了。

塔木德智慧录

ta mu de zhi hui lu

如果一个人知道悔罪，别人就不应该对他说：“记住你从前做的事。”

如果他是赎罪者的儿子，他不应受到奚落：“记住你的父亲做过的事情。”

如果他是赎罪者，刚刚开始学习圣经律法，别人不应该对他说：“吃了不洁食物的嘴可以学习全能的上帝嘴里说出来的律法吗？”

这是犹太人的典故，后来不揭他人伤疤被犹太人视为神的戒律。

巧妙地解决交织着矛盾的问题

中世纪时，有个埃及国王接连打败了伊斯兰教和天主教的王国。但他连年用兵，国库快空了，此时，又急需一笔巨款，却发现再也拿不出钱了。他的主意打到了犹太富翁麦启士德的身上。但他知道犹太人决不会轻易出钱，得做个圈套让他钻才行。国王思索了好久，总算想出了一个妙计——

他把麦启士德请进宫，摆上山珍海味盛情款待。酒过三巡，国王喷着酒气向富翁请教道："麦启士德先生，听说您学识渊博，智慧过人，我想借此机会向您讨教一个问题。"

麦启士德见国王那副故作谦恭的表情，怀着戒备的心理说："不敢当，不敢当，我麦启士德不过是个酒囊饭袋而已。"

"不必谦虚。"国王继续说，"听说您对宗教很有研究，所以我想请教一下，在犹太教、伊斯兰教、天主教中，到底哪一种才算是正宗呢？"

聪明的麦启士德一听此话，就知道国王在耍弄阴谋诡计，假如自己偏袒哪一方，而贬低另外一方，说不定会中他的圈套。这问题不能直接回答，不妨同他兜个圈子再说。他想了一会，沉着地说："陛下所提的这个宗教问题，真是太有意义啦！这使我想起了一个有趣的故事，假如陛下允许我讲完那个故事的话，就一定能得到一个美妙的答案。"

国王点点头说："那您请讲。"

麦启士德讲的故事是这样的——

从前有个大富翁，家里有数不清的金银财宝，还有一件稀世珍宝，是一只闪烁着异彩的戒指，价值连城，富翁特别珍爱。临终前，他在遗嘱上写道：得到这戒指的便是他的继承人，其余的子女都要尊他为一家之长。遗嘱要后代永久保存好这个传家之宝，不能让它落到外人的手里。

得到这戒指的子子孙孙，都用同样的方法立遗嘱教后代们遵守，谁得到戒指谁便是一家之长。后来，这戒指传到某个后代手里，他有3个儿子，个个受到他的钟爱。在临终前，他拿不定主意，到底把戒指传给谁才好。

当时，3个儿子都向他请求得到戒指。他想不出好办法，只得私下里请来一个身怀绝技的匠人，仿造两只戒指。父亲临终前，就把这3只连匠人也难分真假的戒指，私下里分别传给了3个儿子。这下可好，待父亲一闭眼，3个儿子都拿出戒指作为凭证，要求以家长的名义继承产业，可是谁也分辨不出哪只是真品。于是，究竟谁应该做真正的家长的问题，直到现在还无法解决。

麦启士德讲完故事后，微笑地对国王说："尊敬的陛下，天父所赐给3种民族的3种信仰，难道不是和这3种情形一样吗？你问我哪一种才算正宗，其实，大家都以为自己的信仰是正宗。他们都可以说出自己的教义和戒律来，以为这才是真正的教义、真正的戒律，以为自己是天父的真正继承人。这个问题之难以解决，就像是那3只戒指一样，实在叫人无从做出正确判断。陛下您说对吗？"

国王面对聪明机灵的麦启士德，一时无言以对……

在历史上，像麦启士德一样聪明、灵活的人是很多的。

罗马的皇帝和以色列最伟大的拉比关系密切，因为他俩是同一天出生的。

有一天，罗马皇帝派一位使者给拉比带来口信说，"我有两件事要做：第一件事是我死之后想让儿子继位；第二件事是准备让以色列的大巴列市成为自由关税城市。可是我只能先做一件事，但不知该先做哪一件？"

由于当时两国之间的关系紧张，如果以色列人知道拉比回答了罗马皇帝的问题，一定会产生恶劣的影响。因此，拉比无法回答使者带来的问题。

使者回来向罗马皇帝汇报了事情经过，皇帝便问他："当你把我的口信说给拉比听的时候，他正在干什么？"

使者回答说："拉比让儿子骑在自己的肩上，然后把鸽子交给儿子，儿子把鸽子却放飞了。除此之外，拉比什么事也未做。"

罗马皇帝马上明白了拉比的意思，意思是让他先把王位传给儿子，然后由儿子让大巴列市成为自由关税城市。

过了一段时间，使者又送来了皇帝的请教事项："我手下的官员欺骗我，我该怎么办?"

拉比同样以哑剧的方式表达了自己的意见。他走到菜园里，拔起一棵菜；几分钟，又拔起一棵……

罗马皇帝同样明白了拉比的暗示，那就是："不要一下子除掉你的敌手，要分成几次，逐步消灭。"

这则故事说明，拉比和罗马皇帝的私交既没有损害民族和国家的利益，也没有违法，那么是无可厚非的。但当罗马皇帝向他提出咨询时，他又不便于当面回答，而他本人又不愿意断绝这份友谊，所以他只好采用暗示的方法，最终达到了自己的目的。拉比的智慧在于，他既没有在"说"上违法，也没有因机械地守法而压制自己的表达，从而巧妙地解决了这个交织着矛盾的问题。即所谓不可以说，却可脚踏实地地去做，这正是这则故事带给我们的启迪。

塔木德智慧录

ta mu de zhi hui lu

《塔木德》上说："知道什么问题最好不回答，也是一种智慧。"

做个善良人

犹太人注重善恶的价值判断。

他们认为，善恶之辨具有永恒性的人格魅力。如果一个人仅凭着自己的好恶而活着，那么他的自我感受也好，利害得失也好，都很难持久。一个人只有具有善的力量，才能吸引住别人。

善恶分明，这是犹太人诚实或信用的魔力所在。

犹太人不仅注重培养知识及能力，而且，强调教育应该培养一个人辨别善恶的能力。他们认为生活的意义应该很广泛，否则人们会失去生气，不能生活得有声有色。为人处世的目的不外乎两个：一为“过人的生活”，二为“增加人性之美”。

一则犹太故事很能说明犹太人是如何看待善恶问题的。

有一个人终生都十分自私。他快要死的时候，他的家人催促他吃点东西。他说：“如果你们给我一个熟鸡蛋，我就吃。”

他正要吃鸡蛋，一个穷人出现在门阶前乞求道：“给我点吃的吧！”将死之人便把头转向家人，命令他们把他的鸡蛋给乞丐。

临死时，他的儿子问他：“父亲，你所去的世界是什么样的？”

他的父亲回答道：“要以实际行动行善，那样，你就会在你将要去的世界里有一席之地。我终生所行过的善只是给了那个乞丐一个鸡蛋。但是我死了之后，那个鸡蛋却抵消了我所犯下的所有罪过，并且我要被天堂接纳了。”

犹太人用这个故事说明，做善事可以抵消自己的罪恶。那么如何去行善呢？

犹太人又有一则寓言说明这个问题。

一个人想知道天空是从哪里开始的。他首先遇到一只蚂蚁便问：“天空是从哪里开始的？”

蚂蚁回答说：“天空是从你鞋子那么高的地方开始的。”

他继续向前走，遇到了一只山羊，他问山羊：“天空是从哪里开始的？”

山羊回答说：“天空是从草原消失的地方开始的。”

最后，他遇到了一位白发老人：“天空是从什么地方开始的？”

老者说：“天空是从你的脚下开始的。”

天空开始于你的脚下，世界也是如此。

因此，犹太人认为，世界开始于每一个人，绝不可以说：“我怎么能有改善世界的力量呢？我是完全无能为力的啊？”所以，犹太人强调要加强个人自身修养，培养起善恶的观念，并由此来影响周围的人和环境。

影响周围环境，就是要去阻止别人作恶。犹太人认为，无论谁，如果他能够阻止家里人作恶而没有去阻止，就要为家里人的罪恶而受罚；如果他能够阻止身边的人作恶而没有阻止，就要为身边的人的罪恶而受罚；如果他能够阻止整个世界作恶而没有阻止，就要为整个世界的罪恶而受罚。

善恶的判断，要从自己开始。《塔木德》是这样教育犹太人的：“凡能超越别人的人，都受过两种教育——一种来自教师，另外一种来自自己。”

犹太人强调善恶之辨，但并不把善恶看成是非常绝对的，他们并不认为好人就会好到底，而坏人也坏得不可救药。

他们认为每个人都有“光”和“影”两面，任何好人都会有“影（坏）”的一面，任何坏人也都会有“光（好）”的一面，因此有缺点不要抬不起头，只要让“光”的部分更光亮就好了；同样，即使有优点和长处也不要自满，必须不断努力缩小“影”的范围。

犹太人虽然认为每个人都应该以善来改造自己、改造世界，但并不单纯地认为个人活着就是为了他人和社会。

《塔木德》上指明个人的处世目的是：“人是为保存自己和帮助他人而生。”

因此，犹太人认为，人不可只为自己，或只为他人而活着。光想着自己的人是卑贱的，而光想着怎样做自我牺牲的人，则有丧失了理智的嫌疑。

塔木德智慧录
ta mu de zhi hui lu

犹太人的善恶观，也是非常有分寸的，而且，易于为人所理解和接受。这正是犹太人绝妙的处世智慧。

在社交中注重礼仪

欧美国家的人都喜欢举行各种宴会，宴会形式有餐会、野餐。在参加宴会时犹太人都会穿得整洁大方。收到附有“RSVP”字样的邀请卡，也会尽快回复参加与否，决不会弃置不管。犹太人时间观念很强，答应参加赴约的宴会都会准时赴宴，有事耽误，也会事先告知主人，以免失礼。他们在用餐时决不会狼吞虎咽，更忌讳打嗝，犹太人认为这是很不礼貌的行为。会后则会寄出谢卡或以电话向主人表示谢意，并感谢其安排如此一顿愉快的宴会。

在赴宴时犹太人必会遵从以下原则：

首先要注意衣着整洁。纽扣一定要扣好，手要清洁，指甲要剪短，胡须应修剪好。和人交谈，要端庄和蔼，彬彬有礼。双方不可靠得太近，谈话声音不可太高；坐时忌跷“二郎腿”，更不能抖腿部；谈话要专注，忌在大庭广众面前耳语。初次交谈切忌打听对方的收入、家产、年龄和婚姻；异性之间交谈时眼睛不能老是盯着对方；在路上与妇女交谈应当边走边谈，不能停下站着说话；与妇女同座时不要吸烟；同相识的妇女打招呼，男方应起立，女的可以坐着回答；到别人家里做客，要先脱帽而后入室；雨天走访，雨具应放在室外，不可穿雨衣入室；夫妻同到别人家做客，告别时应当由妻子先起身告辞。

出行坐车，要让客人坐在驾驶座旁边的位置上，以此为上座。走在街上不可东张西望、左顾右盼，不可乱扔东西与随地吐痰。到餐馆就餐，如果与别人同桌，须征得先到客人的同意后方可入座，否则，会被视为粗鲁。男女同行，男的应走在外侧，即靠车行道一边，使女的多一分安全感；开始行走时应让女士先行。出入商店等公共场所，男士应该为女士开门；年轻的应该为老年人开门。乘车坐船，男士应向女士让座；男女同座不要旁若无人地大声喧哗。

犹太人大多非常博学，知识面非常广，堪称“杂学博士”。因此，犹太人在用餐时，谈话的内容非常丰富，从家常谈话，到娱乐、艺术、各地名胜古迹、动物、植物等天下大小趣味趣事都纳入谈论之列，但是会影响到用餐时愉快气氛的话题绝对不谈。例如有关政治及有关战争、宗教迫害的话题绝口不谈，因为这些话题往往会勾起犹太民族被迫害的痛苦回忆，而且又往往因为各人的看法不一致，引起争议，如此便破坏了乐融融的用餐气氛，另外猥亵的话题也是大家避而不谈的，这些都是为了在用餐时可以充分享受人生的乐趣。

他们在吃饭时尽量放松心情，慢慢地吃，优哉游哉地谈些轻松愉快的事情，一切恼人的问题都暂时置于脑后。

塔木德智慧录
ta mu de zhi hui lu

成功的犹太人在社交和旅游、娱乐休闲等公共场合，十分注意礼仪风度和各项礼节，他们非常注意这些细节，以免发生尴尬、不愉快之事。

相互尊重，彼此宽容

作为一个自许为“上帝的选民”的民族，犹太人具有强烈的优越感，常常宣称自己的神全知全能，凌驾于一切其他民族的神之上。有一则寓言是这么说的：

有一艘船载着来自各国的旅客，正在大海中行驶。突然，暴风雨来了。船上的人，除了犹太人之外，纷纷以各自的方法，向自己的神祈祷。可是，暴风雨不但没有平息，反而越来越厉害。

大家束手无策之下，就问犹太人：“你为什么不祈祷？”

于是，犹太人开始祈祷，结果，暴风雨立刻停止了。

船终于平安驶入港湾，死里逃生的人们不约而同地问犹太人：“我们拼命祈祷时，神却不理睬。你一祈祷，暴风雨为什么立刻就停止了呢？”

犹太人说：“我也不怎么清楚。不过，各位是向各自土地上的神祈祷。巴比伦人向巴比伦的神祈求，罗马人向罗马的神祈求，可是海并不属于任何一个国家，也许我们的神是支配整个宇宙的神，所以，才会听从我在海上的祈愿吧！”

一个屡屡被征服的弱小民族面对着征服自己的大民族，却侃侃而谈自己的神的至上性，在旁人看来，难免顿生滑稽之感。犹太人也许无意中也曾感觉到了这一点，所以才会在《圣经》中既宣扬“万军之耶和华”的战无不胜，同时又记下上帝同犹太人立约之证物——约柜被敌方掳去之事。两相对照，常使人感觉到犹太人独有的那种幽默感。这种幽默感无疑有助于犹太民族的凝聚，有助于犹太人保持某种心理上的平衡。

不过，一个人要是老靠在虚幻的白日梦中把自己想象成壮士而鼓足勇气，久而久之不但会最后连自己也不相信自己，还会为了那种莫名其妙的优越感，而激起真有实力的对手的暴怒。这种危险可以说是始终存在的，而且多次出现过。

所幸的是，明智的犹太人大都把这种优越感表现在一些虚无缥缈的东西上面，而在许多同日常生活联系密切，从而也就是最易惹出矛盾激起冲突的事物或行为上，却常抱某种文化相对主义的观点。

比如说吧，犹太人很讲究食谱，按照他们的饮食律法，有许多东西是不能吃的。四脚动物中，必须是有两个以上的胃，并且蹄分两半的才能吃，如牛、羊。马因为只有一个蹄子，猪因为虽有两个蹄子但只有一只胃，所以都不能吃。鱼必须有鳍和鳞才能吃，像鳗鱼、鳝鱼之类的，不能吃。至于虾、蟹之类带甲壳的，也不能吃。还有吃肉的鸟也不能吃，像鹰、鹫等，就不能食用。而且，即便能吃的牛、羊，也需要以犹太人独特的宰杀方法，把血全都放净，才能食用，这种肉即称为“入膳之肉”。

不过，对于这种种食物禁忌，《塔木德》上只给出一个理由：犹太人之所以不吃这些东西，是因为上帝有这样的训诫。

犹太人并不对别的民族的食物指手划脚。

这样一种对其他文化不加褒贬的明智态度的最完整的表现，就是犹太人对非犹太人的宽容上。

毫无疑问，犹太民族像大多数民族一样，愿意有归化它的人。《塔木德》上就写有：神喜欢犹太化的非犹太人。

有个国王有一大群羊，雇了一个牧羊人，每天出外放牧。

有一天，牧羊人发现一头似羊非羊的动物，混在了羊群里，他便来向国王请示说：“有一只从未见过的动物混进了羊群，如何处理比较好？”

国王说：“你要特别照顾好那个动物。”

牧羊人一听，十分不解地看着国王。

国王告诉他：“这些羊一向是我们一手养大的，所以没有什么好担忧，但这个动物在完全不同的环境中长大，却能和我的羊群一起行动，这不是令人高兴的吗?”

一个犹太人从出生之日起就在犹太人的传统下培育，而没有经历犹太传统培育的人，能够理解犹太文化，且因而犹太化，这比真正的犹太人更应受到尊敬。

在《塔木德》上写着：世界上的人们，不管具有什么样的信仰，反正好人都会得救，无须特别努力犹太化。

犹太人的比喻大多是很恰当的，这里也不例外。犹太人的这种情感也是完全可以理解的，如果不愿意加以赞赏的话。而妙就妙在最后的那句话：好人总会得救，无须特别努力犹太化。其神态俨然学校招生办公室在人满为患时对热心的申请者的那种“极为理智”的态度：“你们愿意进来学习当然欢迎，但其实自学也能成才。”

所以，在塔木德时代，犹太人常和非犹太人一块儿工作，一块儿生活。犹太人遵守自己的613条戒律，但无意把它们强加给非犹太人，使他们成为犹太人。拉比们并不向非犹太人传教。但根据《塔木德》的规定，为了保证彼此和平共处，非犹太人有7项约束：

（1）不吃刚杀死的动物的生肉。

（2）不可大声叱责别人。

（3）不可偷窃。

（4）要守法。

（5）勿杀人。

（6）不可近亲通婚。

（7）不可有乱伦的关系。

非常明显，这7条约束并没有多少“犹太味”，基本上属于各个民族共同遵守的道德、习俗或法规。尽管第一条让“茹毛饮血”的野蛮人有点为难；第二条有点小题大做，不过适用于民族关系时则另当别论；而第四条又会让有些习惯于无法无天的统治者恼怒：“我大，还是法大?”但在绝大多数情况下，所有这些约束是可以指望得到人们共同遵守的。

对自己适用613条律法，对别人只适用7条！也许对一切人、一切民族来说，相处中真正重要的只是一条：相互尊重，彼此宽容。

塔木德智慧录

ta mu de zhi hui lu

犹太人对非犹太人很宽容，毫无疑问，犹太民族像大多数民族一样，愿意接受归化它的人。《塔木德》上就写有：神喜欢犹太化的非犹太人。

不要带着成见与人交往

有这样一则犹太故事：

拉比约书亚是一个博学而朴实的学者。

一天，罗马皇帝哈德良的女儿对约书亚说道："在你这么丑陋的人的脑袋里，怎么可能有了不起的智慧呢？"

约书亚非但没有恼怒，反而笑容满面地问道："在你父亲的宫殿里，葡萄酒装在什么样的容器里？"

公主答道："装在陶罐里。"

"陶罐！普通老百姓才把葡萄酒装在陶罐中。"约书亚说，"你应该把葡萄酒放在金银器皿里。"

于是，公主便令宫中佣人把葡萄酒从陶罐里倒出来，装到了金罐和银罐中，不久，所有的葡萄酒都变得淡而无味了。

公主没想到会把事情弄得很糟糕，于是就去找约书亚算账："你为什么让我这样做？"

拉比温和地说："我只是要让你明白，珍贵的东西有时候必须装在简陋而普通的容器中才能保存其价值。"

"难道没有既出身好又博学的人吗？"

"有，"约书亚回答道，"但如果出身艰苦一些的话，他们的学问会更大！”

犹太人中的穷人遇到富豪子弟时，不会自卑，更不会觉得有什么可怕，因为出身富贵之家的人并不一定有学问。但是遇到有知识的人时，无论是穷人还是富人都对他非常的敬重。这是因为犹太人只注重个人的才华，而不会去看他的家庭和出身。

事实上，有很多著名的犹太拉比，出身都很卑微，其中最具代表性的希莱尔是木匠，雅基巴是牧羊人。他们之所以能够成为犹太人中的杰出人物，就是因为他们自身的能力所致。

犹太民族中个人重于门庭出身的观念则为他们的脱颖而出提供了一个大环境。

正是因为犹太人重个人才华而不重门庭出身，才使犹太民族产生了许多杰出的人物。而这一观念体现在人际交往中，犹太民族则在日常生活中很少有门第观念，在人与人交往中，犹太人少有趋炎附势之举，出身好的人也难以依靠出身攫取社会地位，或者取得什么其他优势，人们都是依靠勤劳和智慧获得个人地位。

塔木德智慧录
ta mu de zhi hui lu

个人才华重于门楣出身是犹太人处世的重要观念，它激励了许多出身不好的人去积极进取，也体现了社会公平的原则。

做一个勤勉之人

犹太人认为，勤勉和成功是相辅相成的，常常有很多人因为勤勉而成功，但却很少有因懒惰而成功的人。虽然勤劳并不一定能获成功，但人们只要能够辛勤工作，就能够获得个人最大限度的成功。

在犹太人心中，成功的背后定有辛苦。远古犹太人生火，要花很长的时间去摩擦木头或石头；要吃果实，就爬到很高的树上去摘。因此《圣经》中有两句话：

“流汗撒种的，必欢呼收割。”

“那流着汗出去的，必要欢欢乐乐地带禾捆回来。”

犹太人认为，勤勉或懒惰不是天生的，很少有人一生下来就是辛勤的工作者，也很少有人是天生的懒虫，大多数人的勤勉或懒惰都是后天的，是习性所致。此外，孩童时期的家庭环境，以及所受的教育，也都有很大的影响。勤勉有两种：一种是外力强迫的勤勉，另一种是自己自愿的勤勉。

在贫穷的时代里，犹太人在劳动条件非常恶劣的环境中，从事长时间的劳动，否则，便无法维持生活。犹太人认为这是自愿的勤勉。

犹太人在埃及受奴役期间，曾经长时间从事田里的工作，劳动量大得使人们听了都会打寒战。但是，辛勤工作的结果并没有使他们的生活获得改善，这是因为这些辛勤是由于外力强迫之故。如果是外力所强迫的勤勉，是永远无法获得成功的。

外力强迫的勤勉对人自身绝不会有作用，因为一旦外力消失，这种勤勉就会荡然无存。自愿的辛勤较易得到自己想得到的东西，从而逐步培养自己。久而久之，就能确立一个完完整整的自我。

在犹太人看来，懒惰使人一事无成，上帝和人们都是奖赏勤勉的人的。犹太人有一句发人深省的谚语：“成功和失败都是习惯。”

塔木德智慧录
ta mu de zhi hui lu

犹太人的生存之法是培养勤勉的习惯，因为这才是成功的关键。

对人应以礼相待

犹太人很注重语言交流，长期的流浪和漂泊使他们意识到语言的重要性。语言是人与人沟通的桥梁，如果不能够很好地使用语言，便不能够顺利地与人交往。另外，犹太人很有语言天赋，他们至少懂一种或两种外语，这为他们在异国生存奠定了语言基础。

语言是打开交往之门的钥匙。一般来说，两个人见面以后，若是相识，首先会相互打招呼，寒暄片刻；若不相识，又想交往，自然需要自我介绍一番。可以说，说话是交往的第一步。在与人交流的过程中，一个人看待事物的观点、性格、兴趣、爱好等都会从他的语言中表现出来。于是，通过语言就会给对方留下一个大体的印象。语言作为交流的工具，能促进人与人之间更好地相互了解和沟通。

的确如此，如果语言使用得当，就可以充分地展现一个人的魅力，也为与他人进一步友好往来做好铺垫；反之，则会带来不利影响，给别人留下坏印象，也严重地影响了以后的交往。

犹太民族不仅是一个重视语言的民族，同时也是一个礼貌待人的民族。犹太人礼貌待人不仅表现在行为上，更多的是表现在语言上。他们认为，礼貌用语能够使对方有一种被尊重的感觉，从而促使对方愿意和他们交往。礼貌用语成了他们的一种习惯，而且他们不愿意与说话不礼貌的人交往。

生活中，说话不礼貌的人随处可见，部分人甚至会“出口成脏”，以致有人告诉他们要经常刷牙、漱口。

现实生活中，问路是常见的事。问路的第一步是选择问路对象，但是人们一般担心上当受骗，往往会偏重于向年龄比较大的本地老者问路。可有的人能够准确无误地找到自己要去的地方，有的人却是晃晃悠悠，费了好大的劲也没有到达自己的目的地。这时，到不了目的地的人就纳闷了：原因在哪呢？我明明是按照老头指的方向走的，怎么可能错呢？初次见面，大家又没有什么深仇大恨，难道老头跟我开了个玩笑？他可能不知，“老头”“喂”“你”这样的称呼是不会让人舒心的，何况是在求人。倘若遇到稍有学问的老者，送上一句“无理”，听者若是没明白过来，岂不是要走“五里”冤枉路？

多走几里路倒没什么，但是，在日常生活和工作中，不礼貌的言语会给人带来很多的不便。朋友会因为你的不礼貌而不愿意再和你往来，同事因为你的不礼貌而不愿意帮助你，上司因为你的不礼貌而不愿意提拔你。你或许很有能力，但由于你的不礼貌用语，你的能力就可能会轻而易举地被别人否定。

在熙熙攘攘的人群中，很难找出两个说话方式酷似的人。因为说话方式是每个人在其特定的环境下养成的一种习惯，这种习惯一旦养成，便难以改变。每个人都有自己的说话方式，有些人有口头禅，尽管知道这是不礼貌的，但还是有意无意地挂在口边。于是，在有些时候，得罪了别人还不知道是怎么回事。这时候，有这方面“特长”的朋友就要注意了，管好自己的嘴巴，别让这些小毛病给自己带来大不幸。

塔木德智慧录
ta mu de zhi hui lu

为人处世中，在注重交往语言的同时，更要注意交往礼貌。其实，对于礼貌，只要用了心，每个人都能够做到。

朋友是一生的财富

交友明言

在犹太人看来，每一种金属都是由许许多多的“微粒子”组成，它们遵循一定的法则不停地从事忙忙碌碌的运动。因此，犹太人认为金属也是活的。

用力挤压一块金属，隔一段时间后把手放开，从外表上看，这块金属也许并没有什么改变，但是这块金属的内部一定有过剧烈的变化。

因此，一种东西和另一种东西接触时，一定会互相影响、互相渗透。

同样道理，当一个人和另一个人接触时，一定也会产生出同一种现象——甲的一部分进入乙的心中，乙的一部分进入甲的心中，但两个都毫无感觉。分手后，也许连对方的面孔和名字都已忘怀，但是两人的内部却已经起了微妙的变化，不再是先前的人了。丑恶和善良都可能潜移默化地进入人的内部。

犹太人对于交友是非常慎重的，时时小心，处处提防。每当他们遇到一个人时，他们都会思索一个问题：应该花多少时间接触那个人？又该沾上多少他的习性呢？

但是，犹太人又认为没有朋友的人就如同失去手臂一样。因此，他们把朋友分成三种：第一种是像面包的朋友，这种朋友是经常需要的；第二种是像菜的朋友，这种朋友是偶尔需要的；最后一种是像病的朋友，这种朋友应尽量避开。

《塔木德》这样说："跟狗玩，就会有跳蚤上身。"因此，拉比教导人们说："当你拯救朋友使其脱离泥淖时，绝不可害怕自己沾上肮脏的泥巴。"

没有一个人能独自成长或独自堕落，所以在犹太人看来，寻求一个适合自己的朋友是人生中一件很重要的事。

正如犹太格言所说："走进香水店，就是什么都不买，也会沾上芳香的气味。"

寻找生命中的友谊之光

犹太人认为，人需要有朋友一起吃饭，一起喝酒，一起学习《圣经》，一起学习《注释》……给自己找个朋友，对他倾诉心底所有的秘密——关于《圣经》和世俗生活的秘密。

画圈者豪尼生活于公元前 1 世纪的罗马帝国早期。他不但是一位著名的学者，还被认为是魔法师，尤其擅长求雨。他的绰号"画圈者"大概来自他求雨时最壮观的技艺表演：他在地上画一个圈，和他的祈祷者一起站进去，雨不多不少正好满足庄稼的需要。当雨下够了，他就再祈祷，雨就停了。

据罗马犹太历史学家约瑟夫斯说，豪尼死于当时统治巴勒斯坦南部朱第亚的哈斯莫尼王朝内不同势力之间的斗争，但是，根据传说他的死另有其因。

在路上走的时候，画圈者豪尼看到有个老人在栽豆荚树。他问那人需要多长时间这棵树才能结果子，那人回答说要 70 年。

豪尼坐下来吃东西，觉得昏昏欲睡，他躺下睡着了。在越睡越沉的时候，他周围的石头升起把他遮在里面，这样从外面就看不见他。他一口气睡了 70 年。

醒来的时候，他看见有个人正在摘树上的果子。

"你是栽这棵树的人吗？"豪尼问。

"不，我是他的孙子。"那人说。

"很显然，我睡了 70 年！"豪尼惊讶地叫起来。

然后他注意到自己的那头驴子已经繁殖成了一群，在田野里徜徉。

豪尼回到原本自己生活的地方。

"画圈者豪尼的儿子还活着吗？"他问那儿的人。

"他的儿子不在了，"人们说，"不过他的孙子还活着呢！"

"我是画圈者豪尼。"他说，但是没人相信他。

豪尼离开家，到他学习的地方，看到很多学者正在一起学习。

"法律对于我们就像在画圈者豪尼的时代一样清楚，"他听见学者说，"因为不论什么时候豪尼来到学习的地方，他总能澄清学者们阅读文本时遇到的问题。"

"我是豪尼。"他兴奋地对他们大声说。

但是学者们不相信他，他们也不愿意表示他从前受到的敬意。

豪尼受到深深的伤害，他祈求死去。他的祈祷得到回应，他死了。

从这个悲剧可知，友谊犹如生命的阳光，缺少友谊，不如死去。犹太先贤对此认为，要么和朋友在一起，要么去死。

在犹太人看来，朋友比世上所有的钱都珍贵；为了朋友，可以牺牲生命。

有两个亲密的朋友，因为战争被分开而生活在不同的王国。有一次，其中的一个去看望另一个，因为他来自敌国，所以被当作间谍囚禁起来，判了死刑。

再多的恳求也救不了他的命，所以他乞求国王发一次善心。

“陛下，”他说，“你让我回自己的国家待一个月料理好后事，这样我死了以后我的家庭还能得到照顾，月底我就回来接受死刑。”

“我怎么能相信你还会回来？”国王说，“你给我什么保证？”

“我的朋友可以保证，”这个人说，“如果我不回来，他可以替我死。”

国王把这个人的朋友带来，惊讶地发现他的朋友对这个条件表示同意。

到了这个月的最后一天，太阳落下去，那人还没有回来。国王下令把他的朋友处死。就在刀即将落下的时候，那个人飞快地赶回来了，把刀搁在自己的脖子上。可是他的朋友阻止了他。

“让我替你死吧！”他请求道。

国王被深深地感动了。他下令把刀拿开，两个人都得到了宽恕。

“既然你们有这么深的爱和友谊，”他说，“我恳求你们让我也加入进来吧。”从那一天起，他们都成了国王的朋友。

塔木德智慧录
ta mu de zhi hui lu

为自己找一个朋友，生命会多份精彩。忠诚的朋友是可靠的避难所，如果谁能找到这样的朋友，就好比发现了宝藏。

微笑是你的名片

犹太人经常说："笑是百药中最佳的良药之一。"不仅如此，他们还认为微笑是一种强有力的武器。甚至有时候比金钱还要有效。一个纽约大百货公司的犹太籍人事经理就说："我宁愿雇用一名有可爱笑容而没有念完中学的女孩，也不愿雇用一个摆着扑克面孔的哲学博士。"

犹太人对于微笑的看法是最为一致的，不管是商业还是生活，他们都一致认为："微笑是上帝赐予的最好的名片。"他们经常说："当你微笑，一切美好。"面对他人的时候，给他微笑，他将会回报你以友情。你什么也没有付出，结果却得到了一份珍贵的感情馈赠。

在亲人中微笑，它创造了快乐；在工作中微笑，它建立了好感；在朋友之间微笑，它创造了友谊。对于疲倦者来说，微笑是休息；对于沮丧者来说，微笑是花香；对于悲伤者来说，微笑是阳光；对于所有人来说，微笑是调节情绪的最佳良药。

所以，斯提德说得极为精彩："微笑无需成本，却创造出许多价值。微笑可以使得到它的人们富裕，却并不使献出它的人们变穷。"

钢铁大王卡内基就经常以微笑来征服对他存有偏见的对手。有一次，在盛大的宴会上，一个平日对卡内基十分不满的钢铁商人，背地里大肆抨击卡内基，搬出了卡内基的所有缺点，加以攻击。

当卡内基到达而且站在人群中听到他高谈阔论的时候，他还不知道，仍旧滔滔不绝地说。宴会的主人相当尴尬，生怕卡内基忍耐不住，当面加以指责，使这个欢乐的宴会成为舌战的阵地。

可是卡内基很安详地站着，脸上始终带着微笑，当抨击他的人发觉他站在那里时，反而显得十分难堪，满脸通红的闭上了嘴，想从人群中溜走。卡内基脸上却依然堆着笑容，走上前去亲热地和他握手，如同没有听到他在说自己坏话一般。那个攻击他的人脸上一阵红一阵白，尴尬异常。

卡内基连忙递上一杯酒给他，使他借着喝酒来掩饰他的窘态。

第二天，那个攻击卡内基的人亲自登上卡内基的家门，再三地向他道歉。从此，他变成了卡内基的好朋友，并且见人就说："卡内基是个了不起的大人物，他的每一个笑容都是那么和蔼，那么安详。"

由此可见，我们应该用微笑去面对诽谤，用微笑去面对危险，用微笑去面对坎坷崎岖的人生。当你面带微笑地走向世界的时候，所有的艰辛和磨难不但不能奈何你，反而更衬托出你那从容不迫的风度。

微笑是人生中最美好的语言，一个人的面部表情，比他的穿着更为重要。笑容能照亮所有看到它的人，就像是穿过乌云的太阳，带给人们温暖。一种令人心情温暖的微笑，一种发自内心的微笑，比他身上所穿的华丽衣服更能令人折服。在与人交往的过程中，微笑是获取他人好感的最佳方法。

但是，很多人总是不能微笑，如何使自己成为一个善于微笑的人，这也成了一个很大的学问。在此，我们应该学一学犹太人的方法。

第一，应该有自觉微笑的意识。犹太人认为，很多人都无法做到微笑，甚至于有的人的笑容成了强笑，这会令人觉得十分的不乐意，而且难堪，其中的原因就在于没有微笑的意识。

微笑，是人们愉悦心灵的折射；强笑，则是悲泣心灵的掩护。如果笑不出来的时候，最好还是别笑。否则，强颜欢笑让别人的感官受刺激，也让自己的心灵更受伤害。

第二，早晨面对镜子微笑。这是犹太人训练微笑的方法之一。早晨起来，对着镜子给自己一个微笑，不仅能够使自己的微笑得到加强，同时也可以给自己的一天带来好的心情。

第三，做任何事情前，面带微笑。犹太人认为，无论你在干什么，学习、工作、生活、娱乐，还是交际，面带一个微笑，能给你带来一种轻松的感觉。尤其是在感到紧张的时候，给自己一个微笑，用微笑来化解自己生理和心理上的紧张。

第四，微笑也需要榜样。生活的周围，总是会有一些人真正懂得微笑的含义，他们的微笑能让人感到亲切、适度，让人感到喜悦、温暖，让人感到美丽、潇洒和自在。所以，他们的微笑就是犹太人学习、参考的榜样。

微笑的最大价值在于它不花费什么，但是却能够创造出很多的成果。在它产生的一刹那之间，给了人们一种永远的记忆。

己所不欲勿施于人

有一次，安冬尼皇帝派使者到朱丹·哈·尼撒拉比那儿，问了这样一个问题："帝国的国库快要空了，你能给我一个补充国库的建议吗？"

朱丹拉比没有回答一句话，他把使者带到了他的菜园，然后安静地干起活来。他把大的甘蓝拔掉，种上小甘蓝，对甜菜和萝卜也是这样。

看到朱丹拉比无意回答问题，使者对他说："请给我个回信。"

"你什么都不需要。"

于是，使者返回到安冬尼那儿。

"朱丹拉比给我回信了吗？"

"没有。"

"他给你说什么了吗？"

"也没有。"

"那他做了什么？"

"他只是把我领到他的菜园里，然后他把那些大蔬菜拔掉，种上小的。"

"那我明白他的建议是什么了！"皇帝兴奋地说。

于是，他立刻遣散了他所有的官员和税收大臣，换成少量的有能力、诚实的人。不久，国库就得到了补充。

犹太人运用这个故事说明国王要补充国库时，应该去想办法，而不能以不利的条件去强迫百姓去多缴税。不去强迫别人做他们不愿意做的事情，这是犹太人的处世方法之一。在现实生活中犹太人更反对以不利条件去强迫别人。

对于以不利条件去强迫别人，犹太人又有一个这样的故事：

有一天，拉比在路上碰到两个正在争辩的男孩。

两个男孩面红耳赤地争论到底谁的个子高，吵来吵去，还是没有结果。后来，其中一个男孩强迫另一个男孩站在水缸里，而他自己站在缸沿上。他终于证实了自己较高。

拉比看到这一幕情形，悲伤地对自己的弟子说：“是否世上的人都常这么做呢？为了证实别人劣于自己，就强迫别人下水缸。如果别人不愿意下去，他们就会自己爬到高处，以显示自己优于别人。”

在现实生活中，种种欺骗的事件屡见不鲜，但是，犹太人认为坏事掩不住别人的耳目，终有一天人们会发现事情的真相。即使有人能幸运地瞒过别人，但是做了坏事之后，自己的心里一定会觉得很不舒畅，而时时怀着恐惧之心。因此，以不利条件强迫他人的做法是不可取的。

塔木德智慧录

ta mu de zhi hui lu

犹太人在和别人进行竞争时，总是站在同等公平的立场上，而不是以不利的条件去强迫别人。

孝敬父母是为人之本

即使父母很坏——坏到“已经被判处死刑，走在去刑场的路上”，儿女们也不能诅咒他们，因为儿女们欠父母的实在太多了，但儿女们不必违背自己的良心盲目地服从父母。

父母不能阻止儿子的婚事以便他继续为他们干活，也不能让他娶妻之后仍然和他们在一起生活……

如果他能赡养和照顾父母，他就有权利找个妻子，到别的地方居住，只是他要知道父母在感情上并非不愿接受她。

如果他看中了出身良好的姑娘，可是他的父母希望他娶一个出身不好的，因为她的亲戚很有钱，那么他不必屈从父母的意愿，因为他们的做法应当受责备。

拉比以利则·本·海克努斯22岁了，还没有学过《律法书》。有一次他下定决心说："我要去跟着拉班约翰拿·本·扎凯学习《律法书》。"他的父亲海克努斯对他说："你不把整块地犁完，别想吃一点儿东西。"

他早早地起床，犁完了整块地，然后就出发去了耶路撒冷……

当他的父亲海克努斯听说他在跟着拉班约翰拿·本·扎凯学习《律法书》，他宣布："我要去禁止我的儿子以利则使用我的财产。"

据说，那天拉班约翰拿·本·扎凯正在耶路撒冷演讲，以色列所有了不起的人都坐在他面前。当听说海克努斯来了，他召集了卫兵，对他们说："如果海克努斯来了，不要让他坐下。"海克努斯来了，他们不让他坐，但是他往前挤，坐在富有的、高级的城市领导人中间。

"我不能说了。"拉比以利则恳求道。

拉班约翰拿催促他，同学们催促他，所以他站起来发表了人们从未听到过的演讲。当话语从他口中说出的时候，拉班约翰拿·本·扎凯站起来吻了他的头，大声说："拉比以利则，大师，你教给我真理了！"

休息的时间还没到，他的父亲海克努斯站起来说："大师，我来这里是为了禁止让我的儿子以利则使用我的财产，现在，我所有的财产都应该给我的儿子以利则！"

但父母和孩子，谁更重要呢？

父亲的爱给了孩子，孩子的爱又给了他们自己的孩子。

从前有一只鸟，带着三只雏鸟，要飞过波涛汹涌的大海。大海太宽阔，风太猛烈，父亲不得不用爪子把小鸟一个一个地带过去。当他带着第一只小鸟飞到一半的时候，突然一阵大风刮来，他说："孩子，看看我为了你怎么拼命地努力。当你长大的时候，你能像我这样照顾我的晚年吗？"

小鸟回答说："只要把我带到安全的地方，当你老了的时候，你要我做什么都可以。"

于是父亲把小鸟丢进大海里，小鸟淹在水里的时候，父亲说：“对你这样的骗子就应该这么做。”

然后父亲返回岸边，带着第二只小鸟，问了同样问题，听到了同样回答，把第二只小鸟也淹死了，大叫着：“你也是个骗子！”

最后，他带着第三只小鸟过海，当他又问到同样的问题，最后这只小鸟回答说：“我亲爱的父亲，你确实为了我冒着生命的危险，拼命地努力，如果你老了我不报答，那是错误的。但是，我不能束缚自己。可是，我可以保证：如果我长大了，有了自己的孩子，我就要像你对待我这样对待他们。”

对此，父亲说：“说得好，孩子，你很有智慧。我要饶了你的命，把你带到安全的地方。”

塔木德智慧录

ta mu de zhi hui lu

孝敬父母是一个人的天职，但不少“愚孝”应把握好一个“度”，并采用适当的方法来达到孝敬父母的目的。

做人要明智

《塔木德》说：“理智是神和人之间的一个媒介。”“礼貌是一切美德的起源，忠诚是它们的原则，明智则是它们的条件。”

明智本身是不是一种美德？传统的回答是肯定的。但对现代人来说，它不是属于道德，而是属于心理学；不是属于责任，而是属于算计。康德已经不把它视为一种美德了，他解释说：这只是高明的或巧妙的自爱，当然无可指责，但是没有道德价值，也没有其他作用，即使有也只是假定的。关心自己的健康是明智的，可是谁能把它看成是一种价值呢？明智会带来过多的好处，以至不能算是道德；责任过于绝对，不能算是明智。不过这里康德的观点是否最正确，都是无法肯定的。因为也是他从中得出结论，认为诚实是一种绝对的责任，在任何情况下都是如此（甚至如他举的例子——即在您的朋友受到追杀，而凶手们问您这个人是否藏在您家里的时候也是如此），也无论会造成什么后果：即使是为了救一个无辜者或者自己逃命，也宁可不明智而不能不履行责任！这正是我们无法接受的，因为我们不能充分相信这种绝对，以至为了它而牺牲我们的生命、朋友或同胞。

“明智”一词似乎可以上溯到公元前 6 世纪，差不多在柏拉图的著作里就能看到，它在斯多葛主义里成为经典，后来通过西塞罗传入了西方人的思想，并相应地采取适当的行动。这就是人们可以称之为情理的东西，不过它是要为一种善意服务的。或者称之为智慧，不过是有道德的智慧，明智正是以此调节其他的一切美德：没有它，任何美德都不知道该做什么，不知道怎样达到所追求的目的（善）。

在勇气、正义、明智、节制四德中，明智应该引导另外 3 种：没有它，勇气、正义和节制都不知道该做什么和怎样去做，就会成为盲目的或不明确的美德（义士爱义，却不知道在实践中如何去实现它；勇敢者不知道如何用自己的勇，等等），正如没有它们，明智就是空洞的，或者只不过是机灵一样。明智含有某种谦虚或工具的意思：它为之服务的不是自己的目的，只是手段的选择。然而正是这一点使它变得不可取代：任何行为、任何美德——任何行动中的美德——都不能够放弃它。明智并不占统治地位（正义更有价值，爱更有价值），但是起着管理的作用。不过，一个无人管理的王国会成为什么样子呢？热爱正义不足以成为义士，热爱和平也未必就是和平主义者。要想成为义士与和平主义者还必须经过深思熟虑，做出正确的决定，采取正确的行动。而决定这一切的是明智，正如实行这一切的是勇气一样。

明智的人，通过对利弊的比较和考察，选定应该以何种方式来满足自己的欲望，它甚至比哲学更珍贵，而且正是由它才产生了其他一切美德。如果不会生活，真实有什么用处？如果不能公正地行事，正义有什么用处？如果它什么都不会带来，人们为什么还要它？明智好比一种真实的（而不仅仅像礼貌那样是表面的）处世之道，它也是一种享受的艺术。我们有时拒绝许多快乐，因为它们会带来更多的烦恼。但如果这种烦恼能使我们避免更大的痛苦，或者得到一种更强烈或更持久的快乐，我们又会寻找它。举例来说，我们去看牙医或者去工作，并非总是为了快乐，而是为了一种明智地预见到或盘算过的、往往是延迟的或间接的快乐（即避免或取消了一种痛苦）。它永远是有时间性的，往往要等待时机的美德。因为明智重视未来，这就要靠我们去面向未来（因此它不是属于希望，而是属于意志）。所以像任何美德一样，它是现在的美德，然而是预测的或有预见的。明智的人关心的不但是发生的事情，而且是可能发生的事情，是既专心，又注意。

塔木德智慧录

ta mu de zhi hui lu

人不能生活在片刻之间，不能始终走最短的路去追求快乐。现实有着强加于人的规律、障碍、曲折。明智是对此予以重视的艺术，是清醒而合理的欲望。明智使行动避免冲动，使英雄不会头脑发热。

用柔言细语化解愤怒

犹太人中间流传过这么一个故事：

大卫王被他的儿子阿布萨鲁姆逼杀的时候，无奈之下，逃离了爱鲁萨勒姆。

后来，他带领着忠心跟随着他的卫士们重新回到了这个令他伤心的都城，打败了他的儿子，夺回了王位。

在他离开爱鲁萨勒姆的时候，留在都城里的官员们都臣服于他的儿子阿布萨鲁姆。但是，现在，大卫王重新回来了。看着阶下那些被绑着的官员们，他十分的气愤，决心要把他们一一处死。但是，他还想戏弄他们一下。

于是，他让官员们自己选择是生还是死。他说："你们这些可憎恨的人们啊！自己选择吧！你们是想生存还是想死亡？"

第一个官员听完之后，马上向他说道："尊敬的王啊！请饶恕我的过错吧！我希望您赐给我生存的阳光！"

大卫王听完之后，愤怒地叫道："哼！饶恕你？贪生怕死的人啊！当初你跟着阿布萨鲁姆一起迫害我的时候，怎么没有想想有今天的后果？忠诚的卫士啊！把他处以绞刑吧！"

另外一个人见了，就站起来向大卫王骂道："你这个残忍的魔鬼！我恳求上帝让你下地狱吧！即使你现在又成了爱鲁萨勒姆的王，但是我是宁愿被绞死，也不会向你求饶的！"

大卫王听见他竟然把自己称作"残忍的魔鬼"更加的愤怒，他要求士兵们将他活活的用火烧死。

没有人敢说话了，一个人已经因为选择生存而被认为是"贪生怕死"处以绞刑；另外一个由于选择死亡被活活烧死。到底应该如何选择呢？何况大卫王正处在极度气愤的情况下，没有人敢用自己的生命去开玩笑。因为，谁都明白，现在的大卫王已经丧失了理智，不管是选择生存还是死亡，都是死路一条。

大厅里只有大卫王在咆哮："他竟然敢称我为魔鬼！还说我残忍！诅咒我下地狱！这个该死的人！这个该死的人！！我要把所有的人都杀死！！！"被绑着的人都吓坏了，没有一个敢出声，因为这意味着没有任何活命的机会了。

这个时候，一位拉比开口说道："尊敬的王啊！英勇善战的王啊！善良仁慈的王啊！您是否可以听我说几句话？"

大卫王回答道："你说吧，但是你要记住，你说的话可以救下他们的命，但也可以马上送他们下地狱！"说完又狠狠地重复道："你们这群该下地狱的人们！"

拉比的嘴角出现了一丝微笑，他向大卫王说道："尊敬的王，您如果杀了我们，那是您的威望啊！"大家都愣住了，包括大卫王一时之间也忘记了刚才的怒火。

"但是，如果您饶恕我们的话，那就是您对我们莫大的仁慈和恩惠！所以杀了我们，您会失去我们的爱戴。但是，您如果饶恕我们的话，虽然您的威严会有所降低，可您却可以得到犹太人的心啊！"

大卫王笑了，刚才的满腔怒火早已经无影无踪了，他当然知道威望和民心相比谁轻谁重。于是，他赦免了所有人的罪。

犹太人之所以记住这个故事，实际上是用它来告诫后人：面对着他人的愤怒，很多人会不知所措，有的人可能会闭口不言，有的人可能会针锋相对，也有一部分人会以笑脸相迎。第一种人也许是狡猾的人，第二种人也许是正直的人，但是，第三种人无疑是聪明的人。

故事中的第一个人、第二个人正是开头的两种情况，而拉比使用的无疑就是被称为智慧的第三种方法。

犹太人认为，面对一个愤怒的人，针锋相对只会使矛盾升级，怒火加倍，可以说是火上加油；而如果选择沉默不语的话，也不能有效地阻止对方的怒火；最好的办法就是采用柔和的语言并且带上笑容。

就如俗语说："伸手不打笑脸人。"一个人即使再怎么愤怒，但是，当他面对的是别人的笑脸的时候，他肯定难以继续发泄他的怒气。

很多人会以为老是一副笑脸的人是懦弱的，更有甚者把他们称之为小人。但是事实上，只有这种人才能够在愤怒面前收到最好的效果。

就好像骑马一样，当马匹紧张不安、受到惊吓或者受惊狂奔的时候，骑士　定要镇静，不能紧张，更不能大喊大叫，当然也不能是被吓傻了一样不言不语、手足无措，而是要通过柔和的语言和动作安慰马匹，同时镇静地控制住马匹。

塔木德智慧录

ta mu de zhi hui lu

当你面对的人像受伤的马一样狂躁不安、暴跳如雷时，你也应该用柔和的语言来安慰他，因为，柔和的语言能够消去愤怒。

严以律己宽以待人

希莱尔拉比出身贫寒，靠自己的天赋和勤奋，掌握了渊博的知识。希莱尔拉比当了犹太教首席拉比之后，一次来了一个非犹太人。他要希莱尔拉比在他能以一只脚站立的时间里，把所有的犹太学问告诉他。可是，他的脚还未提起来，希莱尔拉比已把全部犹太学问浓缩为一句话告诉了他："不要向别人要求自己也不愿意做的事情。"

犹太人认为，人在社会生活，这意味着人与人之间应保持一种互助互谅的关系，这种关系本身又必定建立在互相理解的基础上，这种理解从理论上说不管有多少环节和多少障碍，但在经验上，只要我们大家都是人，就可以从自身的趋乐避害的原始要求上，找到理解他人的前提。

互相理解、互相谦让的处世原则只是一个朴素的准则，在具体的环境中，还必须恰如其分地视实际情况来运用。《塔木德》上有个例子很好地说明了这一点：

一次，有位拉比邀请六个人开会商量一件事，可是到了第二天，却来了七个人，其中肯定有一个人是不邀自来的，但拉比又不知道这个人究竟是哪一位。

于是，拉比只好对大家说："如果有不请而来的人，请赶快回去吧。"

结果，七个人中最有名望的人，那个大家都知道他一定会受到邀请的人却站了起来，走了出去。

七个人中必定有一个人未受到邀请，但既然到了这里，再要自己承认资格不够，是一件令人难堪之事，尤其还当着这么多人的面，所以那位有名望的拉比退让，可谓用心良苦。如此设身处地地为他人着想并采取相应行动，正体现了他的仁慈之心。

这则故事侧重于发掘犹太民族那种独具特色的周详妥帖的智慧。除此之外，还含着一层承认他人人性的优先性，甚至克制自己的人性要求，以协调人际关系的涵义：一个人没有权力把自己不愿意要的东西强加于他人，但一个人也不应该把一般人都不要的东西强加给自己。

犹太人之所以把他们的足迹留在了世界的每一个角落，并创造出了令世界刮目相看的商业成就，尽管也不时因自身的“暴富”或充当有“吸血虫”之称的高利贷者而遭受异族的践踏和杀戮，但他们作为一个弱小民族能够凭自己的信念和出色的成就而生存下来，这本身就是一个奇迹。

塔木德智慧录

ta mu de zhi hui lu

犹太人所持尊重他人的道德观念——相互尊重，彼此宽容，正是支撑他们在激烈的竞争压力和强权夹缝中求得生存的艺术。

以诚相待，取信于人

英国最有名的百货公司是“马克斯-斯宾塞百货公司”，这家百货公司是由一对犹太亲兄弟西蒙·马克斯和西夫·马克斯创立的。

马克斯兄弟的父亲米歇尔于 1882 年从俄国移居英国，最初是个小贩，后来在利兹市场上开了个铺子，以后发展为专卖廉价商品的连锁店。米歇尔于 1964 年去世后，西蒙和西夫将这些连锁店进一步发展成资金更加雄厚、货物更加齐全、具有类似超级市场功能的连锁廉价购物商场。

马克斯—斯宾赛百货公司，虽以廉价为特色，但非常注重质量，真正做到了“价廉物美”。

原来从人们的衣服穿着上可以区分不同的社会阶层，但由于马克斯-斯宾塞百货公司以低廉的价格提供制作考究的服装，使得人们不用花很多的钱就可以穿得像个绅士或淑女，以前那种以“貌”取人的价值观念也随之发生了根本动摇。现在在英国，该公司的商标“圣米歇尔”成了一种优质品的标记——一件“圣米歇尔”牌衬衫是以尽可能低的价格所能买到的最优质的商品。

马克斯-斯宾塞百货公司不仅为顾客提供满意的商品，还提供最好的服务。该公司售货员的礼貌服务，能够在素以彬彬有礼闻名的英国成为一个典范足以说明该公司“顾客至上”的宗旨。

马克斯兄弟在挑选职员时，就像挑选所经营的商品一样一丝不苟，他们认为只有高素质的员工才能真正使公司成了“购物者的天堂”。

马克斯兄弟在让顾客满意的同时，还做到了让职工也满意。他们对职工要求极高，但为职工提供的工作条件在全行业中也属于最好的，职工的工资也最高，还为职工设立保健和牙病防治所。

由于有这些优越条件作为后盾，职工才有可能毫无怨言充分贯彻公司的宗旨。

因此，马克斯-斯宾塞百货公司被人称为“一个私立的福利国家”。

马克斯兄弟为顾客和职工想得这么周到，公司的经营情况被普遍认为是国内同行业中最有效率的企业，并吸引来大量的投资者。

与马克斯-斯宾塞百货公司同为百货零售企业的希尔斯·罗巴克百货公司采取的也是同样的经营宗旨，甚至在对待顾客和职工的优惠方面更有过之，并将这种恩泽施向整个社会，做到了与整个社会的和谐共存。

朱利叶斯·罗森杰尔德是通过投资而担任希尔斯·罗巴克公司总裁的，他是一个德国移民的儿子，曾在叔叔的百货公司工作。

后来希尔斯·罗巴克公司融资的时候，他以37500美元的投资，约占融资总额的1/4，进入公司董事会。

1910年担任公司总裁，也就是公司的创立人理查德·希尔斯退休的时候，罗巴克百货公司已成为北美最大的企业之一，每年收益为5亿美元。

罗森杰尔德也以价廉物美为其经营宗旨。公司销售的商品有许多都是企业集团自行生产的，因此成本可以降低，而质量也得到了保证，但希尔斯·罗巴克百货公司的真正本钱，还是罗森杰尔德制定的一条规定：不满意，可以退货。这是商业最高道德的最实在的体现。现在已经是许多商店的标榜，但在当时却是闻所未闻的。罗森杰尔德就是第一个将商业信誉提到了这样高度的人。

希尔斯·罗巴克百货公司以其商品质量、价格、信誉，还有对市场的精确预测，得到了消费者的广泛欢迎，公司的商品目录在罗森杰尔德逝世前已发行了4000万册，几乎每个北美家庭都可以见到。

观察家认为，这一连续出版的商品目录几乎构成了北美的一部社会史，从中可以探视到人们审美趣味和愿望的发展，而这种发展中有相当一部分是由希尔斯·罗巴克公司预测到，甚至造就的。

希尔斯·罗巴克百货公司经营良好，赢利丰厚。罗森杰尔德最初投资37500美元，30年后其资产达到了1.5亿美元。在这样的财力支持下，罗森杰尔德广泛从事慈善活动，他曾为28个城市“基督教青年联合会”和南方的一些贫困地区建立乡村学校提供资助，为解决芝加哥黑人的住房问题出资270万美元。另外，他还分别为芝加哥大学，芝加哥科学和工业博物馆捐赠了500万美元。1917年，他创立了拥有3000万美元基金的“朱利叶斯·罗森杰尔德基金会”，并规定基金的本利必须在他去世之后的25年内用完。

由于犹太人在很长的时间居无定所，所以他们已经习惯了四处漂泊的生涯。由此他们相信，不管他们生活在哪里，就应该在哪里生根。他们不但要在当地靠诚信经商，在生意上取得别人的认同，更与当地的非犹太居民和谐相处，有时甚至不惜用自己的财富和实业去帮助当地的居民。他们相信，只要他们以诚相待，取信于人，他们必定会拥有很多朋友，而不会四处树敌。

塔木德智慧录
ta mu de zhi hui lu

犹太人认为，如果从小没有养成遵守信用的习惯，那么就不可能取得别人的信任，生意也很难得到发展。

待客有道

亚伯拉罕是传说中殷勤好客的典范，在妻子撒拉的协助下，他迅速为装成流浪者的上帝的三个使者准备了丰盛的晚餐。他的亲切尤其高贵，因为和上帝订约，他在90岁时行了割礼，这时仍然处在恢复时期。以他为榜样，犹太人推崇好客的美德，尤其是对陌生人的殷勤。尽管他们的许多规范是从身边的希腊人和罗马人那里借鉴来的，但比起单纯的礼节他们更强调真诚，既关注主人的举止，也重视客人的表现——甚至把对客人的要求引伸到在外国旅行的人们。

《塔木德》里这样描述只注重礼节而缺少真诚的主人：

他热切地邀请邻居做客，其实在心里并不是真的欢迎。

他屡次要送礼物给邻居，明知道邻居们不会收下。

他让客人相信他特意打开了一桶酒来招待客人，而实际上那桶酒已经卖给了商店主。

巴尤哈尼亚正是这样一个糟糕的主人。

巴尤哈尼亚决定举行一个宴会，招待罗马贵族。他向拉比以利则·本·尤斯·哈·戈利利咨询。

拉比以利则说：“如果你打算邀请20个人，就做好足够招待25个人的准备。如果你打算邀请25个人，就做好足够招待30个人的准备。”

但巴尤哈尼亚没有听取建议，只准备了招待24个人的饭菜，却邀请了25个人。

结果他差一道菜。

他把一只金盘子放在没有菜的客人面前。客人把盘子扔到他的面前，很愤怒地说：“你难道让我吃金子吗？”

巴尤哈尼亚走上前去对拉比以利则说：“我真不该告诉你请客的事情，因为你教了我怎么做而我却没有听你的话。不过，我想知道，上帝对你们学者揭露了律法的秘密，难道也告诉了你们让客人高兴的秘密吗？”

拉比以利则回答说：“上帝告诉我们让客人高兴的秘密了。”

“你知道该做什么？”他问。

拉比以利则回答说：“从戴维那里学的。书上写着：‘当阿伯纳在12个人的陪伴下来到赫布伦的戴维家时，戴维用盛宴款待阿伯纳和跟随他的人。’并不简单地说‘他举行了盛宴’，而且还说了‘款待跟随他的人’。”

一个好客人该说什么呢？

“我的主人为我费了多大的心啊。他在我面前放了多少肉啊！他给了我多少酒啊！他给了我多少蛋糕啊！所有的这一切，他都是为了让我高兴！”

可是，一个坏客人怎么说呢？

“主人到底为我费了什么心呢？我只吃了一小片面包。我只吃了一小块肉。我只喝了一杯酒！无论主人做了什么，都只是为了让他的老婆孩子高兴罢了。”

受到殷勤款待的客人应当在盘子里留下一些食物，表明主人招待丰盛，超出了需要。如果他把所有的东西都吃光，人们也许会说主人招待不好。

可是，如果主人对他说：“请不要剩下，为什么把人吃的好东西喂狗呢？”他应当听从主人的意愿把食物都吃下去。但是，如果主人不得不把剩下的食物喂狗，他就犯了浪费食物的罪。

当摩西率领众人来到以东，他们对国王说：“请允许我们从您的国土上通过……我们不会喝任何一口井里的水。”

摩西对以东国王所说的意思是：我们不会喝自己带的井里的水（传说中有一口井陪伴旅途中的犹太人），我们也不会吃天赐的吗哪（一种食品）。你不必抱怨我们只给你带来麻烦，因为我们给你带来了生意。”

一个人在国外计算旅行费用，即便随身携带了各种必需的用品，他也不该吃喝自己所带的东西。相反地，为了促进贸易，他应从当地的商店主手里购买所需的东西。

如果事物不合你的心意，你只能照它们原来的样子去喜欢它们。

做好充分的准备

在社交场合或谈判桌前，许多人随机应变，风度翩翩。一旦揭开了这个秘密，就会发现，任何人都不是天才，知识来自学习，关键是充分做好谈判前的准备工作，以行动实现目标为主，以少说而精为辅。

福特总统访问日本的时候，曾随意地向导游小姐询问大政奉是哪一年。导游小姐一时答不上来，随行的基辛格却立即从旁边插嘴："1867年。"他怎么能够对一般日本人都不清楚的日本历史这么熟悉？原因非常简单，作为犹太人后裔的基辛格深知事前准备的重要性，所以在访日以前早阅读过有关日本的大量资料。这种认真严谨的态度对我们当今的生意人不无启示。

犹太人能随心所欲地控制谈判气氛。他们做好谈判前的准备工作的方式，不仅在世界商界，而且在世界外交界也得到了普遍的重视，巧舌能敌百万兵，殊不知其背后倾注了多少心血。

你和犹太人熟识以后，交谈越多，你就越会觉得犹太人学识渊博，每个人都好似博士一般。

他们的话题涉及政治、经济、历史、体育、娱乐、军事、时事，古今中外，仿佛没有他们不知之事，没有他们不通晓的道理，但是他们所说的绝对没有多余的话。

当犹太人向你讲起大西洋海域特有鱼群的名字，汽车的构造，植物的分类和品种……你会以为他们是这方面的专家。而此刻，你差不多快要被他们的渊博知识征服了。

广博的知识对犹太人而言，不光是用来作为谈话的资料和改变谈话的气氛。更重要的是，知识可以开阔他们的视野，可以帮助他们从更多的角度看待事物，以便选择最佳解决问题的途径。实质上就是利于他们决策和判断。

有两种情况差别太大：看见天很小的人当然是井底之蛙；而视野开阔的人，从商当然容易进入高境界。

从细部观察，犹太人一方面精于心算，另一方面又非常勤奋，时时动笔。只要是他们相中的东西，他们都要记录，这是他们动手的实践运用。

犹太人爱做记录，却并不随身携带笔记本，而是买到香烟抽完后，把烟盒里的锡箔纸抽出来，在背面做记录，给人很随意的感觉，回家后，他们会重新整理。

在谈判中，犹太人也是用这种方法做记录。日期、金额、交货期限地点，样样要清晰明白，不得有误，谈判中的这种记录实际上是犹太人生意交易的备忘录。

塔木德智慧录

ta mu de zhi hui lu

犹太人做事，不存在含混不清的东西，更不存在错误的记忆。这些当然都得益于博闻强记，多做少说的处世习惯。

爱自己身边的人

犹太民族是一个注重团结的民族，犹太人在面临死亡的时刻，他们没有因内讧而导致同胞惨遭杀害，而是相互团结，一致对外，共同想办法，拯救自己和同胞。正是凭着这种团结精神，犹太人相互帮助，努力去救助那些置身于苦难中的同胞，使大家顽强地生存了下去；也正是有了这种团结精神，在犹太人眼里，富人把帮助贫穷的同胞当作自己的义务。

很多人大概没有听过“吃饭日”这个词，其实它是一些犹太社团自己定下的规矩。因为有些犹太学生生活很艰难，为了让他们不受饥饿之苦，能够把精力用到读书上，他们自发地形成了一个规定：在每个星期的不同日子里，这些学生可以按照安排到不同的犹太家庭里吃饭。这样的日子就被称作“吃饭日”。

犹太民族中流传着这样一个传说：

洪水以其强大的力量冲破堤坝，肆无忌惮地飞奔而来，上帝的宝座面临着被淹没的危险。神圣的主冲着浊浪滔天的洪水喊道：“马上停下来，不要再前进了！”

洪水毫不理睬：“让我们以强大的力量淹没地球吧，我们要统治这个世界。”

洪水的自大使上帝勃然大怒，他恨恨地对洪水说：“不要那么狂妄，只有无知的人才像你们那样说话，沙滩就能阻止你们。”

洪水来到沙滩，看到小得可怜的沙粒后，不无轻蔑地说：“就凭你们也想阻挡我们的强大攻势，你们是在自取灭亡。”

小沙粒胆怯了，它们的首领发话了：“伙伴们，虽然我们每个人的力量都非常小，但只要我们紧紧地团结在一起，就能战胜那高傲的洪水，大家努力吧！”

很快，天涯海角的小沙粒都来助阵了，它们用自己的身体垒起了一座大山，洪水哆嗦了，不得不退了回去。

团结的力量是巨大的，一颗小沙粒的力量是微薄的，但无数颗小沙粒聚集到一起，就可以阻挡洪水的去路；一块砖头没有什么用场，千块砖头却可以垒出高墙。

为了保证团结、提高民族凝聚力，有些地方的犹太人经过研究和琢磨，还专门采取了一定的方式方法。

犹太民族中有个节日被称作“赎罪日”，各个地方的犹太人都会继承并发扬这种传统节日，每逢赎罪日前夕，他们都要做礼拜。在东欧的一些国家里，一些犹太社团的成员在做礼拜的时候，他们会真诚地向所有遇见的犹太人打声招呼，并有礼貌地说道：“请宽恕我。”这个时候，对方一定会仔仔细细地听完这个人的话，并且同样以一种真诚而肯定的语言回答："我宽恕你，请你也宽恕我。"不管是普普通通的社团成员，还是社团的首领，以及很有威望的长者，在做礼拜的时候都这样做。这种做法是约定俗成的，不需要法律的规范，人人便能遵守。他们这样做的目的是为了消除犹太人相互之间存在的或可能存在的不和谐。可是，难免有人成见太深，他们见面后，不搭理对方，并匆忙躲开。这时候，一些对他们了解的长者便会主动走上前去，以和蔼的方法让他们消除彼此间的隔阂，并尽力让他们开口说话，相互握手表示以后和好如初。

在一些新的移民地区，由于没有一个比较完善的组织，这些犹太人还是想出了一些办法，尽可能地团结族人。比如，在许多犹太人居住的地方，他们商议了一些可行的方法。每个星期他们都会在一个特定的时间搞一次聚会，聚会的内容可多种多样，灵活变动，可以在一起做礼拜，也可以在一起举行一次研讨会，还可以一起做些娱乐活动，这样做的目的无非是为了让大家相互了解、相互熟悉，认识到自己是在一个集体中，没有被孤立。另外，他们对居住点的选择也有所研究，最重要的一点是，一个犹太群体能够住得相对比较集中，能够体现出大家生活在一个集体中。这样的话，当有意外发生时，相互之间有所照应；当有危险时，大家拧成一股劲，用集体的力量解决它，化险为夷。

犹太人的团结无处不在，日常生活中，就有一些不受法律限制，但犹太人会自觉履行的守则，这可以从《密西拿·巴巴·巴图拉篇》中了解到。

在一些犹太人比较集中的地方有这样的规定：任何人都不被允许在别人的仓库下开面包店、洗染店或搭建畜栏。但是，在储藏葡萄酒的仓库下开面包房或洗染店是可以的。因为面包店里用于烘烤面包的烤箱和洗染店里用于染布的大锅都会散发出大量的热量，畜栏中牲畜的粪便会散发出臭气，这些都会让仓库里的物品变质。允许在葡萄酒仓库下开面包房和洗染房，这是因为，在古时候，巴勒斯坦的葡萄酒有着过浓的酸味，口感不好。面包房和洗染房散发的热量正好能促进葡萄酒的进一步发酵，从而改良葡萄酒的品质。

除此之外，犹太团体中还有很多类似的规定。比如，几家犹太人住在同一处，起居虽然分开，但他们共同享有一个活动的空间。如果有人在这个地方开店，其他住户可以表示抗议：客人来来往往，打扰了自己的休息。

总之，犹太人总是站在集体的利益上考虑问题，以集体为重，通过权衡，采取合适的方法解决问题，达到集体和谐。他们的这种思考方式和行为方式也是促进犹太民族不断走向进步的因素。

犹太人的这种团结精神值得世人学习，而且还应该把它有效地运用到人际交往中。有这样一句话：只有站在巨人的肩膀上，才能够看得更远。在生活当中，要充分地和别人搞好团结。毕竟，一个人的力量是有限的，谁都离不开别人的帮助。在你需要帮忙的时候，那些团结在你身边的人便会伸出援助之手，此时的他们就是愿意让你踩在肩头上的“巨人”，你的人生会更加美好。

塔木德智慧录
ta mu de zhi hui lu

团结就是力量。在爱自己身边人的时候，你已经在不断地蓄积力量了。待你需要帮助的时候，你会得到很多人的帮助。

今日事今日毕

犹太人都知道商场就是战场，工作就如同战斗。要想在商场上立于不败之地，就必须拥有一支高效的、能战斗的团队。杰出的犹太人认为对那些做事拖延的人，是不可能抱以太高的期望的。

今天该做的事拖到明天完成，现在该打的电话等到一两个小时后才打，这个月该完成的报表拖到下一个月，这个季度该达到的进度要等到下一个季度……不知道喜欢拖延的人哪儿来的这么多的借口：工作太无聊、太辛苦，工作环境不好，老板脑筋有问题，完成期限太紧，等等。相信，这样的员工肯定是不努力工作的员工，至少，是没有良好工作态度的员工。

犹太人认为凡事都留待明天处理的态度就是拖延，这是一种很坏的工作习惯。工作拖沓的人每当要付出劳动或是做出抉择时，总会为自己找出一些借口来安慰自己，总想让自己轻松些、舒服些。奇怪的是，这些经常喊累的拖延者，却可以在健身房、酒吧或购物中心流连数个小时而毫无倦意。他们经常说："天啊，真希望明天不用上班。"带着这样的念头从健身房、酒吧、购物中心回来，只会感觉工作压力越来越大。

为什么有的人如此善于找借口，却无法将工作做好，这的确是一件非常奇怪的事。因为不论他们用多少方法来逃避责任，该做的事，还是得做。而拖延是一种相当累人的折磨，随着完成期限的迫近，工作的压力反而与日俱增，这会让人觉得更加疲倦不堪。

拖延的背后是人的惰性在作怪，而借口是对惰性的纵容。人们都有这样的经历，清晨闹钟将你从睡梦中惊醒，想着该起床上班了，同时却感受着被窝的温暖，一边不断地对自己说该起床了，一边又不断地给自己寻找借口"再等一会儿"，于是又躺了 5 分钟，甚至 10 分钟……一位成功的犹太商人讲述了对他人生影响很大的一件事，这件事发生在他年幼时。

有一天，他外出玩耍，路经一棵大树的时候，突然有什么东西掉在他的头上。他伸手一抓，原来是个鸟巢。他怕鸟粪弄脏了衣服，于是赶紧用手拨开。

鸟巢掉在了地上，从里面滚出了一只嗷嗷待哺的小麻雀。他很喜欢它，决定把它带回去喂养，于是连鸟巢一起带回了家。

他回到家，走到门口，忽然想起妈妈不允许他在家里养小动物。所以，他轻轻地把小麻雀放在门后，匆忙走进室内，请求妈妈的允许。

在他的苦苦哀求下，妈妈破例答应了儿子的请求。他兴奋地跑到门后，不料，小麻雀已经不见了。一只黑猫正在那里意犹未尽地舔着嘴巴。他为此伤心了好久。

从这件事中，他得到了一个很大的教训：只要是自己认为对的事情，绝不可优柔寡断，必须马上付诸行动。

不能做决定的人，固然没有做错事的机会，但也失去了成功的机会。

永远不要找借口

杰出的犹太人认为，借口永远是弱者的可怜宣言。在失败面前，不要为自己寻找借口，要明白，那样做欺骗的只是自己，成功的犹太人士不会为自己的失败寻找借口。

一个漆黑的晚上，坦桑尼亚奥运马拉松选手艾克瓦里吃力地跑进了墨西哥奥运体育场，他是最后一个到达终点的选手，空空的体育场上只剩下他一人，享誉国际的记录处制作人格林斯潘远远看到这一切后，感到非常不解，他走上前去问艾克瓦里："既然结果已成定局，你为什么还要坚持跑到终点？"

这位来自坦桑尼亚的年轻人轻声地回答说："我的国家把我从两万多公里之外送到这里，是让我来完成这场比赛的，而不是叫我在这场比赛中起跑的。"

也许，在许多人看来，艾克瓦里的行动有些愚蠢而略带偏执，但成就一个人的，却正是高度责任感和一颗积极而决不轻易放弃的心："没有任何借口和抱怨，职责就是他一切行动的准则。"

现实生活中，我们常常会听到这样的借口和抱怨："如果不是……，我本可以早点到的""我太忙了，没时间去做……""要不是上道工序延迟的话，我们早就……""我们以前不是这样的……"

时间久了，这所有的借口都成了顺理成章的事情，成为推诿与迟延的理由，人们总是在思量自己的得失，挑剔着别人的差错，能不负责尽量不负责，为确保自己的利益不受损害，找出种种借口欺骗公司，欺骗别人，也欺骗自己。就在你寻找种种借口的时候，时间已经从你身边悄悄溜走了……

杰出犹太人告诫我们千万别找借口！在现实生活中，我们缺少的不是去寻找任何借口的人，而是那种想尽办法去完成任务的人。在他们身上，体现出一种负责、敬业的精神，一种服从、诚实的态度，一种完美的执行能力。

其实，在每一个借口的背后，都隐藏着丰富的潜台词，只是我们不好意思说出来，甚至我们根本就不愿说出来。借口让我们暂时逃避了困难和责任，心理上得到了一些慰藉。但是，借口的代价是非常巨大的，它给我们带来的危害一点儿也不比其他任何恶习少。

犹太人归纳了经常听到的借口主要有以下 4 种表现形式：

1. 我开始就没答应做这件事情，所以出了问题不是我的责任（不愿承担责任）。

许多借口总是把“不”“不是”“没有”与“我”紧密联系在一起，其潜台词就是“我与这件事情没有太大关系”，不愿承担责任，把本应自己承担的责任推卸给别人。一个团队中，是不应该有“我”与“别人”的区别的。一个责任感不强的员工，不可能获得上司的信赖和尊重，也不可能获得同事的支持和信任。如果每个人都养成找借口的习惯，那么就会在无形中提高沟通成本，削弱团队协调作战的能力。

2. 近段时间我很忙，我尽量吧（拖延）。

找借口的一个直接后果就是容易让人养成拖延的坏习惯。在每个公司里我们都会发现这样的员工：他们每天看起来很忙碌，似乎尽职尽责了，但是，他们把本应一个小时完成的工作变得需要半天的时间甚至更多。因为他们把工作当成一个接一个的任务，他们寻找各种各样的借口，拖延逃避。每一个管理者对这样的员工都会头痛不已。

3. 我们以前没有这么做过，或这不是我们这里的做事方式（缺乏创新精神）。

寻找借口的人总是因循守旧的人，他们缺乏一种自动自发工作的能力和创新精神，因此，希望他们在工作中做出创造性的成绩是徒劳的。借口会让他们躺在以前的经验、规则和思维惯性上舒服地睡大觉。

4. 我从没受过适当的培训来干这项工作（不称职、缺少责任感）。

这其实是为自己的能力或经验不足而造成的失误寻找借口，这样做显然是非常不明智的。借口只能让人逃避一时，却不可能让人如意一世。

不愿承担责任，拖延，缺乏创新精神，不称职，缺少责任感，看看吧，那些看似冠冕堂皇的借口背后隐藏着多么可怕的东西啊！

其实，无论是在工作中还是在生活中，人们都是不喜欢找借口的人的。试想，如果你与某人约好时间见面，而他迟到了，见面张口就说路上车太多了，或者是他在门口迷路了等等，你会怎么想？生活中只有两种行动——要么努力地表现，要么就是不停地辩解。没有人会喜欢辩解的，那些动辄就说我以为、我猜、我想、大概是的人，想想吧，你们从这些话中得到了些什么？

成功的犹太人从来不会在生活和工作中寻找任何的借口。但是不幸的是，很多人却不能摆脱借口的包围。当你没有完成一项工作时，会有很多的借口在那儿响应你、声援你、支持你，你很容易学会抱怨、推诿、迁怒，甚至愤世嫉俗。借口就是一张敷衍别人、原谅自己的“挡箭牌”，就是一副掩饰弱点、推卸责任的“万能器”。有多少人把宝贵的时间和精力放在了如何寻找一个合适的借口上，而忘记了自己的职责和责任啊！

塔木德智慧录

ta mu de zhi hui lu

寻找借口唯一的好处，就是把属于自己的过失掩饰掉，把应该自己承担的责任转嫁给社会或他人。这样的人，在企业中不会成为称职的员工，也不是企业可以期待和信任的员工，在社会上不是大家可信赖和尊重的人。这样的人，注定只能是一事无成的失败者。

忠实的聆听者总是受欢迎

犹太经典《塔木德》提示我们："要用两倍于自己说话的时间去倾听对方讲话。"

和凡事不留心、注意力散漫的人相处，是一件令人非常不愉快的事情。如果你处在这样的境地，就等于是对方在侮辱自己。很显然，对任何人而言，被侮辱都是很难忍受的！无论你是谁，当你在面对你认为值得注意的人时，都应该精神集中，全神贯注地去应对。同样，当别人以一种高度的热情和专注与你谈话时，你也一定要以同样的专注去面对他。当你和一个心不在焉的人在一起时，就好像他在暗示你，认为你是一个不值得注意的人。退一万步讲，即使对方对你的这种漫不经心不去计较，也就是说你的这种举动不会造成对他人的伤害，但是，你注意力如此松散，对你个人仍然毫无益处。因为如果你是一个注意力集中的人，你本来可以仔细地观察和你在一起的人的人格、态度，甚至是当地的习俗，但由于你的散漫，却导致你一无所获。也就是说，这样的人即使能够一辈子和许多伟人相处，他也无法从这些伟人身上获得丝毫的教诲。·个无法集中精神、投入全部精力去做该做的事情的人，是无法圆满地去完成一项工作的，这样的人也无法成为你永久的知心朋友。

如果你想成为一名优秀的谈话者，就请做一个注意听话的人。正如一位犹太学者所说的："要令人觉得有趣，就要对别人感兴趣。"提出别人喜欢回答的问题，鼓励他谈谈他自己和他的成就。

一个成功的商业性会谈的秘密是什么呢？根据一位犹太成功商人的说法，"成功的商业性交谈，并没有什么神秘……专心地注视着对你说话的人，是非常重要的，再也没有比这么做更具恭维效果的了"。

艾略特是个熟练的倾听艺术大师。美国数一数二的小说家亨利·詹姆士回忆说：艾略特的倾听并不是沉默的，而是以活动的形式。他直挺挺地坐着，手放在膝上，除了拇指或急或缓地绕来绕去，没有其他的动作。他面对着对方，似乎是用眼睛和耳朵一起听他说话。他专心地听着，并一边听一边用心地想你所说的话。最后，这个对他说话的人会觉得，他已说了他要讲的话。

浅显而易懂，你不必上四年的牛津或剑桥大学就能够发现这点。

但是我们知道，有些商人会租借昂贵的地方，干练地购买他们的货品，商店装潢得漂漂亮亮的，花了大量的广告费，但却雇用一些不懂得听别人说话的店员——那些店员打断客人的话，跟人家争执，给人难堪，只会把客人赶出去。

我们注意到，常发牢骚的人，甚至最不容易讨好的人，在一个有耐心、具有同情心的听者面前都常常会软化而屈服。这样的听者，在被人家鸡蛋里挑骨头骂得狗血淋头的时候，都会保持沉默。举例说明：纽约电话公司在几年前发现，该公司碰上了一个对接线员口吐恶言的最凶恶的用户。他怒火中烧，威胁要把电话连根拔起，拒绝缴付某些费用，说那些费用是无中生有的。他写信给报社，到公共服务委员会做了无数次的申诉，也告了电话公司好几状。

最后，电话公司最干练的“调解员”之一，被派去会见那位惹事生非的用户。这位“调解员”静静地听着，让那位暴怒的用户痛快地把他的不满全部吐出来。电话公司的“调解员”耐心地听着，不断地说“是的”，同情他的不满。

“他滔滔不绝地说着，而我倾听着，几乎有三个小时。”这位“调解员”把他的经验在卡耐基班上叙述出来，“然后，我又继续倾听下去。我见过他四次，在第四次会面结束之前，我已经成为一名他要成立的一个组织的会员，他把它叫做‘电话用户保障协会’。我现在仍然是这个组织的会员，而就我所知，除了那位老兄之外，我今天是世界上这个组织的唯一会员。”

“我倾听着，对他的这几次见面中所发表的每一个论点抱着同情的态度。他从来没见过一个电话公司的人跟他这样谈话，于是他变得友善起来。在第一次会面的时候，我甚至没有提出我去找他的原因，第二次和第三次也没有。但是第四次的时候，这件事就完全解决了，他把所有的账单付了，而且撤销了对公共服务委员会的申诉。”

无疑地，那位老兄自认是一位神圣的主持正义者，维护大众的权利，免得受到剥削。但事实上，他所要的是一种重要人物的感觉，他先以口出恶言和发牢骚的方式得到这种重要人物的感觉。但当他从一位电话公司的代表那儿得到了这种感觉后，那无中生有的牢骚就化为乌有了。

辛格曼·弗洛伊德要算是近代最伟大的倾听大师了。一位曾遇到过弗洛伊德的人，描述着他倾听别人时的态度：“那简直太令我震惊了，我永远都不会忘记他。他的那种特质，我从没有在别人身上看到过，我也从没有见过这么专注的人，有这么敏锐的灵魂洞察和凝视事情的能力。他的眼光是那么谦逊和温和，他的声音低柔，姿势很少。但是他对我的那份专注，他表现出的喜欢我说话的态度，即使我说得不好，还是一样，这些真的是非比寻常。你真的无法想象，别人像这样听你说话所代表的意义是什么。”

请记住卡耐基的忠告，跟你谈话的人，对他自己、他的需求和他的问题，更感兴趣千百倍。他对自己颈部的疼痛，比对非洲的四十次地震更感兴趣。当你下次开始跟别人交谈的时候，别忘了这点。因此，如果你要别人喜欢你的话，请记住这条规则：“做一个好的听众，鼓励他人谈论他们自己。”

塔木德智慧录
ta mu de zhi hui lu

如果你想成为一名优秀的谈话者，就请做一个注意听话的人。正如一位犹太学者所说的：“要令人觉得有趣，就要对别人感兴趣。”

时间就是一切

在犹太人经商格言中，有一句叫做“勿盗窃时间”。这句格言，既是关于赚钱的格言，又是犹太人礼貌经商的格言。所谓“勿盗窃时间”，就是告诉人们不得浪费他人一秒一分的时间。在犹太人看来，时间就是生命，时间就是生活，时间还是金钱。

犹太人重视时间，另一层的意义是抓紧时间可以抢占商机，争取竞争的主动权。时间是犹太人生命中最为重要的一件事情，他们把拖延昨天的工作，看作是最可耻的事情。犹太人善于利用和把握时间。他们认为一个商人要赚钱，首先要考虑好如何合理地安排好时间，这样才能集中精力去经商。

他们在平时的工作中一般都会以秒来计算时间，分秒必争。如果一旦规定了工作的时间，就会严格地去遵守它。如此强烈的时间观念极大地提高了他们的工作效率。

正是因为这种高效率的自我加压、自我激励，使得犹太人中的世界级优秀人才脱颖而出，令其他民族刮目相看。“马上解决”是犹太人最崇尚的座右铭。这个座右铭的最直接作用，是激励犹太人把30年的工作时间延长成60年的奋斗时光，把一小时当成两小时来用，把一分钟当成两分钟来使用，从而大大延长了一个人生命中富有创造价值的时间，这也是犹太人成功的奥秘之一。

时间就是生命，人生一定要惜时如金。人的生命是有限的，对于个人的生命而言，生与死不能由个人来决定，要想延长生命，就必须提高工作的效率和质量，重视时间的有效利用，不做或少做无用之事。在时间的有效利用方面，犹太人为我们做出了很好的榜样。

在富兰克林报社前面的商店里，一位徘徊了将近一个小时的男人终于开口问店员了：“这本书多少钱？”

店员回答："1 美元。"

"1 美元？能不能再少点？"这人又问。

"它的价格是 1 美元。"店员语气很坚定。

这位顾客又看了一会儿，然后问："富兰克林先生在吗？"

"在，他在印刷室忙着呢。"店员回答。

"你能把他叫出来吗，我想见见他。"这个人坚持一定要见富兰克林。于是，富兰克林就被找了出来。

"富兰克林先生，这本书你能卖出的最低价格是多少？"这个人问。

富兰克林不假思索地回答："1 美元 25 美分。"

"你的店员刚才还说 1 美元一本，怎么现在就成了 1 美元 25 美分了呢？"

"这没错，但是，我情愿 1 美元卖给你也不愿意离开我的工作。"富兰克林说。

这位顾客惊异了。他心想算了，结束这场自己引起的谈判吧，他说："好，你说这本书最少要多少钱吧。"

"1 美元 50 美分。"

"你刚才不还说 1 美元 25 美分吗？怎么又变成 1 美元 50 美分？"

"对，我现在能出的最好价钱就是 1 美元 50 美分。"富兰克林冷冷地说。

这人默默地把钱放到柜台上，拿起书出去了。

这件事启示我们：时间就是生命，对于有志者来说，如果想要取得成功，就要重视时间的价值。

拿破仑·希尔指出：利用好时间是非常重要的，一天的时间如果不好好规划一下的话，就会消失得无影无踪，就会白白浪费掉，我们就会一无所获，一无所成。

时间上的这种差别非常微妙，要过几十年之后才可能看得出来，但有时这种差别又很明显。贝尔在研制电话机的时候，另一个叫格雷的人也在进行着这项试验。两个人几乎是同时获得了突破，只是贝尔到达专利局的时间比格雷早了两小时而已，当然，这两人是不知道对方的，但贝尔就因这 120 分钟取得了成功。

你最宝贵的财产是你手中的时间，好好地安排时间，不要把它浪费掉，要记住浪费时间就等于浪费生命。

时间的特点是，既不能贮存，也不能逆转，是一种不能再生的特殊资源。因此拿破仑·希尔认为："一切节约归根到底都是时间的节约。"时间对任何事、任何人都是毫不留情的、是专制的。时间可以毫无顾忌地被浪费，或被有效地利用。

有效地利用时间，是一个效率的问题。也可以说，效率就是单位时间的利用价值。人的生命是有限时间的积累，要以人的一生去计划。生命的有效价值就在这些有限的时间中去发挥它的作用。提高工作效率就等于延长了寿命，"效率就是生命"也就无可非议了。

《有效的管理者》一书的作者杜拉克说："认识你的时间，是每个人只要肯做就能做到的，这是一个人走向成功的有效的自由之路。"美国麻省理工学院对3000名经理人做了调查研究，发现凡是优秀的经理都能做到精于安排时间，使时间的浪费减少到最低的限度。根据有关专家的研究和许多领导者的实践经验，驾驭时间，提高效率的方法可以概括为下列5个方面：

①要善于集中时间。

②切忌平均分配时间。

③要把自己有限的时间集中在处理最重要的事情上，切忌每样工作都抓。

④要有勇气并机智地拒绝不必要的事、次要的事。

⑤一件事情来了，首先要问："这件事情值不值得做？"绝不可遇到事情就做，更不能因为反正做了事而没有偷懒，就心安理得。

无论什么时候都要善于把握自己的时间。时机是事物转折的关键时刻。如果你能够抓住时机就可以牵一发而动全局，这样就会以较小的代价取得较大的效果，促进事物的转化，推动事物向前发展。如果错过了时机，就会让到手的成果付诸东流，造成"一着不慎，满盘皆输"的严重后果。所以，要想成功必须善于审时度势，捕捉时机，把握"关节"，恰到"火候"，赢得时机。

我们要学会善于处理两类时间。对于一名成功人士来说的话，时间分为两类：一类是属于自己控制的时间，称作“自由时间”；另外一类是属于对他人他事的反应的时间。不由自己支配，称作“应对时间”。

这两类时间都是客观存在的，都是必要的。如果没有“自由时间”的话，那就完全处于被动、应付状态，不能自己支配时间，就不是一名有效的领导者。但是，要完全控制自己的时间在客观上也是不可能的。如果没有“应对时间”，实际上也就是侵犯了别人的时间。

时间增效的方法很多，也十分繁琐，以下几种高效利用时间的习惯和窍门可供借鉴。

（1）第克泰特法

第克泰特（Dictator）的英文意思，在这里可以引申为“专用时间”。长期操纵着世界经济的犹太人习惯于把上班后的一个小时，定为“第克泰特时间”，在这一个小时之内，要把昨天下班到今天上班之间接到的信函、传真、E-mail 等全部回复，用电脑打好并发出，或者用电话回复。现在“第克泰特时间”这句话，在犹太人当中的意思就是“谢绝会客”。犹太人之所以注重“第克泰特时间”，那是因为在激烈的商战当中，犹太人以“马上解决”作为自己工作的座右铭。在一些能力卓越的犹太人的办公桌上，绝对看不见“未决文件”。所以，我们的管理者不妨借鉴一下犹太人对待时间的这种做法。

（2）时间隔离法

所谓时间隔离法其实就是在一定的时间内将自己隔离起来，不受外界干扰，专心地从事一项工作。有一些细致的工作必须要求人们专心致志地完成，一点细微的打扰就会中断工作和思路，让先前付出的努力前功尽弃。所以，要想成为高效的管理者，就应该学习使用这种时间隔离的方法。

我们可以从下面两位人物的做法中得到启发。爱因斯坦深得时间隔离法之精髓。他在 1906 年完成了《狭义相对论》以后，经过 10 年的酝酿和准备，在 1916 年的某天，他告诉家人任何事都不要干扰他。一连 16 天他都没有出门，当他走出去的时候，他手里拿着几张写满了数学公式的稿纸，那便是改变人类整个宇宙观念的“广义相对论”。效率专家杜拉克在《有效管理者》一书当中，曾经提到一家银行负责人在每天的工作时间内都要保持90分钟的隔离时间。他说："我严令我的秘书，除了我的内人之外，不管是什么大事，都不要把任何电话接给我。"这虽然有些冒险，需要勇气，说不定真有天大的、等不及90分钟的事情。但是这种方法却大大提高了他的时间利用率。

（3）节约会议时间

在我们每个人的日常工作当中，会议的重要性是不言而喻的。因为我们可以通过各种各样的会议，传达指令、讨论策略、研究问题，可以说会议是我们必不可少的管理活动之一。但是，是不是所有的会议都是必要的呢？在实际生活当中，我们常常会发现有些会可以长会短开，有些会可以不开；有些会不仅没有起到什么作用，还耽误了大量的时间，严重影响了管理的高效性，所以我们必须学会节省会议时间。为了节省会议时间，可采取的措施和有效办法有：开会之前做好准备，不开没有目的、没有意义或议题不明确的"糊涂会"；权衡轻重缓急，开会要抓住重点，不要开"扯皮会"；讲究实效，不开一"报告"、二"补充"、三"强调"、四"表态"、五"总结"式的"八股会"；不开七时开会、八时到、九时领导做报告的"迟到会"；不开与议题无关人员的"陪坐会"；不开名为开会，实为游山玩水的"旅游会"。

（4）充分利用自己的生理、心理和智力高峰期

一个人工作时绩效的大小、效率的高低，很大程度上是受其状态的好坏来决定的。如果状态好的话，干起事来就会觉得得心应手，就会收到事半功倍的效果。相反，如果状态不好，工作起来就很有可能会事倍功半。所以，应该充分利用自己的生理、心理和智力高峰期，争取在自己的最佳状态下完成工作。

（5）善于利用零碎时间

俗话说得好，"积少成多，集腋成裘"。要想成为高效管理者，就必须学会把零碎的时间充分利用起来，让那些零碎的时间也能够产生出它的效益。怎么样才能够利用好零碎的时间呢？首先，在两项工作的间隙看一眼自己的工作计划时间表，这样就可以熟悉自己后面的工作，为后面的工作做好准备或提前做出调整。其次，可以在这些零碎的时间里干一些"零碎"的工作，比如：清理一下办公桌、整理一下文件，这样能够让你在重

要工作当中，尽量少受一些不必要的影响，从而提高工作效率。最后，还可以利用零碎时间尽量休息。在繁忙的工作间隙休息片刻，既避免了因过度疲劳导致的超时休息，又可以让自己始终保持较好的“竞技状态”，从而大大提高工作效率。零碎时间看上去虽然是微不足道的，但把它们利用起来、累积起来，就可以做很多事情。比起让它们白白浪费掉，等于大大提高了工作效率。

塔木德智慧录

ta mu de zhi hui lu

《塔木德》上说：“时间对于任何人、任何事都一视同仁，它既宽厚大方，又吝啬专制。”意思也就是说：每当你有效地利用时间的时候，它显得宽厚大方；当你无所顾忌地浪费它的时候，它就显得吝啬专制。

勿以事小而不为

人们都想做大事，而不愿意或者不屑于做小事。中国人想做大事的人太多，而愿意把小事做好的人太少。事实上，随着经济的发展，专业化程度越来越高，社会分工越来越细，真正所谓的大事实在太少。比如，一台拖拉机，有五六千个零部件，要几十个工厂进行生产协作；一辆福特牌小汽车，有上万个零部件，需上百家企业生产协作；一架“波音 747”飞机，共有约 450 万个零部件，涉及的企业单位更多。

因此，多数人所做的工作还只是一些具体的事、琐碎的事、单调的事，他们也许过于平淡，也许鸡毛蒜皮，但这就是工作，是生活，是成就大事不可缺少的基础。

在人生的道路上，我们很有必要随时倒出鞋子里的那粒沙子。生活中，将你击垮的是一些非常琐碎的小事，而不是那些巨大的挑战。很多人都有着这样的体验：当灾难突然降临时，人们常会因为紧张、恐惧，本能地产生一种巨大的抗争力量。然而，当一些鸡毛蒜皮的小事困扰你时，你可能就会束手无策，因为它们是生活的细枝末节，人们一般都不会注意它。然而，正是这些看似微不足道的小事，却能不断地消耗人的精力。

成功的犹太人认为，一个人要想成就一番事业，需要做好日常生活中的每一件小事。正所谓“千里之行，始于足下”。那些总想着做大事，而对小事不屑一顾的人是不会取得成功的。犹太人经常教育他们的孩子，要想做一个有志有为的年轻人，必须自觉地从身边的每一件小事做起，即使做一件很微小的好事也比视善小而不为的人强，因为“天下难事必作于易，天下大事必作于细”。

记住，工作中无小事。所有的成功者，他们与我们都做着同样简单的小事，唯一的区别就是，他们从不认为他们所做的事是简单的小事。

士兵每天所做的工作就是队列训练、战术操练、巡逻、擦拭枪械等小事；饭店的服务员每天的工作就是对顾客微笑、回答顾客的提问、打扫房间、整理床单等小事；你每天所做的可能就是接听电话、整理报表、绘制图纸之类的小事。你是否对此感到厌倦、毫无意义而提不起精神？你是否因此而敷衍应付，心里有了懈怠？这不能成为你的借口。请记住：这就是你的工作，而工作中无小事。要想把每一件事做到完美，就必须付出你的全部热情和努力。

犹太人布朗最初是美国标准石油公司的一个小职员，他在出差住旅馆的时候，总是在自己签名的下方，写上“每桶4美元的标准石油”字样，在书信及收据上也不例外，签了名，就一定会把那几个字写上。他因此被同事们叫做“每桶4美元”，而他的真名倒没有多少人叫了。

公司董事长洛克菲勒知道这件事后，感慨地说：“竟有职员如此努力宣扬公司的声誉，我要见见他。”于是邀请布朗共进晚餐。

后来，洛克菲勒卸任，布朗成了第二任董事长。在签名的时候署上“每桶4美元的标准石油”，是一件非常小的事情。严格说来，这件小事还不在布朗的工作范围之内，但布朗做了，并坚持把这件小事做到了极致。那些嘲笑他的人中，肯定有很多能力、才华超过他的人，可是最后，只有他取得了事业上的成功。

成功的犹太人认为，好的品质，好的习惯，要靠日积月累。成功的辉煌，来自平常的学习和训练。他们特别相信伏尔泰的一句话：使人疲惫的是鞋子里的一粒沙子，而不是远处的高山。

善于变通

善于活用一切，是犹太人中事业成功者的一个共同的显著特点。由于历史的原因，他们所处的条件和环境的差别是很大的，但不管在哪个洲，不管从事商业、科学技术事业或是文化艺术乃至农业，都涌现出大批杰出人才。犹太人能适应环境，活用一切有利条件，充分发挥自己的潜能，这就是他们能够取得成功的一个重要原因。

犹太人认为，人在这一生当中，离不开自己所处的客观环境，也离不开自身的主观条件。改变整个客观环境，是整个社会的事，个人或企业是无能为力的，只能是适应客观环境，因此要善于利用客观条件。至于主观条件，可以根据人的能动性发生改变，这得靠自身的努力和善于活用主观条件了。

人自身的一些东西是无法改变的，比如皮肤的颜色、身材的高低、出身背景等等。每个人也有一些条件是可以改变的，如文化水平、工作能力、身体的强弱等等，只要自己努力学习、注意方法、适当地锻炼保养，是可以提高文化水平、增强工作能力、强健身体的。一些人没有充分认识自己，不能把自已的潜力尽情地发挥出来，他们总是祈求或奢望自己所没有的东西，那样是难以成就一番事业的。

高德温是在波兰出生的犹太人，他是好莱坞世界最大制片中心的老板。他善于利用一切有利条件发展自己的事业，这使得他的一生具有传奇色彩。

高德温1882年出生于华沙，11岁丧父，家庭生活一度陷入困境。为了生活，他流浪到英国伦敦，曾在铁匠店当童工。他吃苦耐劳，从不躲避脏活儿、累活儿，在劳动中练就了一个强健的体魄。他没有机会进学校学习，就利用空余时间学习文化知识。他到美国生活后，从打工到自己经营手套工厂，最后发展成为好莱坞制片中心的老板，富甲一方。高德温的发展过程可以说是众多犹太人的成长缩影。

犹太人坚信，在这个世界上，只要你有这个心，就可以发现很多能够活用的潜在条件。他们还认为，人生的机会，大量存在于自己的周围和本身所潜在的条件中，关键在于你是否练就了开发这些条件的意志和眼光。总是哀叹自己没有机会的人，是既可怜又可悲的睁眼瞎子。20世纪40年代中期，以色列建国，选址在一个环境极为恶劣的沙漠地带，但犹太人能够充分利用自己拥有的科技及人才条件，改造沙漠，创造滴水灌溉法，把一个毫无生机的秃地，改造为农业发达的国家，出产的农产品不仅可以自给，并成为其出口创汇的重要来源。

塔木德智慧录
ta mu de zhi hui lu

犹太商人在经营中能依据外部环境的变化，特别是竞争对手的变化而相机改变自己的战略，这不能不让我们佩服。当今社会竞争异常激烈，企业要想在这股竞争的洪流中求得生存和发展，就必须学会变通。

第三章

塔木德之经商智慧

在人生的竞赛场上，不能确立目标就很难获得成功。许多人并不乏信心、能力、智力，只是没有确立目标或没有选准目标，因此与成功失之交臂。犹太人经商，首先注重经商目标，在确立目标时，能切合个人实际和环境，决不会把自己的目标定得遥不可及。其次，确立目标后，全力以赴而终至成功，他们决不会半途而废或随意中止奋斗。

出奇才能制胜

借明星创品牌

在德国一个偏僻的小镇上，有一家世界上最大的体育用品公司——阿迪达斯公司。这个小镇只有 1.7 万人，而这家公司却有 4 万名职工，分布在全世界 40 个国家的子公司中，这家公司经营各种体育用品，但是传统的、最主要的产品是足球鞋，每年各子公司要生产 25 万双足球鞋。

70 年前，阿迪 · 达斯勒兄弟俩在母亲的洗衣房里开始了制鞋业，他们边制边卖，销路看好。弟兄俩重视质量，不断地在款式上创新，他们不厌其烦地量下顾客的脚的尺寸、形状，然后制鞋，于是每一双鞋都能满足消费者的要求。基于种种有利于顾客的经营方式，他们的家庭制鞋作坊发展很快，没几年时间就扩展成一家中型制鞋厂。

1936 年的奥运会来临之前，阿迪 · 达斯勒兄弟发明了短跑运动员用的钉子鞋。他又派人打探参赛运动员情况，当得知美国短跑名将欧文斯很有希望夺冠的消息后，便无偿地将钉子鞋送给欧文斯试穿，后来欧文斯不负众望，果然在比赛中获得 4 枚金牌。于是，欧文斯穿的钉子鞋一举成名，阿迪鞋厂的新产品成了国内外的畅销货，阿迪鞋厂也就变成了阿迪公司。

用体育明星来创牌子的办法太妙了！此后，老阿迪屡屡使用这种手法，不久老阿迪又发明了可以更换鞋底的足球鞋，并把新产品无偿送给德国足球队。1954 年，世界杯足球赛在瑞士举行，不巧，比赛前下了一场雨，赛场上尽是泥泞，匈牙利队员在场上踉踉跄跄，穿着“阿迪达斯”的联邦德国队员却健步如飞，并第一次获得世界冠军。至此，“阿迪达斯”名震全球。

阿迪 · 达斯勒兄弟的成功是与他们出色的服务分不开的。在赛场上，阿迪达斯公司总是派职员在那儿为运动员服务。只要哪位运动员感到鞋子不舒适，阿迪达斯公司的人马上就为他解决问题。在一次世界杯足球赛上，有一位德国主力队员的腿腱受伤，阿迪达斯公司连夜为他赶制了一双特殊球鞋，才使他能够重上球场。有一次在西班牙世界足球赛上，有一位前苏联足球队员穿的鞋子不合脚，公司的派员马上描下他的脚样，立即坐飞机回公司，连夜为这位前苏联足球队员赶制了一双合脚的鞋子。由于阿迪达斯公司出色的服务，使它赢得了广阔的市场。

同时，为了给公司造势，搞好销售，阿迪达斯公司利用将商品利润的2%~6%拿出来作馈赠，他们不遗余力地寻找运动员穿上阿迪达斯公司的鞋。运动员在大赛中穿着“阿迪达斯”做活广告，比花钱做任何电视广告都更为有效。对于体育明星，阿迪达斯公司常常慷慨赞助。通过努力，在1976年蒙特利尔奥运会上，有124枚的金牌得主穿着“阿迪达斯”鞋，在这之后的西班牙世界杯大赛中，运动场上所有的人员中有四分之三是全身披挂“阿迪达斯”为品牌的商品。可以说，出色的赞助艺术，使“阿迪达斯”成为世界最大的体育用品公司。这就是犹太人一贯提倡的经商原则：借明星正业创品牌。

贪心的乞丐

富翁家的狗在散步时跑丢了，于是在电视台发了一则启事：有狗丢失，归还者，付酬金1万元，并有小狗的一张彩照充满大半个屏幕。启事发出后，送狗者络绎不绝，但都不是富翁家的。富翁太太说，肯定是真正捡狗的人嫌给的钱少，那可是一只纯正的爱尔兰名犬啊！于是富翁把酬金改为两万元。

原来，一位乞丐在公园的躺椅上打盹时捡到了那只狗。乞丐没有及时地看到第一则启事，当他知道送回这只小狗可以拿到两万元时，真是兴奋极了，他这辈子也没交过这种好运。

次日，乞丐一大早就抱着狗准备去领那两万酬金。当他路过一家大百货公司的门口时，这家公司的墙体屏幕上又看到了那则启事，不过赏金已由两万元变成三万元。乞丐驻足想：这赏金增长的速度快得惊人，是不是这只狗的价钱远不止这些钱呢？他改变了自己的想法，回到了自己的破窑洞，把狗重新拴在那儿，如他所愿，第四天，悬赏额果然又上涨了。

接下来的几天时间里，乞丐一直守着大屏幕，当酬金涨到使全城的市民都为之惊讶时，乞丐返回他的窑洞。可是那只狗已小命归天了，因为这只狗在富翁家吃惯了鲜牛奶和烧牛肉，而对这位乞丐从垃圾筒里捡来的食物无法适应。乞丐不渴望财富吗？当然渴望，但是他没有抓住财富的机遇，所以看得见的财富只好眼看着溜走。因此，犹太商人的经验是：只有高财商者，才能使你懂得如何创造财富，也能够让你知道在财富的机遇面前，应该如何把握。

精研法律，妙用规则

哪怕是再坚固的城堡，也一定有它薄弱的部位。犹太商人重视规则和法律，但又总是在规则和法律的范围之内的边缘上活动。他们既遵守了规则，又最大限度地利用这些规则。对于这一点，一个普遍说法是犹太商人善于利用法律的空子。

“鸡蛋再硬也打得碎。”原因是无论如何，再硬的鸡蛋壳总是有缝隙的。可见，世上并没有十全十美的事。

犹太人衡量事物的标准是 60 分就算及格，100 分为满分。而实际上得满分的事物是不存在的，够及格的事物倒是不少。对于法律，也是如此。全国各地的法规或世界各国的法律，几乎没有能达到 100 分的最高水平。时常有人钻法律空子，干尽坏事却逍遥法外。满 100 分的法律没有，仅达到 60 分的一定不少。想经商赚钱的人，不可能不去熟读有关的法律。在本国经商的人，必须熟知自己国家的法律；在外国经商的人，必须熟读所驻国的商业法规及有关的法律，相信一定能在人为的法规中找出漏洞，找出赚钱的方便之门，或者找出从事某项企业有利的规章。

各国的法律、条文太多，对商人来说，束缚太多，并不利于赚钱。在商人看来，约束越少越便于赚大钱！如何才能摆脱法律的约束，而又不受其惩罚呢？唯一的办法是寻找法律的漏洞。

在世界上所有的东西都不是完美的，更何况是人为的法律。完全健全的法律是不存在的，所以，只要你仔细研究，认真寻找，一定会找出不少的漏洞。这些漏洞对商人是绝对有好处的，它能使熟谙于法律的商人们既乘法律漏洞走方便之门，又借助法律维护自己的利益不受侵犯。真是一箭双雕，一举两得。政府奈何不了他，不得不保护其利益，而他们却遨游于法律之中，充分享受法律的权利而逃避一定的义务。

犹太人认为，没有熟读法律的商人不是个成功的商人，他赚不了大钱！美国石油大王洛克菲勒一心想独占美国的石油市场，泰特华德油管公司也是一家很有实力的石油公司，这自然就成了他的眼中钉。特别是泰特华德油管公司从石油产地到安大略湖畔的威汤油库铺设了一条输油管道，这使洛克菲勒处于更不利的境地。

所以，洛克菲勒想要击败泰特华德油管公司，只有铺设一条与之平行的油管。

但是，要铺设油管必须通过巴容县的县境，而巴容县是泰特华德公司的势力范围，油管要通过这里又谈何容易。并且泰特华德公司促使县议会通过一个议案，声明除了已经铺设好的油管外，不许其他油管通过该县。

这的确给洛克菲勒出了一个难题，洛克菲勒苦思了许久，终于想出了一个办法。

一天晚上，巴容县的东北角突然来了一群人，他们有组织有秩序的挖沟、铺管、填土，很快把活干完了。

第二天，人们发现美孚石油公司已经在巴容县安置了一条油管，还没等县当局拿出对策，洛克菲勒早已胸有成竹。

洛克菲勒召开了一个记者招待会，并说："县议会的议案规定，除了已经铺设好的油管外，不准其他油管通过。希望大家到那里参观一下，看一看美孚石油公司的油管是否铺好。"

县议会至此方知议案中"已经铺好"四个字不严密，是个漏洞，让美孚石油公司有机可乘，只能是哑巴吃黄连自认倒霉。法律条文是为限制行动而存在的，但若精研法律条文，巧炒用"法"，也会有所收获，在这方面，何不学一学精明的犹太人。

巧做外汇买卖

1971年8月16日，美国总统尼克松发表了保护美元的声明，精明的犹太金融家和商人立刻意识到，美国政府此举是针对与美国有巨大贸易顺差的日本。犹太人又从情报中获悉，美国与日本就此问题曾多次谈判。一切的迹象表明：日元将要升值。更令人吃惊的是，这个结论不是在尼克松总统发表声明后而是在半年前得出的。

众多的犹太金融家和商人根据准确的分析结论，在别人尚未觉察之时，开展一场大规模的“卖”钱活动，把大量美元卖给日本。据日本财政部调查报告，1970年8月，日本外汇储备额仅35亿美元，而1970年10月起，外汇储备额以每月2亿美元的增加速度在上升。这与日本出口贸易发展有关，当时日本的晶体管收音机、彩色电视机及汽车生意十分兴隆，但美国犹太人已开始渐渐向日本出“卖”美元了。到1971年2月，日本外汇储备额增加的幅度更大，先是每月增3亿美元，到5月份竟达5亿美元，当时日本政府还蒙在鼓里，其新闻界还把本国储备外汇的迅速增加宣传为“日本人勤劳节俭的结果”，似乎日本各界人士尚未发现这种反常现象正是美国犹太人“卖”钱到日本的结果。

在尼克松总统发表声明的1971年8月前后，美国犹太人卖美元的活动几乎到了疯狂程度，仅8月份的一个月，日本的外汇储备额就增加了46亿美元，而日本战后二十五年间总储量仅35亿美元。

1971年8月下旬，也就是尼克松总统发表声明十天后，日本政府才发现外汇储备剧增的原因。尽管立刻采取了相应的措施，但一切都晚了。美国犹太人预料的事情发生了：日元大幅度升值。日本此时的外汇储备已达129亿美元。后来日本金融界算了笔账，美国犹太人在这段时间拿出1美元，便可买到360日元（当时汇率）；日元升值后，1美元只能买308日元。也就是说，日本人从美国犹太人手里每买进1美元，便亏掉52日元，犹太人却赚了52日元。在这几个月的“卖”钱贸易中，日本亏掉6000多亿日元（折合美元20多亿），而美国犹太人即赚了20多亿美元。

日本有严格的外汇管理制度，犹太人想靠在外汇市场上搞投机活动是根本不可能的，但日本大蚀本却是起初存在的。此外，美国犹太人如此异常的大举动，日本人为何迟迟未曾发觉呢？犹太人又是如何得手的呢？这就涉及有“守法民族”之称的犹太民族依法律的形式钻法规的空子，倒用法律的高超妙处。这恐怕也只有受过“专业熏陶”的犹太民族才能表演此法。

从 1970 年 10 月起，日本外汇储备额以每月 2 亿美元的增加速度在上升，而这正是日本的晶体管电子及汽车出口贸易十分兴隆的结果，这个增加速度是很正常的。

在日本自己看来，日本的外汇预付制度是非常严密的，但犹太人却看出了它有大漏洞的。根据此项条例，对于已签订出口合同的厂商，政府提前付给外汇，以资鼓励；同时，该条例中还有一条规定，即允许解除合同。

犹太人正是利用外汇预付和解除合同这一手段，堂而皇之地将美元卖进了实行封锁的日本外汇市场。

美国犹太人采取的方法事实上很简单，他们先与日本出口商签订贸易合同，充分利用外汇预付款的规定，将美元折算成日元，付给日本商人，这时犹太人还谈不上赚钱。然后等待时机，等到日元升值，再以解除合同方式，让日本商人再把日元折算成美元还给他们。这一进一出两次折算，利用日元升值的差价，便可以稳赚大钱。巧用法律规则赚钱是犹太人外汇买卖的绝活。作为“契约之民”的犹太人，居然在遵守契约的前提下，凭着自己的智慧和谋略极为理性地赚取金钱。从这则“日本人大蚀本”的事例中，不难看出犹太人成功的经营思路在于“倒用”了日本的法律，将日本政府为促进贸易而允许预付款和解除合同的规定，转为争取预付款和解除合约来做一笔虚假的生意。这样，日本政府却只能限于自己的法律而眼睁睁地看着犹太人在客观的形式上绝对合法地赚取了他主观上绝对不为合理的利润。

塔木德智慧录
ta mu de zhi hui lu

“巧干+实干”，是犹太人经商中的秘决之一，借势打出自己的品牌是他们惯用的手段，以此来营造出强大的声势，当然这种造势法是智慧来完成的。

交易风险时刻防范

在犹太人之间无论有无契约，只要他口头答应，就可以信任。

这里有个关于美国石油大王约翰·洛克菲勒的故事。

在19世纪初，德国人梅特里兄弟移居美国，定居密沙比，他们无意中发现密沙比是一片含铁丰富的矿区。于是，他们用积攒起来的钱，秘密地大量购进土地，并成立了铁矿公司。洛克菲勒后来也知道了，但由于晚到了一步，只好在一旁垂涎三尺，等待时机。

1837年，机会终于来了。由于美国发生了经济危机，市面银根告紧，梅特里兄弟陷入了窘境。一天，矿上来了一位令人尊敬的本地牧师，梅特里兄弟赶紧把他迎进家中，待作上宾。聊天中，梅特里兄弟的话题不免从国家的经济危机谈到了自己的困境，牧师听到这里，连忙接过话题，热情地说："你们怎么不早告诉我呢？我可以助你们一臂之力啊！"

走投无路的梅特里兄弟大喜过望，忙问："你有什么办法？"

牧师说："我的一位朋友是个大财主，看在我的情面上，他肯定会答应借给你们一笔款。你们需要多少？"

"有42万就行。可是，你真的有把握吗？"

"放心吧，一切由我来办。"

梅特里兄弟问："利息多少？"

梅特里兄弟原本认为肯定是高息，但他们也准备接受了。

谁知牧师道："我怎么能要你们的利息呢？"

"不，利息还是要的，你能帮我们借到钱，我们已经非常感谢了，哪能不付利息呢？"

"那好吧，就算低息，比银行的利率低2厘，怎么样？"

两兄弟以为是在梦中，一时呆住了。

于是，牧师让他们拿出笔墨，立了一个借据："今有梅特里兄弟借到考尔贷款 42 万元整，利息 3 厘，空口无凭，特立此据为证。”

梅特里兄弟又把字据念了一遍，觉得一切无误，就高高兴兴地在字据上签了名。

事过半年，牧师再次来到了梅特里兄弟的家里，他对梅特里兄弟说：“我的那个朋友是洛克菲勒，今天早上他来了一封电报，要求马上索回那笔借款。”

梅特里兄弟早已把钱用在了矿上，一时间毫无还债的能力，于是被洛克菲勒无可奈何地送上了法庭。

在法庭上，洛克菲勒的律师说：“借据上写得非常清楚，被告借的是考尔贷款。在这里我有必要说明一下考尔贷款的性质，考尔贷款是一种贷款人随时可以索回的贷款，所以它的利息低于一般贷款利息。按照美国的法律，对这种贷款，一旦贷款人要求还款，借款人要么立即还款，要么宣布破产，二者必居其一。”

于是，梅特里兄弟只好选择宣布破产，将矿产卖给洛克菲勒，作价 52 万元。

几年之后，美国经济复苏，钢铁业内部竞争也激烈起来，洛克菲勒以 1941 万元的价格把密沙比矿卖给了摩根，而摩根还觉得做了一笔便宜生意呢。

也许有人会说洛克菲勒不守商业道德，但是洛克菲勒并不这样认为，他认为自己的行为完全是合法的、正当的。况且商业经营的最高目的是赚钱，其游戏规则是不受道德限制的。

犹太人在经商时，视商场为战场，视他人为假想敌，心理高度警惕，永不放弃戒备心。

塔木德智慧录

ta mu de zhi hui lu

纵然是自己的妻子或者丈夫，也把他当外人看待，从不轻易信任，这也是犹太人防范交易风险的智慧之举。

用智慧赚钱

“宁可变卖所有的财产，也要把女儿嫁给学者。为了娶得学者的女儿，就是丧失一切也无所谓。”

将知识视作财富，对知识无限渴望，或许是犹太民族成为世界优秀民族的重要原因。知识固然是劫不走的，但它毕竟不是真正的实实在在的财富，要将知识转化为实实在在的财富就要靠智慧，智慧就是运用知识，以及掌握、驾驭知识的能力。知识是后天习得的，而智慧更体现在民族特质当中。一个人或许学识渊博，但他不一定是智者，就像一个古代的智者，他懂得的知识肯定没有如今的普通人多，但他还是智者。犹太民族很懂得智慧与知识的区别。在他们看来，只有能够创造财富，才懂得智慧，也就是说能赚钱才是真智慧。如果只是个拥有硕士、博士学位的人，而不能用学到的知识去赚钱，那顶多就是个学富五车的学者，但不是智者。相反，如果一个穷光蛋，也没有读过什么书，但能够靠自己的本事一夜成为富翁，犹太人肯定会佩服得五体投地，因为他们认为这才是真正拥有了赚钱的智慧。

许多人拥有智慧，但是他们的智慧都没有用来创造价值，所以他们始终是十分贫困的。学者应该运用自己的知识来获得智慧，而且应该学习那些真正的智慧，可以赚钱的智慧。智慧可以分为死的智慧和活的智慧，其中死的智慧是没有用的智慧。

世界上各个民族的人都很聪明，但是唯有犹太人是最能够运用智慧的，因为他们知道怎样把自己头脑中的智慧变成手中的金钱，这就是犹太人的过人之处。他们对知识的崇拜和敬爱之情达到了疯狂的程度，因为这些知识不仅仅显示他们的博学，最关键的是这些知识教会了他们怎样赚钱。可以想象，如果这些知识没有给他们带来现实的收益，他们是不会去学习的。犹太人说：“手艺者比宗教家更值得尊敬。”因为宗教家虽然有知识，但是他的知识没有运用出来，这样的知识等于没有。而手艺者虽然知识不多，但是他们把自己仅有的一点知识也贡献出来了，这样他的智慧虽然少，却是有用的，所以更值得尊敬。

他们认为如果知识不应用到实践中去，知识没有转化为金钱也是没有价值的。

犹太人对待那些整天只知道学习的人的看法是："有些人过度钻研学问，以至于无暇了解真相。"他们甚至这样看待死读书的人："学者中也有类似驴马之人，他们只会搬运书本。学者中有人被喻为载运昂贵丝绸的骆驼，但骆驼与昂贵的丝绸是毫不相干的。"如果这样说来，他们只是书籍的搬运工而已，根本算不得是有知识的人，真正有知识的人就应该把自己所学的知识和实践联系起来，在实际的生活中，创造出他所能创造的价值。

《塔木德》说："智慧胜过勇力，然而贫穷人的智慧被人藐视，他的话也无人听从。"到了这样的地步，智慧只有深深地埋藏了，不能有力地展现它应有的价值。犹太人热爱智慧，那么他们所说的真智慧又是什么呢？犹太人有则笑话，谈的是智慧与财富的关系。

两位拉比在交谈：

"智慧与金钱，哪一样更重要？"

"当然是智慧更重要。"

"既然如此，有智慧的人为何要为富人做事呢？而富人却不为有智慧的人做事？大家都看到，学者、哲学家老是在讨好富人，而富人却对有智慧的人摆出狂态呢？"

"这很简单。有智慧的人自然知道金钱的价值，而富人却不知道智慧的重要。"

在这个故事里，拉比认识到金钱的价值。他说得很对，有智慧的人应该知道金钱的价值，不应该和金钱脱离。真正的智慧是和金钱联系在一起的，没有金钱的智慧是没有用的智慧，简直没有什么价值。而智慧和金钱组合在一起，它的价值才显露出来。如果金钱是衡量智慧的价值尺度，那么，智慧的价值又怎么体现呢，因此，真正有智慧的人，懂得金钱的价值，懂得如何利用自己的学识来获取金钱，能用自己的知识来创造现实社会的财富。

如果一个有知识的人也拥有了智慧，却只会靠为富人效力以求获得一点微薄的酬劳，试问这智慧的价值有多大呢？这样只是把自己的智慧无端地浪费而已，还能称得上智慧吗？因此，学者、哲学家的智慧即便可以称得上智慧，却不是真正的智慧，因为它同金钱无缘。而让富有的人在有智慧的人面前施展他们的淫威，显露他们的狂态，这算是有智慧的人吗？真正有智慧的人是会通过自己的智慧取得与他的智慧相应的财富的，匍匐在金钱脚下的智慧根本算不得是智慧。在富人的狂态面前俯首帖耳的智慧，怎么可能比金钱重要呢？

智慧有死的智慧和活的智慧。只有用于实践产生了效益的智慧才是真正的活的智慧，这样的智慧才是重要的。不过，如果这样的话，金钱又成了智慧的尺度，金钱又变得比智慧更为重要了。其实，两者并不矛盾：活的钱，也就是能不断生利的钱，比死的不能生钱的智慧重要；但与死的钱（即单纯的财富）相比，不能生钱的钱又没有活的智慧（即能够生钱的智慧）重要。那么，活的智慧与活的钱相比哪个更重要呢？无论从这则笑话的演绎，还是从犹太商人实际经营活动的归纳，都只能得出一个回答：只有化入金钱之中的智慧，才是活的智慧；只有化入了智慧之后的钱，才是活的钱。活的智慧和活的钱难以割离，因为它们都是智慧与钱的完美结合。

塔木德智慧录

ta mu de zhi hui lu

在犹太人的心目中，金钱和智慧是不会相互矛盾的，它们是可以完美地结合的。

有远见才能决胜千里

当我们邻居的屋子起火时，你就必须留心自己的屋子了。

要成为成功的商人，就要有敏锐的心思，可以预知未来的情势，不要眼光短浅，只贪眼前的蝇头小利，那样的人永远只能跟在人们后边，赔钱是肯定的。

纵观历史，预测人类的行为，显然比预测天气更容易。

智者切面包时，计算十次才动刀；倘若换成愚者，即使切了十下也不会测量估算一下，因此切出来的面包，总是大小不一或数量不对。这就是智者和愚者做事时思考模式的不同。

犹太人很会赚钱。赚钱，对于他们来说，简直就是轻而易举。其实如果你抛开这些神奇的传说，用心想想犹太人的发财秘诀，你就知道其中的原因了。

我们来看看北美宣传奇才哈利小时候，是怎样在寒冷的冬天把饮料卖掉的。

哈利十五六岁时，在一家马戏团做童工，负责在场内叫卖零食。天气寒冷，观看的人不多，买东西吃的人更少，尤其是饮料，几乎无人问津。

小哈利就想：为什么饮料没有人要呢？当然是人们不需要，不行，要想想，如何才能让人们在冷天也需要饮料呢？

忽然间，他脑筋一转，大声喊："来看马戏喔！买一张票，就免费送您一包好吃的花生喽！先买先送，送完为止！"

"竟然有这样的好事？"

人们纷纷从四面八方靠拢过来，人愈来愈多。人们津津有味地品尝着这些花生，这些花生比平常的花生好吃，不过愈吃愈口渴，原来是这些花生被撒上了一些盐，不过，既然花生是免费的，而且又这么好吃，人们也管不了那么多了，就拼命地吃。但吃多了口渴，人们又开始找饮料解渴。

这时，小哈利乘机推销他的饮料，口干舌燥的人们顾不得那么多了，纷纷拿出钱包，购买小哈利的饮料，结果，小哈利这一天卖出去的饮料，居然等于过去一个月的销售量。

其实，小哈利不过是运用一个小策略，比别人多看到几步而已。我们来看看小哈利的这几步是怎么走的：

第一步：要想卖出去饮料，在冬天似乎不太可能，那就必须借其他东西作手段，来间接地实现自己的目的，于是，看看手里的东西，就是花生了。

第二步：把花生全部撒上一点盐，这样花生就变咸了，咸花生的味道不仅香了，更重要的是，借着咸花生，他可以卖掉自己的饮料了。

第三步：把咸花生和票捆绑在一起，免费地赠送给来看马戏的人，这样做的目的就是吸引那些贪小便宜的人们，为自己的饮料推销策略铺好路。

事实上，凡事往后多看几步，就像下棋一样，才不会逼自己走进死胡同，同时也可让自己发现更多的路和可能性。

现在我们再来看看，另一个犹太人富翁洛克菲勒，他是怎么运用这些高招的。

第二次世界大战结束后，战胜国决定成立一个处理世界事务的组织——联合国。这个总部必须建在繁华的大城市，可是，想在任何一座大城市买下一座盖大楼的土地，都需要很大一笔资金，而刚刚起步的联合国总部的资金很有限，各国首脑为此事伤透脑筋。

这个时候，洛克菲勒家族听说了这件事，他们立刻宣布，愿意出资870万美元在纽约买下一块很大的地皮，并且无条件地捐赠给联合国。

人们不禁惊讶了，花这么多的钱买地免费送给联合国，洛克菲勒能有什么好处？

可是他们并不知道，当洛克菲勒家族在买下土地捐给联合国的时候，也买下了与这块土地毗连的全部土地。等到联合国大楼建起来后，四周的地价立即飓升起来。

现在，没有人能够算出洛克菲勒家族借毗连联合国总部大楼的土地，赚到了多少个870万美元。

当人们了解了这个道理的时候，洛克菲勒家族已经赚进大把大把的钞票了。

这就是大亨们与众不同的思考模式，他们的头一两步棋，我们通常是猜不到他的用意的，他的真实意图总是在结局时，我们才恍然大悟，但他们已经达成目的了。

你能看到未来的发展有多远，那你的成功就有多大。

犹太人巨富吉威特，他有超乎常人的远见。当一件事尚未来临，他便能预见它将在何时发生。这个先见之明，可以说也是他事业成功的关键。

自从1930年以来，吉威特对每10年来临一次的时代新浪潮，都能十分准确地把握，而且把它联系在自己的事业上。

30年代：在这个不景气的年代（经济危机），大多数的土木建筑业者都无事可做，但吉威特却预见公共投资不久将复苏，于是尽全力去做准备。

40年代：他预见有关防御方面的工程，尤其是空军基地等军事建筑将增多。

50年代：他预见高速公路及飞弹基地时代将来临。

60年代：他预见都市交通网将有大的发展。

就这样，吉威特每次都把时代潮流带来的建设需求，事先就把握住了。他的这种先见之明，奠定了吉威特王国的基础。

想必大家都知道下棋吧！下棋过程中，我们把仅仅看到一两步棋路的人称作初级棋师；把那些想到二四步棋路的人称作中级棋师；但是那些能够算到五六步以上棋路的人，就被誉为高级棋师。

高手们的头一二步棋，人们常常琢磨不透他们的用意。以下棋比喻经商，商战的高手，就是这些运筹帷幄、决胜千里的商人。

如果你也是一个经商的人，那么你在筹划大局的时候，就应该问问自己：我目前只想到第几步？

多走几步，就会看到更多的好风景。

犹太人认为，有远见才能决胜千里。你能看到未来的发展有多远，那你的成功就有多大。

信用是无形的资产

犹太人认为，要想成为一个商人，首先得遵守信用，而好的名声就是一笔无形的财富。要做到这一点，不是一天两天能够达到的，必须经过长期的积累。

在这个世界上，有的财富是有形的，伸手可及，比如别墅、私车、存款等等，有的财富却是无形的，比如名声、信用、口碑。犹太商人认为，要想成为一个富人，首先得遵守信用，因为，信用是一笔无形的财富，信用是口碑的体现。可想而知，一个口碑不好、信用败坏的人，本身就不能赢得他人的好感，更别说博取他人的信任了。所以，无论对于商人，还是普通群众，一定要注重自己的信用。

曾经有一个叫凯伦的犹太人，有一年，他向友人借了 40 万元，没有财产担保，也没有存单抵押，只有一句话：“相信我，年底无论如何都还你。”

到了年底，他的资金周转非常困难，外债催不回来，欠款又催得紧。为了还朋友这 40 万元，他绞尽脑汁才筹足 20 万元，余下的 20 万元怎么也筹不到。最后他决定用自家的私房去抵押贷款，但银行评估房屋价值 24 万，只能抵押 18 万元。凯伦横下一条心，与老婆郑重商量后，把房屋以 20 万元低价卖出去，终于筹齐了 40 万元。一家人再到市郊租了间房屋住。

曾经溺过水的凯伦再到商海里搏击，自然会小心谨慎，而又遇乱不惊。他又成功了，两年后不仅还清了债务，而且还赚了一大笔钱。每当有人问他怎样起死回生时，他便会郑重地告诉对方：“是信用！”

由此可见，为人处世，不能没有信用，做生意也同样需要有信誉。一个没有信用的人，就好比墙上的芦苇，终究站不住脚跟。而一个有信用的人，不论你处在什么环境下，因为你有“重信守约”的好名声，别人自然会格外地相信你。这样，你在无形之中就为自己积累了一笔巨大的财富。在商言商，商界自古就是“民以食为天，商以信为本”之说，犹太商人都是恪守诚信的人。他们以诚实获利，以信用获得美誉。

“海内存知己，天涯若比邻”，古人告诉我们要广泛结交朋友，即使知己离自己很远，也像近在眼前一样。这说明了自古以来，人们就注重人与人之间的关系。企业作为现代社会的一员，不仅要协调好其内部的各方面关系，也应处理好与社会其他成员之间的关系，即也要做好公共关系。

企业公共关系的一个重要功能就是对外树立企业形象。企业形象最重要的一个方面就是诚实、守信，以诚实获利，以信用获得赞誉，是企业公共关系中应有之义。

成功的企业都是那些讲诚信的企业。金利来的开创者曾宪梓先生自始至终奉守“勤俭诚信”的经营理念：勤能补拙，俭能守业，而唯诚和守信，则是长期取信于消费者，使金利来获得永续经营，开创名牌基业的根本所在。金利来的经营理念主要表现在坚持“不做骗人生意”这一朴素的商业道德观方面，具体体现在对产品的质量与品质的追求上，尽善尽美，一丝不苟，使消费者感受到购买金利来就是在享受上乘的、精美的产品，增强对金利来的信心。

已故犹太船商凯伦常说：“签订合同是一种必不可少的惯例手续。纸上的合同可以撕毁，但签订在心上的合同是撕不毁的。人与人之间的友谊应该建立在相互信任的基础上。”他恪守信用，从不夸海口，而是实实在在地一步一个脚印地扩展他的业务量。1970 年，航运市场看好，许多公司都积极争取在日本造船，船厂几乎不肯接受订单。没多久，市场状况发生逆转，许多船只都租不出去，建造中的船只总吨位急剧下降，可是凯伦仍然不断地向日本订船。1971 年，差不多是在船运市场最糟糕的时候，凯伦订造了 6 艘船，总吨位是 150 万吨，从而解了船厂的燃眉之急，所以，后来凯伦在日本造船总是能一帆风顺，而且被日本的造船界誉为：“我们最尊贵的主顾。”

利用公共关系树立企业的形象，最重要的是不能寄希望于一朝一夕便能取得成功，而应着眼于长远，树立诚信的形象，取信于消费者，获誉于社会，只有这样，最终才能取得成功。

每次都是初交

有一天，一位日本商人请一位犹太画家上银座的饭馆吃饭。宾主坐定之后，画家趁等菜之际，取出纸笔，给坐在边上谈笑风生的饭馆女主人画速写。

不一会儿，速写画好了。画家递给商人看，画得形神皆俱。日本人连声赞叹道："太棒了，太棒了。"

听到商人的奉承，画家便转过身来，面对着他，又在纸上勾画起来，还不时向他伸出左手，竖起大拇指。通常，画家在估计人体的各部位比例时，都用这种简易方法。

日本商人一见画家的这副架势，猜想这回是在给他画速写了。虽是因为面对面坐着，看不见他画得如何，但还是一本正经地摆好姿势，让他画。

日本商人一动不动地坐着，眼看着画家一会在纸上勾画，一会儿对他竖起拇指，足足坐了10分钟。

"好了，画完了。"画家停下笔来说道。

听到这话，商人松了一口气，迫不及待地欠身过去。他一看就大吃一惊。原来画家画的根本不是商人，而是画家自己左手大拇指的速写。

商人连羞带恼地说："我特意摆好姿势，你……你却捉弄人。"

画家却笑着对他说："我听说你做生意很精明，所以才故意考察你一下。你也不问别人在画什么，就以为是在画自己，还摆好了姿势。单从这一点来看，你同犹太人相比，还差得远呢。”

此时，日本商人才如梦方醒，明白过来自己错在什么地方：看见画家第一次画了女主人，第二次又面对着自己，就以为一定是在画自己了。

犹太人哪怕同再熟的人做生意，也决不会因为上次的成功合作，而放松对这次生意的各项条件、要求的审视。他们习惯于把每次生意都看作一次独立的生意，把每次接触的商务伙伴都看作第一次合作的伙伴。“每次都是初交”是犹太人在漫长历史时期中由活生生的商业活动而得出的高级生意经，而其适用范围竟然已经到达潜意识层次。只有一个发明了精神分析学（弗洛伊德）的民族的商人，才会在这种极其细微、极不容易觉察的地方，有如此清晰的认识，并且驾轻就熟、游刃有余。

塔木德智慧录
ta mu de zhi hui lu

犹太人认为，在商业活动中，人与人都是以利益维系的，人的良知和道德往往会被金钱扭曲，一旦轻信别人，就可能倾家荡产，而且是呼告无门。“每次都是初交”的生意经，初看之下毫不起眼，细细推敲却令人深思。

别人的危机就是自己的良机

利用别人的危机，来填满自己的腰包，对犹太人来说，并不是什么稀奇事。

斯瓦罗斯基家族世世代代从事玻璃制造仿钻石饰品的生意，而且一直生意兴隆。精明的美国犹太人罗恩斯坦早就想将这家公司收入囊中，因考虑到时机尚未成熟，只好静静地耐心等候。

时机终于来了。第二次世界大战结束后，奥地利被法军占领，由于二战中斯瓦罗斯基公司曾接受纳粹的订单，为德国制造过军用望远镜等物资，所以法军要没收该公司。

罗恩斯坦得知此事后，立即前往谈判。他说："我可以和法军交涉，设法不使法军没收你们的公司。但条件是，如果交涉成功，请将贵公司的销售权让给我，并且在我有生之年可以从总销售额中提取10%的酬金。意下如何？"

斯瓦罗斯基家族为了保住自己的公司，只好委曲求全，全部接受了罗恩斯坦的条件。罗恩斯坦又马上前往法军司令部，郑重提出申请："我是美国人罗恩斯坦，从即日起斯瓦罗斯基公司已成我的公司，该公司的财产也就成了我的财产，所以我拒绝法军的没收。"法国司令官一听该公司已成了美国人的公司，而美国人总是惹不起的，顿时哑口无言，只好放弃了没收该公司的打算。

这样，由于算准了时机，罗恩斯坦未花一分钱，不费吹灰之力就成立了该公司的销售代理公司，轻松自如地赚取了销售额10%的利润。

当然，投机并不等于蛮干一气。一个高明的投机者，懂得区分良莠，深谙取舍之理。犹太金融家韦尔就是一个目光敏锐、判断力极其准确的金融投机家。

在20世纪70年代，股票行情一直不稳定，股票价格也飘忽不定，较小的经纪所往往朝不保夕，纷纷倒闭。韦尔乘机吞并了大批较小的商号，而且接管了一部分经济不景气的大商号。例如，洛布·罗兹公司也是一家投资商号，在华尔街的经济实力与韦尔经营的希尔森公司不相上下，然而它的机构不够灵活，管理方法有些落后。韦尔看到这一点之后，立即提出与洛布·罗兹公司合并。在合并谈判过程中，韦尔先躲在幕后操纵，然后在关键时刻亲自出马，充分发挥自己的才智，最后取得合并成功。韦尔就这样既摆脱了困境，又赚了大钱，从而在华尔街巩固了地位。然而，韦尔并不是轻易投机的，相反，他对这类问题极其慎重。他常说："涉及合并的谈判，人人都会紧张，因为处处都有陷阱。"

投机无罪，于投机中取巧更是棋高一着。

要捕捉商机绝不随大流

美国房地产巨富特朗普出生于一个犹太建筑承包商的家庭。

在他 13 岁时，他父亲送他到军事学校去学习军事。毕业后，他又在福德姆大学上了两年，由于受大学同学的影响，他立志经商。要经商的话，霍顿金融学校是个非去不可的地方，于是他转而攻读商业。在他决定经商的时候，他就决定毕业后的目的地是曼哈顿，因为曼哈顿是纽约的首富之地，许多跨国大公司和大银行都位于此地的华尔街。

特朗普大学毕业的第 3 年，即 1971 年他在曼哈顿租了一套公寓房间。这是一套小型的公寓间，室内阴暗窄小。尽管如此，他还是对此倍加喜欢，毕竟他迈出了成功的第一步。

特朗普搬到曼哈顿以后认识了许多人，开阔了视野，了解了许多房地产知识，但仍没有发现他能买得起的、价格适中的不动产，所以他迟迟按兵不动。到了 1973 年曼哈顿的情况突然变糟，由于通货膨胀，建筑费用猛涨，更大的问题是纽约市本身，该市的债务，上升到了令人忧心忡忡的地步，人们惶惶不可终日。特朗普开始担心纽约市的未来，但还不至于彻夜不眠，他是个乐天派，也就是这种乐观使他意识到目前曼哈顿的困境，正是他大显身手的良机。他认为，曼哈顿是最佳住处，是世界的经济中心。纽约在短期内不管有什么困难，事情一定会得到改观，这一点他毫不怀疑，不可能有哪座城市能取代纽约。

从来到曼哈顿的几年里，特朗普一直寻找着一片既便宜将来又很有发展前途的地皮，经过他的观察哈得逊河边的一个荒废了的庞大铁路广场是个非常理想的选择。所以每次沿西岸河滨的高速公路开车过来时，他就设想能在那儿建什么。但现在曼哈顿正处于财政危机，根本不会考虑开发这大约 100 英亩的庞大地产。这个时候，人们普遍认为西岸河滨是个危险去处。尽管如此，特朗普认为，要全面改观并非太难，人们发现它的价值只是时间问题。

1973 年，特朗普在报纸上破产广告一栏中，偶然看到一则启事，铁路广场要出售。于是他开始联系出让方。

广场的事最终虽未落实，但出让方提供了另一个信息：名叫康莫多尔的大饭店由于经营不善，已经破败不堪，多年亏损，饭店拥有者想出让这些资产，可是没有多少人对此感兴趣。特朗普去实地考察，他看到，成千上万的人每天上下班从这里的地铁站上上下下，绝对是一流的好位置。特朗普把买饭店的事告诉他父亲。父亲听说儿子要在城中买下那家破饭店，吃惊不小，因为许多精明的房地产商都认为那是笔赔本的买卖。特朗普当然也知道这一点，不过他已经有了一个非常完美的计划。他一方面让卖主相信他一定会买，却又迟迟不付订金。他尽量拖延时间，他要说服一个有经验的饭店经营人一道去寻求贷款，他还要趁着现在经济不景气争取市政官员破例给他减免全部税务。

一切都按照他的计划进行，特朗普终于买下了康莫多尔饭店，投资进行装修，并重新命名为海特大饭店，特朗普拥有饭店 50%的股权。新装修后的饭店富丽堂皇，它的楼面是用华丽的褐色大理石铺的，用漂亮的黄铜做柱子和栏杆，楼顶建了一个玻璃宫餐厅。它的门廊很有特色，成了人人想参观的地方。海特大饭店开张后，顾客盈门，大获其利，一年总利润超过 3000 万美元。

特朗普并没有就此满足，他的目光又落在曼哈顿繁华路段的一座 11 层大楼上。从 1971 年他搬进曼哈顿，并在那儿逛大街起，他就看中了它，那是房地产中最好的位置。如果在这个黄金地段建一座摩天大楼，它将成为纽约城独一无二的最大不动产，并很可能成为纽约市的标志性建筑。特朗普通过调查，了解到那 11 层大楼属于邦威特商店，但楼下的地皮属于另一个房地产商。特朗普先去找那个房地产商。房地产商是个很精明的人，但他不是纽约人，不知道这块地皮的真正价值，更闹不明白在经济不景气的情况下，居然还有人打它的主意。特朗普通过几个回合的艰苦谈判，最终以 2500 万美元买下了 11 层大楼和下面的地皮。特朗普决定把旧楼拆除，建一座高 68 层的大厦，命名为特朗普大厦。他几经周折终于得到了市规划委员会的批准，曼哈顿银行同意为特朗普建造大厦提供贷款。特朗普把整个工程承包给了 HRH 施工公司，并委派自己得力的女助手——33 岁的巴巴拉负责监督施工。巴巴拉在翻修康莫多尔饭店时，就曾显示出她的杰出的才能。

旧大楼的爆破工程刚开始的时候，《纽约时报》刊登了炸毁门口雕塑的大幅照片，并就此事发表了多篇文章，指责特朗普只顾赚钱，不惜毁坏艺术品和文物。尽管艺术和文物管理部门并没有出面干涉，事后特朗普也后悔不该毁了那些雕塑，令人意想不到的是，这场轩然大波使特朗普大厦受到广泛的关注，为大楼的出售帮了大忙。

特朗普大厦矗立起来了，建造得既富丽堂皇又非常新颖独特。光是造价达到 200 万美元的门廊中沿东墙下来的瀑布，就有 80 英尺高。从第 30 层到 68 层是公寓房间，站在屋里就可以看到北面的中央公园，东面的九特河，南面的自由女神像，西面的哈得逊河，可以说曼哈顿的美妙风光尽收眼中。

由于特朗普大厦以富人的住地自居，因此每单元售价不菲，在 100 万美元到 500 万美元之间。特朗普大张旗鼓地做广告，许多电影明星和著名人士因之而争相购房，因此，尚未完工房子就卖出了一大半。特朗普大厦共有住宅单元 263 套，他留下最顶层 10 多套自家住。他们夫妇花了近两年时间改建，特朗普自豪地说，他的公寓是世界上少有的凤毛麟角。

在接连成功之后，他没坐享其成。他又投资度假村、游乐场，成立海湾柑西部娱乐集团等。同时他的妻子伊瓦娜也干得有声有色：她亲自掌管特朗普城堡，该城堡是大西洋城游乐场中收入最多的一家，也是城中最盈利的一家饭店，仅 3 个月就收入 7680 万美元。特朗普还生产自命名的凯迪拉克轿车。就这样，特朗普在曼哈顿闯荡，大约前后十几年里，从一个毛头小伙子一跃而成为一个声名远扬的房地产大富豪。

凭借自己的智慧和经验来捕捉有利于自己的商机，才有可能取得绝对性的成功。因此，商业活动中跟风、随大流是要不得的。

把生意看作自己的情人

谈到做生意，犹太商人总愿意把生意当作自己的情人，借此表达自己对经商的热爱和乐趣。但有趣的是，犹太人在把生意当情人的同时，又违背了恋爱的原则，因为他们总是爱“喜新厌旧”。他们这样做的结果就是不断制造做好生意的动力，这也是他们为什么对经商情有独钟的原因。

经常听到一些生意人无可奈何地唉声叹气：“好辛苦，没办法啊！为了三餐。”做生意真的是这么没有乐趣的单纯的谋生手段吗？

认为做生意没有乐趣，会使你过分严肃、谨小慎微，总害怕出错，怕打烂饭碗，结果恰恰反而容易出错。认为做生意没有乐趣，很难使你真正喜爱你的工作，以致扼杀自己的进取心和创造欲，使你的生意停滞不前，无所作为，甚至招致失败。犹太商人认为，你应该把你的生意看作是自己的情人，这样，你们的关系就充满了激情、充满了乐趣。你投入的感情越真诚，得到的回报就越多，生意就更为顺手。有些人工作后回到家里，告诉家人的仅仅是工作如何繁重、劳累之类的话，这种人的生意往往不很成功。而一个成功的生意人往往会激动地这样告诉妻儿，他怎样面临一连串的竞争，又如何一一对付过去；或者是他试图把产品卖给一个大主顾时的惊喜和担心；又或者他开拓一个新产品时的兴奋和订单似雪片样飞来激动得全身发抖的心情。

如果你能把你所做的事赋予情感、赋予乐趣，像对待情人一样，生意往往会出乎意料地成功。

有一个林场，一天来了一个犹太青年，他最初办起一间林场的饮食店，当年赚了40万元；第二年他用这笔钱买了一辆旧汽车，当了运输专业户，不久卖掉旧车买新车，又赚了50万元；继而他买下一间转产的木箱厂处理的旧设备，搬回林场办木器加工厂，一年就赚100多万元；后来他又承包了2000多亩山林。相信不久他的造林——采伐——加工——销售连锁业，将会使他的财富迅速增值。

这是“喜新厌旧”随机应变寻求发展的比较典型的例子。看到别人发达，人们往往以为别人的机会比自己的更好、更多、更容易，其实恰好相反。随着经济的进一步繁荣，人们收入的不断增加，人口的逐年增长，时尚的改变，娱乐时间和形式的变化等等，大众对商品和服务的需求和多样品质的要求日益加强，构成了当今商品经营的广阔的领域，许许多多新的经营项目和形式应运而生，因此，我们现在赚钱的条件比前人优越得多。

问题在于你是否能像犹太商人那样以敏锐的眼光去寻觅发财机会，开拓和占领新的市场。

学学犹太商人的“喜新厌旧”法则吧！“厌旧”就是不醉心于现状，“喜新”就是发展新的生意。如果过于迷恋、依赖眼前现有的经营，会产生很多消极作用：

（1）滋长你的惰性。太热衷于现有的经营规模和项目，并不能说明你有进取心，而只能说明你害怕新的竞争，缺乏成功的自信，导致滋长但求无过、不求有功的维持现状的惰性心理。

（2）扼杀你观察市场、预测行情的客观性，导致惰性误事。

（3）抑制部属的积极性。部属本来对你期望很大，以为你能带领他们不断迈向新的目标，而你却把你的公司或商店当成一件玻璃制品，摸不得碰不得，生怕弄坏，处处小心谨慎。保守呆滞，你的部属对这样的“维持”当然大失所望，甚至产生离心倾向。

（4）你自己会成为生意的奴隶，成天患得患失，过分敏感，享受不到做生意的真正乐趣。享受成功和乐趣，就得把生意当成情人。

犹太商人认为，你应该把你的生意看作是自己的情人，这样，你们的关系就充满了激情、充满了乐趣。你投入的感情越真诚，得到的回报就越多，生意就更为顺手。

利益让对方为自己着想

“暂时地放弃一些利益，是为了得到更多的利益。”

犹太人尊奉一种“使彼知己”的人际哲学，其主要的目的，还在于让对方为自己的利益着想，这种精明的处世方式，能最有力地调动对方。

古时候，耶路撒冷的一个犹太人外出旅行，途中病倒在旅馆里，当他知道自己的病已经没有希望时，便将后事托给了旅馆主人，并请求他说：“我快要死了，如果有知道我死而从耶路撒冷赶来的人，就请把我的这些东西转交给他。但是，不要告诉他我在哪家旅馆。”

说完，这个人就死了，旅馆主人按照犹太人的礼仪埋葬了他，同时向镇上的人发表这个旅人的死讯和遗言，让大家遵守这个犹太人的遗言，即不要将他住的旅馆告诉来找他的人。

他的儿子在耶路撒冷听到父亲的死讯后，立刻赶到父亲死亡的那个城镇。他不知道父亲死在哪一家旅馆里，也没有人愿意告诉他，所以，他只好自己寻找。

这时，刚好有个卖柴人挑着一担木柴经过，儿子便叫住卖柴人，买下木柴后，吩咐卖柴人将柴送到有个耶路撒冷来的旅人死在那里的旅馆去。

然后，他便尾随着卖柴人，来到了那家旅馆。

旅馆主人对卖柴人说：“我没有买你的木柴啊。”

卖柴人回答说：“不，我身后的那个人买下了这木柴，他要我送到这里来。”

通过一笔木柴交易，他把回答这个问题作为成交的条件，让卖柴人为了自己的利益，帮助他解决了难题。

从根本上来说，人与人的关系是一种利益关系，尤其在上述年轻人同卖柴人和旅馆主人这样非亲非故的关系中。其他考虑包括道德考虑也是需要的，但真能击中对方要害的，唯有利益。

只有他人的利益同你的利益紧紧地绑在一起的时候，他人才可以像为他自己谋利或避害一样为你着想，因为这一着想以及由此而产生的努力，可以同时带来其自身利害的相应变动。

所以，与人相处或调动对方时最好的办法就是：“让他人为自己的利益着想”。

《塔木德》里有这样一个故事，有位男人黑夜外出，在伸手不见五指的夜路上看到对面来了一个打灯笼的人，走近一看，却是一个瞎子，这个人就问这位盲人：“你提着灯却看不见东西，为什么还要这样多此一举呢?”

盲人说：“我提灯而行，是要你们看见我。”

犹太人实在是太聪明了，对于瞎子来说，在漆黑的夜晚行走，和白天走路是一样的，自己摔倒的可能性远小于被别人撞倒的可能性。而平时靠眼睛走路的人，一旦走在漆黑的路上，很容易因看不清路而将别人撞倒。为此，瞎子亮起了灯笼，以便每个迎面来的人都能看清自己，并避免对方撞倒自己。

这种转换思路的智慧是犹太人从两千多年的流散经历中提炼出来的。犹太作为一个弱小的民族，为了能够保护自己，只有靠“瞎子打灯笼”这种办法让统治者看到自己对他们的价值，从而“利用”自己求得生存，看似多此一举，实际上蕴涵着很大的智慧。

但是，夜行中不乏强取豪夺之徒，他们不满足于瞎子打灯笼所提供的那一段路的灯光，常常抢走灯笼，甚至把瞎子杀掉。然而，犹太人依然以“瞎子打灯笼”般的执著慢慢往前走，最终找到了自己的家园，足以证明“瞎子打灯笼”所体现出来的睿智。

让利益出面比空口说教有力量得多。在犹太商业文化中，犹太人也同样将这种“瞎子点灯”及让对方为自己着想的哲学运用到了炉火纯青的地步，与人方便就是与己方便。

行动之前先考察

从经商角度而言，犹太人不是在做生意而是在“管理风险”。有时候，犹太人靠准确地投资“风险”而得以发迹。

哈默最大的一次成功是利比亚在意大利占领期间，墨索里尼为了寻找石油，在利比亚大概花了1000万美元，结果一无所获。埃索石油公司在花费了几百万收效不大的费用之后，正准备撤退，却在最后一口井里打出油来。壳牌石油公司大约花了5000万美元，但打出来的井都没有商业价值。

西方石油公司到达利比亚的时候，正值利比亚政府准备进行第二轮出让租借地的谈判，出租地区大部分都是原先一些大公司放弃了的利比亚租借地。根据利比亚法律，石油公司应尽快开发他们的租借地，如开采不到石油，就必须把一部分租借地还给利比亚政府。第二轮谈判中就包括若干块“干井”的土地，但也有许多块与产油区相邻的沙漠地……来自9个国家的40多家公司参加了这次投标。

哈默虽充满信心，但前途未卜。尽管他和利比亚国王私人关系良好，但他在这方面经验不足，同那些石油巨头们竞争实力悬殊太大。

哈默的董事们坐飞机都赶来了，他们在4块租借地投了标。他的投标方式不同一般，投标书用羊皮证件的形式卷成一卷后，用代表利比亚国旗颜色的红、绿、黑三色缎带扎束。在投标书的正文中，哈默加了一条：他愿意从尚未扣税的毛利中拿出5%供利比亚发展农业用；此外，还允诺在国王和王后的诞生地库夫拉附近的沙漠绿洲中寻找水源；另外，他们还将进行一项可行性研究——一旦在利比亚开采出水源，他们将同利比亚政府联合兴建一座制氨厂。

最后，哈默终于得到了两块租借地，这使那些强大的对手大吃一惊。这两块租借地都是其他公司耗巨资后一无所获放弃的，这两块租借地不久就成了哈默烦恼的源泉。他们钻出头三口井都是滴油不见的干孔，仅打井费一项就花了近300万元。另外，还有200万元用于地震探测和向利比亚政府的官员交纳的贿赂金。于是，董事会里许多人开始把这雄心勃勃的计划叫做“哈默的蠢事”，甚至连哈默的知己、公司的第二大股东里德也对此失去了信心。

但是哈默的直觉促使他固执己见。在创业者和财东之间发生意见分歧的几周，第一口油井出油了，此后的另外8口油井也出油了，而且是异乎寻常的高级原油。更重要的是，油田位于苏伊士运河以西，运输非常方便。与此同时，哈默在另一块租借地上，还钻出一口日产703万桶自动喷油的珊瑚油藏井。这是利比亚最大的一口井。接着，哈默又投资1.5亿元修建了一条日输油量100万桶的输油管道。当时西方石油公司的净资产只有4800万元，由此足见哈默的胆识与魄力。之后，哈默又大胆地吞并了好几家大公司。这样，西方石油公司一跃而成为世界石油行业的第八个姊妹。

像哈默一样，犹太人很少以主观的情绪投资风险管理。即使在投机生意中，犹太人也十分讲究稳妥可靠。

塔木德智慧录

ta mu de zhi hui lu

在英文中，“投机”和“考察”是同义词，犹太人的投机买卖可说是对该词的最好诠释。犹太人的考察，并不光看商品的流通情形，还要视该买卖的商品在转卖或交换之后的状况，以及当事人对于该项交易的最后满意程度。犹太人最后决定的投机买卖，一定是根据周详和缜密的思索之后所做出的商业行为。

用别人的钱来成就自己

自己能经营赚钱的商人，说明他有经商本领。不用自己经营，请别人为他赚钱的商人，更体现出他的经商才华。实践表明，后者往往比前者所赚取的钱更多。

犹太人不论在商界、政界，还是在科技界的成功者，都是善于借用别人之“势”，巧借别人之“智”的高手。

美国前国务卿基辛格在处理白宫内的事务时，就是一位典型的巧于借用别人力量和智慧的能手。他有一个惯例，凡是下级呈报来的工作方案或议案，他先不看，压上几天后，把提出方案或议案的人叫来，问他：“这是你最成熟的方案（议案）吗?”对方思考一下，一般不敢肯定是最成熟的，只好答说：“也许还有不足之处。”基辛格就会叫他拿回去再思考和修改得完善些。

过了一段时间后，提案者再次送来修改过的方案（议案），此时基辛格把它看完了，然后问对方：“这是你最好的方案吗？还有没有比这方案更好的办法?”这又使提案者陷入更深层次地思考，把方案拿回去再研究。

就是这样反复让别人深入思考研究，用尽最佳的智慧，达到自己所需要的目的，这就是基辛格的一手高招，也反映出犹太人的一种成功诀窍。

著名的希尔顿从被迫离开家到成为身价5.7亿美元的富翁只用了17年的时间，他发财的秘诀就是借用资源经营。他借到资源后不断地让资源变成了新的资源，最后成为了全部资源的主人——一名亿万富翁。

希尔顿年轻的时候特别想发财，可是一直没有机会。一天，他正在街上转悠，突然发现整个繁华的优林斯商业区居然只有一个饭店。他就想：我如果在这里建设一座高档次的旅店，生意准会兴隆。于是，他认真研究了一番，觉得位于达拉斯商业区大街拐角地段的一块土地最适合做旅店用地。他调查清楚了这块土地的所有者是一个叫老德米克的房地产商人之后，就去找他。老德米克给他开了个价，如果想买这块地皮就要希尔顿掏30万美元。

希尔顿不置可否，却请来了建筑设计师和房地产评估师给“他”的旅馆进行测算。其实，这不过是希尔顿假想的一个旅馆，他问按他设想的那个旅店需要多少钱，建筑师告诉他起码需要100万美元。

希尔顿只有5000美元，但是他成功地用这些钱买下了一个旅馆，并不停地升值，不久他就有了50000美元，然后找到了一个朋友，请他一起出资，两人凑了10万美元，开始建设这个旅馆。当然这点钱还不够购买地皮的，离他设想的那个旅馆还相差很远，许多人觉得希尔顿这个想法是痴人说梦话。

希尔顿再次找到老德米克签订了买卖土地的协议，土地出让费为30万美元。然而就在老德米克等着希尔顿如期付款的时候，希尔顿却对土地所有者老德米克说：“我想买你的土地，是想建造一座大型旅店，而我的钱只够建造一般的旅馆，所以我现在不想买你的地，只想租借你的地……”

1925年8月4日，以希尔顿名字命名的“希尔顿旅店”建成开业，他的人生开始步入辉煌时期。

塔木德智慧录

ta mu de zhi hui lu

在犹太人眼里，借助别人的力量使自己的能力发挥最大效果是成功的捷径，善于拜访比自己有智慧的人可以使自己立于不败之地。

不做投机生意

投机能让你成功，但更多的是让你失去所有。犹太人一般情况下不主张投机经营。

犹太商人的生意中，有像去市场的道路一样平坦的致富之路。他们主要靠的是勤劳和节俭，也就是合理安排好时间与金钱，或不要浪费没必要消耗的时间与金钱。勤劳与节俭是拥有一切的资本，没有勤劳节俭则会两手空空。如果一个人以诚去挣钱，除去必要的支出之外不乱花钱，他就能成为富人。

犹太人认为“投机”这件事，不管其性质如何，如果把它作为致富之道，那将是危险的事情。

在犹太商人看来，做投机生意，有时可能会有一两次赚钱机会，可是到最后还是可能要亏本。到那时不仅要把所赚的钱搭上，甚至会弄得血本无归。

一位股市上的风云人物曾表露过这种思想：“许多人以为我在股票生意中很成功，可是仔细计算下来，我才知道如果把在投机生意中所需要的资本、时间和精力，用在更正当的生意上，那么我的财产就可能比现在更多。因此，我总有误入歧途的感觉，至今还在为此后悔不已。”

抵御金钱的诱惑

有个犹太妇女购买东西，当她从百货公司回到家里从袋中取出东西时，忽然发现里面有一枚戒指。她并没有买这东西。她把此事告诉了小儿子，并带着孩子一并去找拉比，请教怎样处理此事。

拉比给他们讲了《塔木德》中的一则故事。有位拉比平日靠砍柴为生，每天要把砍的柴从山里背到城里去卖。拉比为了节省走路的时间，以便研究《塔木德》，决定买一头驴来代替。

拉比向城里人买了一头驴牵回家来。徒弟们看到拉比买了头驴回来，非常高兴，就把驴牵到河边去洗澡，结果驴脖子上掉下一颗光彩夺目的钻石。徒弟们高兴得欢呼雀跃，认为从此可以脱离贫穷的樵夫生活，专心致志地研读《塔木德》了。

可是出乎徒弟们意料的是，拉比领他们赶快去街上把钻石还给城里人，拉比说：“我买的只是驴子，而没有买钻石，我只能拥有我所买的东西，这才是正当行为。”

城里人非常惊奇：“你买了这头驴，钻石是在驴身上，你实在没有必要拿来还我，我不理解，你为什么要这样做呢？”

拉比回答：“这是犹太人的传统，我们只能拿支付过金钱的东西，所以钻石必须归还给你。”

城里人听后肃然起敬，说：“你们的神必定是宇宙间最伟大的神。”

听罢这则故事，妇女立即决定回去把戒指还给百货公司，但不知如何解释，拉比告诉他：“不知道戒指属不属于百货公司。如果对方问到你退还戒指的原因时，你只需说一句话就行：‘因为我们是犹太人。’请带着孩子一块去，让他亲眼目睹这件事。他一定会对自己母亲的正直与伟大永生不忘。”

塔木德智慧录
ta mu de zhi hui lu

金钱对灵魂很具有诱惑力，而要抵御这种诱惑力又是非常有原则的。如果一个人的灵魂变肮脏了，他就会彻底完蛋。犹太人的生存经历是一面明镜，值得我们学习，经商者应当牢记，抓住属于自己的钱，而不抓不属于自己的钱！

懂得创新才有发展

生意场上，一些生意人支出架子准备进行持久的拉锯战，而且他们置生意的截止期于不顾。对此，犹太商人主张以出其不意的方法，提出时间限制。这一策略要点包括，在生意场上来个突然袭击，改变态度，使对手在毫无准备的情况下束手无策，不知所措。

美国汽车巨子亚科卡在接管濒临倒闭的克莱斯勒公司之后，他感到自己的第一任务就是压低工人工资。他首先降低了高级职员的工资的10%，自己也从年薪36万美元减为10万美元。随后他对工会领导人讲：“17元一小时的活是有的，20元一小时的活一件也没有。”这种强制威吓且毫无策略的话语当然不会奏效，工会当即拒绝了他的要求。双方僵持了一年，始终没有进展。后来亚科卡心生一计，一日他突然对工会代表们说："你们这种间断的罢工，使公司无法正常运转。我已跟劳工输出中心通过电话，如果明天上午 8 点你们还不开工的话，将会有一批人顶替你们的工作。"

工会代表吓坏了，他们本想通过谈判，从而在工薪问题上取得新的进展，因此他们也只在这方面做了资料和思想上的准备。没料到，亚科卡竟会来这么一招！被解聘意味着他们将失业，这可不是闹着玩的。工会经过短暂的讨论之后，基本上完全接受了亚科卡的要求。

亚科卡经过一年旷日持久的拖延战都未打赢工会，而出其不意这一招竟然奏效了，而且解决得干净利落。但这种方法不是万能药，什么病都治。比如这里就有一个反例：美国通用电器公司与工会的谈判中采用"提出时间限制"的技巧长达 20 年。这家大公司在刚开始的时候，使用这一方法屡屡奏效，但到 1969 年，电气工人的挫败感终于爆发。他们料到他们最后肯定又是故伎重演，提出时间限制相要挟，在做了应变准备之后，他们放弃了妥协，促成了一场超越经济利益的罢工。

一般来说，在采用这种方法时，要注意：

首先，出其不意，提出最后期限，要求谈生意者必须语气坚定、不容通融。运用此道，在谈生意中首先要语气舒缓，不露声色，在提出最后通牒时要语气坚定，不可使用模棱两可的话语，使对方存有希望，以致不愿签约。因为谈生意者一旦对未来存有希望，想象将来可能会给自己带来更大的利益时，就不肯最后签约。故而，坚定有力、不容通融的语气会替他们下定最后的决心。

其次，提出时间限制时，时间一定要明确、具体。在关键时刻，不可说："明天上午"或"后天下午"之类的话，而应是"明天上午 8 点钟"或"后天晚上 9 点钟"更具体的时间。这样的话会使对方有一种时间逼近的感觉，使之没有心存侥幸的余地。试比较一下这两种最后通牒的效果："我们只好另考虑办法了。""我们必须今天就做决定。20 点以前贵方应对我们的条件给予慎重考虑，否则我们将考虑其他公司成交。"显然，后一种说法语气坚定且时间紧迫，不给对方留下任何考虑的余地。

再次，以具体行动来配合所提出的最后期限。用具体行动来实现最后期限，势必会使对方的神经绷得更紧。具体做法是：收拾行李，与旅馆结算，预订车船机票等。

最后，让谈判的领导发出最后通牒具有更强大的威力。在一般人看来，人的级别越高，讲话越有分量。当然，出其不意地制胜对方时，必须掌握语言分寸，不言过其实，一定要自己摆出一个谈生意务实主义者的风度，这就要求：第一，抓住对方成交心理，使其产生心理压力；第二，不要贪得无厌，应做到适当的让步；第三，坚持用客观条件说服对方，使其心悦诚服；第四，不要高高在上，以势压人。

塔木德智慧录
ta mu de zhi hui lu

出其不意，提出时间限制这一策略讲究一个“奇”字，它并非一个无往不胜的利器，一旦被对方预料到最坏后果，并做出准备，最后通牒的威力便发挥不出来了。

善用周围的环境

犹太人在生意场上很好地利用了“借势进攻”的引导驱迫威势。他们善于假借周围的人和物来辅助自己去说服对方，使对方接受自己的建议。

在推销活动中，通常情况下的借势推销可分为借物推销和借人推销两种。然而无论怎样，其最终的目的只能是一个：使你的客户做出决定。

犹太商人帕特有一次为推销一套可供一座40层办公大楼用的空调设备，他与某公司周旋了几个月，但购买与否的最后决定权还在买方的董事会。

一天董事会通知帕特，要他再一次把空调系统的情况向董事会成员们介绍一下。炎热的天气使他忽生一计，他不再正面回答董事们的提问，而是很自然地改变了话题。他说："今天天气很热，请允许我脱去外衣，好吗?"说罢，还掏出手帕认真地擦着前额上渗出的汗珠。他的话和他的动作立刻引起了董事会的条件反射，他们似乎一下子感到了闷热难受，一个接一个地脱掉外衣，又一个接一个拿手帕擦汗。

"各位董事，我想贵公司是不想看到来洽谈业务的顾客热成像我现在这个样子，是吗?我公司安装的空调噪音小，同时还使用了世界上最好的省电装置，它不仅能够为贵公司节省一些不必要的开支，而且还可以为来贵公司洽谈业务的顾客带来舒心而又愉快的感觉，以便成交更多的业务，难道说这样不好吗?如果贵公司的所有的员工都因为没有空调感觉天气闷热而穿着不整齐，从而影响公司的形象与顾客对您的感觉，这样不是很不合适吗?"

这里起关键作用的，显然是帕特及时抓住了所处环境的特点，恰到好处地利用了环境提供给他的条件，采用了与周围环境极为适应的语言表达方式，化被动为主动，趁其不备，击其要害，达到了预定的目标。

此外，还有一次，帕特去拜访一家公司的老板，其最终的目的就是向该公司的办公室推销一套新型款式的打字机。

老板不久前去了外地，于是帕特主动地请求他同老板的秘书萨拉花几分钟的时间来讨论一下打字机的情况。在讨论中他诱使秘书说出了她对自己工作中使用的打字机的看法，喜欢它什么与不喜欢它什么。帕特抓住秘书提到的一个重要特点，于是以最快的速度邀请她到下面的汽车上去看看并试试自己推荐的新型打字机。他成功地向秘书从头到尾展示了一番，在他离去之时还特意为占用了秘书的时间而向她表示了深深的歉意。

过了几个星期之后，帕特再次造访，女秘书萨拉就安排他与老板见了面。

帕特开始介绍起自己的产品，然而还没有等他说到一半，老板便表示，生产打字机的公司应当尽可能地把眼睛盯在各种打字机互相竞争的打字机商店，到那里去一显身手，因为打字机商店才能够称得上是他们的真正客户——这是典型的应酬话。

帕特在听完了经理的话之后便立刻拿出手中的王牌："敬爱的先生，您秘书告诉我，她现在所使用的打字机装置很完备，然而操作起来实在太费劲，她打两个小时的字就会感到疲劳。她说她下班前的3小时内出现的错误超出了前5小时的总和，是她的打字机影响了她的效率。我肯定，这对于您来说是个巨大的损失。难道不是吗？贵公司一旦买了我店的这种打字机，那么秘书小姐也就自然会省力多了，公司的业绩也自然会得到提升，先生您难道不认为这种打字机对你们的工作有很大的好处吗？”

老板按下蜂鸣器，女秘书萨拉进来了。老板指着帕特带进屋的样品问：“你看，这台打字机确实不错吗？它是不是比你现在用的那一台更加容易操作？”

“噢，是的，绝对不会错！”萨拉高兴地回答着。帕特站在一边，女秘书在另一边按照3周前帕特教她的方法重新将机器演示了一遍。老板看着操作速度确实快了很多，当即就做了决定，于是帕特得到了订单。

这就是“借势”推销给帕特带来的巨大成果。

塔木德智慧录

ta mu de zhi hui lu

《塔木德》上说，无论是借势还是借人，其真正的目的到最后都是一个：化被动为主动。

灵活运用商业游戏规则

一个犹太人走进一家纽约的银行，来到贷款部，大咧咧地坐了下来。

“请问我能帮上您什么忙吗？”贷款部经理一边问，一边打量着一身名牌穿戴的来人。

“我想借钱。”

“好啊，您要借多少？”

“1美元。”

“啊？只需要1美元？”

“不错，只借1美元，可以吗？”

“当然可以，只要有担保，再多点也无妨。”

“好吧，这些担保可以吗？”犹太人说着，从豪华的皮包里取出一堆股票、国债等等，放在经理的写字台上。说：“总共50万美元，够了吧？”

“当然，当然！不过，您真的只要借1美元吗？”

“是的。”说着，犹太人接过了1美元。

“年息为6%。只要您付出6%的利息，一年后归还，我们就可以把这些股票还给您。”

“谢谢。”

说完，犹太人就准备离开银行。

银行行长一直在旁边冷眼观看，怎么也弄不明白，拥有50万美元的人，怎么会来银行借1美元。他匆匆忙忙地赶上前去，对犹太人说：“啊，这位先生……”

“有什么事情吗？”

“我实在弄不清楚，您拥有50万美元，为什么只借1美元呢？要是您想借三四十万美元的话，我们也会很乐意的……”

“请不必为我操心。只是我来贵行之前，问过好几家金库，他们保险箱的租金都很昂贵。所以嘛，我就准备在贵行寄存这些股票。租金实在太便宜了，一年只需花6美分。”

这是一则笑话，一则只有精明人才想得出来的笑话，这样的精明，一般人想学也学不到，因为单单是盘算上的精明，是远远不够的，首先更是思路上的精明。按常理，贵重物品应存放在金库的保险箱里，对许多人来说，这是唯一的选择，但犹太商人没有受限于常情常理，而是另辟蹊径，找到让证券锁进银行保险箱的办法。

从可靠、保险的角度来看，两者确实是没有多大区别的，除了收费不同之外。而且这可能比存保险箱更保险，因为保险箱也可能被别人盗走，或者被别人知悉密码，而放到银行保险箱是绝对安全的，而且即使出问题的话，还得由银行来负责。

其实规则虽然不能变，但是妙用规则、巧用规则确实能够大大地帮助我们。

不过，至此，犹太商人的思考方式还只是“横向思维”，怎样把证券弄进银行保险箱里去，让他们代管而几乎不付钱，才真正用上了“逆向思维”。

通常情况下，人们之所以进行抵押，大多是为借款，并总是希望以尽可能少的抵押物争取尽可能多的借款，而银行为了保证贷款的安全或有利，从不允许借款额接近抵押物的实际价值。所以，一般只有关于借款额上限的规定，其下限根本不用规定，因为这是借款者自己就会管好的问题。

然而，就是这个银行“委托”借款者自己管理的细节，激发了犹太人的“逆向思维”：犹太人是为抵押而借款的，借款利息是他不得不付出的“保管费”，既然现在对借款额下限没有明确的规定，犹太商人当然可以只借 1 美元，从而将“保管费”降低至 6 美分的水平。

通过这种方式，银行在 1 美元借款上几乎无利可图，而原先可由利息或罚没抵押物上获得的抵押物保管费也只有区区 6 美分，纯粹成了为犹太商人义务服务，且责任重大。

这个故事本身当然只是个笑话，但拥有 50 万美元资产的犹太商人在寄存保管费上精打细算的做法，决不是笑话，借“逆向思维”倒用规则的这套思路，更不是笑话。后面所述的日本政府在外汇上就尝到了上述银行行长的那股滋味，而且那种滋味更加不堪品尝。

塔木德智慧录
ta mu de zhi hui lu

犹太人是守规矩的商人，但他们总能在不改变规则形式的前提下，灵活地变通规则为其所用。

风险和利润成正比

勇于冒险，这是一个赞美词，很多犹太人都是这样的。在他们看来每一次风险，都隐藏着许多成功种子。风险愈大的生意，利润的回报就愈高。

犹太商人历来背着一个投机家的名声。在相当长的一段时间里，“投机”这个词是贬义词。现在不同了，经济学家们给“投机”换上了一个恰如其分的雅称，名之为“风险管理”。

这个名称一改，犹太商人也由原来的“投机家”变成了所谓的“风险管理专家”。

确实，犹太商人长期以来不仅懂得做生意，而且也懂得“管理风险”，尤其是面对商场上的未知数，更需要有很强的“风险管理”意识。

犹太商人绝不允许消极坐着等“驱逐令”或“厄运”到来，也不可能毫无准备就面对风险，让自己遭遇变量时措手不及。

所以在每次“山雨欲来风满楼”时，他们都能准确把握“山雨”的来势和大小。

这种攸关生死的风险管理一旦成为习惯，他们运用到生意场上去就游刃有余了。有不少时候，犹太商人正是靠准确地预测“风险”，反而可以发一笔财。

任何一件事都有成功和失败两种可能。当失败的可能性大时，却偏要去做，那自然就成了冒险。问题是，许多事很难分清成败可能性的大小，那么这时候也是冒险。

当然，大冒险家洛克菲勒也同样让世人惊叹。

洛克菲勒踏入社会后的第一个工作，就是在一家名叫休威·泰德的公司做书记员，这是他精于计算的良好开端。

在休威公司的第三年，他已经对经营贸易的要诀掌握了十之八九，并且对这个行业跃跃欲试。在这一年，他未经老板同意，就自作主张地做起了小麦粉和火腿生意。不久，新闻报道饥荒在英国发生了，使他的计划得到实现的契机。

休威公司把囤积在仓库里的食品货物，转卖欧洲饥荒蔓延的地区，赚得了高额利润。因此，洛克菲勒要求公司为他加薪到800美元，但老板支支吾吾。于是，洛克菲勒决定辞掉这份工作，创办自己的公司。

1859年3月18日，在克利夫兰街32号，洛克菲勒与人合伙经营的“谷物牧草经纪公司”开张了，当时洛克菲勒不过19岁。在这个经纪行里，他仍然主要干老本行——经营各种与企业联系密切的资金等项目。

他的合作伙伴克拉克则当“外场”——应付顾客，处理商品的进货和销货。克拉克对洛克菲勒的缜密心思十分欣赏。他形容说：“他有条不紊到极点，留心细节，不差分毫。如果有一分钱该给我们，他会争取，如果少给客户一分钱，他也要客户取走。”

由于洛克菲勒的勤奋工作和精明头脑，南北战争爆发时，再一次成为洛克菲勒发财的契机。为了逃避服兵役的义务，洛克菲勒曾找过不止20个替身，并且捐给北军一大笔钱款，这或许是因为多多少少的歉疚感在作祟吧。

尽管洛克菲勒逃过了兵役，避免了在这场残酷的战争中和60万年轻人一样灰飞烟灭，但他也并不是不问天下事的人，相反，他密切注意着战争形势的发展。

在经纪公司的办公室里，他的墙上挂满了战况图和各种从华盛顿传来的政治新闻，以及前线的最新动态。公司的职员们常常看到洛克菲勒在他的“陆军参谋部”里走来走去，不时用笔在特殊的坐标点点画画，或埋头记录着什么。

洛克菲勒借着对战争形势的精确分析，因此，让他的投机生意做得成功。

你看到有风险吗？没有看到？很抱歉，你可以先睡一觉，因为没有风险就没有利润，你唯一能做的就是睡觉和吃饭。

你遇到风险了吗？遇到了，恭喜你，接下来，高额的利润会奖励你不畏风险的勇气。

没有人喜欢失败，但人人也都没把握一定能成功。但是，当财富敲响大门时，并不是所有的人都能抓住机会，把走到自己家门口的财富留下来。

人们常犯的错误是，千载难逢的机会已经倒贴上来时，他还在患得患失，犹豫不决，或是没有信心，或是对突如其来的好机会麻木不仁、没有反应，让机会和财神在自己面前溜走。

不要一直盯着机率不大的风险而犹豫不前，不敢担风险的人，必将一事无成。

摩根家族的祖先是1600年左右从英国迁移到美洲来的，传到约瑟夫·摩根时，他卖掉了在马萨诸塞州的农场，到哈特福定居下来。

约瑟夫最初以经营一家小咖啡店为生，同时还卖些旅行用的篮子。这样苦苦经营了一些时日，逐渐赚了些钱，就盖了一座很气派的大旅馆，还买了运河的股票，成为汽船运输业和地方铁路的股东。

1835年，约瑟夫投资了一家叫做“伊特纳火灾险”的小型保险公司。所谓投资，也不要现金，出资者的信用就是一种资本，只要你在股东名册上签名即可。只要不发生火灾，这无本生意就稳赚不赔。

然而不久，纽约发生了一场大火灾。投资者聚集在约瑟夫的旅馆里，一个个面色苍白，急得像热锅上的蚂蚁。很显然，不少投资者没有经历过这样的事件。他们惊惶失措，愿意自动放弃自己的股份。

约瑟夫便把他们的股份统统买下，他说：“为了付清保险费用，我愿意把这旅馆卖了，不过得有个条件，以后必须大幅度提高保费。”

约瑟夫把宝全押在这家火险公司。这真是一场赌注，成败与否，全看此举。同时，有一位朋友也想和约瑟夫一起冒这个险，于是，俩人凑了10万美元，派代理人去纽约处理赔偿事项。结果，从纽约回来的代理人带回了大笔的现款，这些现款是新投保的客户，出了比原先高一倍的手续费。

这个时候，“信用可靠的伊特纳火灾保险”已经在纽约名声大振。这次火灾后，约瑟夫净赚了15万美元。

这个案例告诉我们，只要能够把握住关键时刻，就可以把危机化为赚大钱的商机。

弱者等待机会，强者则创造机会。犹太民族历经磨难，但他们面对困境时，却常抱着积极乐观的态度，因为，乐观者押中大奖的机会，永远会多一些。

经营要有策略

众多犹太巨商在发财致富中，都有一个共同举措——注重慈善事业和公益事业。19 世纪中期至 20 世纪初，俄国银行家金兹堡家族，从 1840 年创立第一家银行起，经过几十年的经营，在俄国开设了多家分行，并与西欧金融界建立了广泛的业务关系，发展成为俄国最大的金融集团，其家族成为世界知名的大富豪。金兹堡家族像其他犹太富豪一样，在其发迹过程中做了大量的慈善工作。他在获得俄国沙皇的同意下，在彼得堡建立了第二家犹太会堂；1863 年，他又出资建立俄国犹太人教育普及协会；用他在俄国南部的庄园收入建立犹太农村定居点。金兹堡家族第二代继续把慈善工作做下去，曾把其拥有的欧洲最大图书馆捐赠给耶路撒冷犹太公共图书馆。

美国犹太商人施特劳斯，他从商店记账员开始，步步升迁，最后成为美国最大的百货公司之一的总经理，在 20 世纪 30 年代成为世界上首屈一指的巨富。他事业成功过程中，也做了大量的慈善活动。除了关心公司职工的福利外，他曾多次到纽约贫民窟察访，捐资兴建牛奶消毒站，并先后在美国 36 个城市给婴幼儿分发消毒牛奶。到 1920 年止，他捐资在美国和国外设立了 297 个施奶站；他还资助建设公共卫生事业，1909 年在美国新泽西州建立了第一个儿童结核病防治所；1911 年，他到巴勒斯坦访问，决定将他 1/3 的资产用于该地兴建牛奶站、医院、学校、工厂，为犹太移民提供各项服务。

事实上，犹太商人做善事的同时，也策划出“以善为本”的生意经。他们大量的捐资为所在地兴办公益事业，会赢得当地政府的好感，对他们开展各种经营十分有利。有些犹太富商由于对所在国的公益事业有重大义举，获得了国王的封爵，如罗斯柴尔德家族有人被英王授予勋爵爵位；有些犹太人还获得当地政府给予优惠条件开发房地产、矿山、修建铁路等，从而拓宽了赚钱的路子。

归根到底来说，犹太人热心捐钱办公益事业是一种营销策略，这种营销策略为企业提高知名度，扩大影响，博取消费者的好感起到了重大作用，对企业巩固已占有市场及今后扩大市场占有率会产生作用。

此外，犹太商人把“以善为本”作为一项重要的经营策略，除了与其民族的历史背景有关外，也是一种促销好办法。犹太人认为，人是群居动物，人与人关系的运用，对事业的影响很大。政治家因得人而昌，失人而亡；企业家则因为供应的商品或服务受到人民的欢迎而发财。显而易见，与人为善，处理好人与人的关系是犹太人经商智慧中不可或缺的一环。

塔木德智慧录

ta mu de zhi hui lu

犹太人认为，人类的内心都有希望被人注目、受人重视、被人容纳的愿望。所以，犹太商人为了充分利用人类内心深处的欲望，他们用善意的、亲切的、温和的态度与人交往。此外，犹太人还认为一个成功的商人必须能与人和谐相处，有容纳别人缺点和短处的雅量。

第四章

塔木德之心态智慧

犹太人认为许多挫折都是人为造成的，有的人因为太锋芒毕露、棱角太强而挫伤了别人也害了自己，这种人就是不会保护自己。所以，有才华的人必须把保护自己也算作才华之列。一般人注意犹太人，是因为他们手里的财富、辉煌的成就以及在金钱方面的聪明才智，但是，在背后主导这一切的奥秘却是他们能够驾驭自己，驾驭自己的心灵。所谓“人者心之器”，正因为他们能够操纵自己的心灵，才可以顶天立地地操纵世间的一切。

好心态是人生取得成功的至宝

运气等不来，只能靠抢来。

心理学教授查理斯·A·康若特说：

几年前，他的朋友素，有一些相当严重的健康问题。她从小就体弱多病，在她的心室里有一个洞，而且到现在仍然得承受这先天的缺陷。她的5个小孩出生时，都由痛苦的阶段开始，后来也都有后遗症产生。她经历了一次又一次的手术，体重也增加了数磅，节食对她无效。她必须经常忍受无法诊断的不明疼痛。她的先生丹尼斯，已学会了接受她的先天缺陷。他常希望她的健康情形会改善，但是内心并不真正相信会有那么一天。

有一天他们坐下来举行家庭聚会，草拟了一份“愿望单”，写出他们生命中最想要的事物。素的愿望之一是能够参加马拉松比赛。由于她过去的背景以及生理上的限制，丹尼斯认为她的目标是完全不切实际的，但是素却变得认真起来了。

她开始在住家附近区域缓慢地跑着。每天只比前一天多跑一些——只多一个车道。

有一天素说：“什么时候我才能够跑足一英里呢？”

很快，她可以跑3英里，接着5英里……

丹尼斯后来说：“我记得素告诉过我她已经学到了一些事。”

潜意识以及神经系统不能分辨什么是真实情况，而什么又是生动活泼的想象情况。如果我们让心中的想象，变得如水晶般明澈，我们会为了追求完美而改变自己，促使自己下意识地追求珍贵无比的欲望。

我知道素相信它，她已经报名参加犹他州南部圣乔治马拉松的比赛。

当我驾车由塞达布经过山路到犹他州的圣乔治时，我问我自己：“意识能相信一个导致自我毁灭的假象吗？”

我将厢式车停在终点线等候素的到达。雨持续不断地下，风也彻骨地冷。马拉松赛5小时前就已开始，几个受伤发抖的运动员已从我身边被运走，我开始发慌。想到素可能独自一个人发冷而倒在路旁某处，我就焦虑得快疯了。

强壮而又快速的竞争对手，早已跑完全程，运动员变得越来越稀少，现在我往任何一个方向都看不到人了。

几乎所有沿着马拉松路径而走的车子都已离开，一些正常交通已经恢复进行。我能够在比赛路径上驾车前进，开了快两英里，仍然看不到运动员。于是我回转，看到一小群人跑在前面。当我靠近时，我可以看见素以及其他3个人。他们一边跑，一边谈笑，他们在路的另一边。我停了车，隔着已经通畅的车流说："你还好吗？"

素说："很好。"只轻轻地喘着气。她的新朋友则对着我笑。

我说："只有几英里了！"

只有几英里？我想：我疯了吗？我注意到其他两个运动员正四肢无力地跑着。我可以听到他们的脚在湿热的运动鞋里啪嚓啪嚓地响着。我想对他们说他们跑得很好，我可以载他们一程，但是，我看到他们眼中的坚毅，我将厢式车调头，远远跟着她们，注意她们之中有没有倒下来的。

她们已经跑了五个半小时了。我加速超越她们，并在离终点线一英里处等候。

当素进入视线时，我可以看到她开始挣扎。她的步伐慢了，脸部因痛苦而扭曲。她恐惧地看着双脚，好像它们不愿再动了。然而，她继续前进，几乎蹒跚而行。

小团体几乎变得快要散开了，只有一位大约20岁左右的女子靠近素，很显然的，她们已在比赛中结为朋友。我被这样的场面吸引住，于是跟着她们跑。大约数百码后，我试着想对她们提供一些激励性与智慧性的伟大语录，但是我喘不过气，也说不出来。

终点线就在眼前，我庆幸它尚未完全拆掉，因为我觉得她们是真正的胜利者。我可以见到素正处于烦闷焦躁中——但是她离梦想的这天已经等了两年了，她不会被拒绝。她知道她会成功，这个信念促使她充满自信，甚至快乐地重整距终点线最后数百码的步伐。她跑得很好看，她很有规律地休息后再起跑，在各个饮水点大量喝水，而且步伐控制得很好。

她已成为这个经验较少的小团体的领袖，她曾以充满自信的话激发、鼓励她们。当我们在公园庆贺时，她们热情地赞扬她、拥抱她。

她的新朋友说："她使我们相信我们做得到！"

另一个说："她生动地描述我会如何到达终点，所以，我知道我做得到。"

雨停了，我们在公园中边走边谈。我看着素，她让自己变得截然不同了。她的头抬得更高，肩膀挺得更直，她走路时，即使有点乏力，却焕发出新的自信。她的声音呈现崭新的、安详的尊严。并非她变成别人了，而是她发掘了自己以前从不知道的真实自我。

我知道她是一件尚未被发掘的杰作。关于她自己，有着上百万的新事物留待学习。

她真的喜欢新近发掘的自我，我也一样。

我们都知道，长跑不仅需要体力，更需要意志力。素战胜了自己，取得了成功。其实，生活也如长跑，要战胜各种困难和磨难，这不仅需要智慧，更需要永不放弃，勇往直前的坚强意志力。

中国有句古话："甘罗十二为宰相——运早；太公八十遇文王——运迟。"不管是"运早"还是"运迟"，只要你坚持下去，你就可能遇到好运。

麦当劳的创始人是雷克·洛克，50 岁还是失业大军中一员，无奈之下，他半夜乘游览车偷偷地离开故乡伊利诺，去加州找工作。他先找到了直销搅拌器的工作，于是就四处推销，卖呀卖呀，卖到麦当劳兄弟的快餐店里去了。

别人看到麦当劳就是麦当劳，可是雷克·洛克的眼光厉害，他看到好多人在这么小小的店里排队买汉堡，他也挤了过去，不是去买一个尝尝，而是想弄清楚这个汉堡跟别家的汉堡有什么不同。

产生了疑心就去调查研究，结果发现：美国传统的汉堡是冷的、硬硬的，而麦当劳兄弟的汉堡是热的、软软的、香香的，而且清洁卫生。

洛克想，犹太人做生意有两个诀窍，一个是"嘴巴"，一个是"女人"。麦当劳兄弟的汉堡不就是关于"嘴巴"的吗？办一个这样的汉堡企业一定会成功，一定很有吸引力。雷克·洛克就想办法和麦当劳兄弟做朋友。

成了朋友之后，洛克和麦当劳经常在一起交谈。

一天，洛克对麦当劳兄弟说："你们两兄弟怎么不把麦当劳的生意做到其他地方去呢？你们看，在加州干了这么多年，才开十多家分店。这个生意可以推广到全世界的！"

麦当劳兄弟说："你是我们的朋友，就告诉你吧。我们的目标不是卖汉堡！我们之所以做汉堡是纪念我们母亲当年做的汉堡这么好吃，我们现在只不过是把母亲做的汉堡做出来跟别人分享而已。"

当洛克知道两兄弟志不在此，心里高兴极了，但是他很平静地说："既然这样，是不是可以让我用你们的名字，用你们这个店的名字，到我的故乡伊利诺开始经营麦当劳的事业？"

麦当劳兄弟想都没想一下就说："可以啊！欢迎，这有什么不好呢？"

洛克就这样轻而易举地获得了经营麦当劳的权利。

洛克回到故乡，经过了 5 年时间，就在伊利诺成立了 100 多家麦当劳连锁店。说干就干，他干脆又花了一笔钱，把麦当劳兄弟所有的 10 多家店通通收购了，最终成为麦当劳的老板。

雷克·洛克经常告诉他的员工：能力一般也可以成就大事，而很多才华出众的人却一生困顿失败，这是为什么呢？关键就是"只有积极的心态才是创造人生的至宝"。可以看到，"积极心态"是人生取得成功的至宝，雷克·洛克 50 岁还在失业，但是他没有心灰意冷，而是积极寻找机会，几年之后就创造出了奇迹。换句话说，只要想干，什么时候都不晚。

塔木德智慧录

ta mu de zhi hui lu

生活就像长跑，要战胜各种困难和磨难，这不仅需要智慧，更需要永不放弃，勇往直前的坚强意志力。

用积极的心去面对

人类最大的弱点就是自贬，亦即廉价出卖自己。拥有这种毛病的人在现实生活中是很常见的。例如，吉姆在报纸上看到一份他喜欢的工作，但是他没有行动，因为他想："恐怕我不能胜任这个工作，何必自找麻烦呢!"

几千年来，很多哲学家都忠告我们：要认识自己。但是，很多人都把它理解为"仅认识自己消极的一面"，大部分的自我评估都包括太多的缺点、错误与无能。认识自己的缺点是好的，可借此谋求改进，但如果只去看自己的消极面，就会陷入混乱使自己变得没有什么价值。因此，要正确、全面地认识自己，用一颗积极的心去解决自己面对的问题。

凯斯特是一名普通修理工，生活虽然勉强过得去，但离自己的理想还差得很远。有一次，他听说底特律一家维修公司招工，决定前去试一试，希望能够换一份待遇较高的工作。他星期日下午到达底特律，面试时间定在星期一。

吃过晚饭，他独自坐在旅馆房间中，不知为什么，他想了很多，把自己经历过的事情都在脑海中回忆了一遍。突然间他感到一种莫名的烦恼：自己并非一个智力低下的人，为什么至今依然一事无成，毫无出息呢？

他取出纸笔，写下4位自己认识多年、薪水比自己高、工作比自己好的朋友的名字。其中两位曾是他的邻居，现在已经搬到高级住宅区去了，另外两位是他以前的老板。他扪心自问：和这4个人相比，除了工作比他们差以外，自己还有什么地方不如他们？聪明才智？凭良心说，他们实在不比自己高明多少。

经过很长时间的思考和反思，他悟出了问题的症结——自我性格情绪的缺陷。在这一方面，他不得不承认自己比他们差了一大截。

虽然是凌晨3点钟，但他的头脑却出奇的清醒，觉得自己第一次看清了自己，发现了自己过去很多时候不能控制自己的情绪，爱冲动、自卑、不能平等地与人交往等等缺点。

整个晚上，他都坐在那儿自我检讨。他发现自从懂事以来，自己就是一个极不自信、妄自菲薄、不思进取、得过且过的人；他总是认为自己无法成功，也从不认为能够改变自己的性格缺陷。既然自己的能力不差，那么只要改掉这些毛病，自己待遇也会提高。

于是，他痛下决心，自此而后，决不再有自己不如别人的想法，决不再自贬身价。

第二天早晨，他满怀自信前去面试，顺利地被录用了。在他看来，之所以能得到那份工作，与前一晚的沉思和醒悟让自己多了份自信不无关系。

在走马上任的两年内，凯斯特逐渐建立起了好名声，人人都认为他是一个乐观、机智、主动、热情的人。随之而来的经济不景气，使得个人的情绪因素受到了考验，而这时，凯斯特已是同行业中少数可以做到生意的人之一了。公司进行调整时，分给了凯斯特可观的股份，并且加了他的薪水。

在人际交往的活动中，积极的话语对一件事情的成败也可以起到关键的作用，比如，你对一群人说“我相信这个计划会成功”，他们就会振奋，准备再次尝试；但如果你说“很遗憾，我们失败了”，他们会表现什么画面呢？他们真的会看到“失败”这个字眼所传达的打击、失望和忧伤。如果你说“我们做了很大的投资”，人们就会看到利润滚滚而来，很令人开心的画面；反过来说“这会花一大笔钱”，人们看到的是钱流出去回不来。成功的犹太人总结出他们常用的4种自我调节方法：

1. 用伟大、积极、愉快的语句来描述你的感受。当有人问你“你今天感觉如何”，你如果回答说“我感到不怎么好”（或“我很疲倦”“我头痛”“但愿今天是周末”），别人就会觉得很糟糕。你要练习做到下面这一点，它很简单，却有无比的威力。当有人问“你今天觉得怎么样”或“你好吗”，你要回答“非常好，谢谢你，你呢”。在每个时刻说你很快乐，就会真的感到很快乐，而且，这会使你更有分量，为你赢得更多的朋友。

2. 要用积极的话去鼓励别人，只要有机会，就去称赞人。每个人都希望被人肯定，都渴望得到别人的赞扬，所以每天都要鼓励你的妻子或丈夫，对她（他）说出一些赞美的话。要注意称赞和你一起工作的伙伴。真诚的赞美是成功的工具，要不断使用它。

3. 用明朗、快活、有利的字眼来描述别人，当你在和别人谈论第三者的时候，你要用建设性的词句来称赞他，比如“他们告诉我他做得很出色”或“我听说他是一个非常不错的人”，绝对要避免说破坏性的话，因为第三者总有一天会知道你所说的坏话，结果这种话又反过来打击你。

4. 要用积极的话对别人陈述你的计划。当人们听到类似“我们遇到了绝佳的机会，这是个不错的消息”的话时，心中自然就会升起希望。但是当他们听到“无论我们喜不喜欢，都必须把这个任务完成”时，他们的内心就会产生沉闷、厌烦的感觉，他们的行动反应也跟着受影响。所以，成功并不十分遥远，让人看到了希望，就看到了成功，才能赢得别人的支持。不要挖掘坟墓，要建立城堡；不要只看现状，要看到未来的发展。

犹太人的这种自我暗示的方法，会产生巨大的作用。因为你比想象中的还要好，你知道你自己的优点吗？所谓的优点是任何你能运用的才干、能力、技艺与人格特质，这些优点也就是使你能继续成长、能有贡献的要素。但是，大家总觉得说自己的优点是不对的，是会显得不太谦虚的。其实，自己在某方面确实有优点却去否定它，这种做法既表示不诚实，又不符合人性。肯定自己的优点绝不是吹牛，相反地，这才是诚实的表现。你有哪些优点？自己清楚吗？你是不是知道自己所有的优点？你能不能把这些优点都说出来？在别人问起他们有什么优点时，他们或许会说：“我不清楚，不过我想我应该有优点。”可是在别人问起他们有什么缺点的时候，他们会很快地说出一大串。很多人都被教会了一个观念：讲自己有哪些缺点是绝对应该的，讲自己有哪些优点是不对的。希望你能真正清楚自己有哪些优点，因为要成功就一定得好好地利用你的优点。

比如说，要是有人夸你菜烧得好，也许你会说：“哪里哪里，其实烧得不好。”或者说：“这没什么了不起的。”可是菜烧得好，必须具备一定的才能。菜要烧得好需要相当的条件：要有创造力，时间要把握好，还要具备组织能力。菜烧得好对于别人生活过得愉快与幸福也有很密切的关系。如果有人对你说：“你在电话里很会说话。”你也许会讲：“这没什么了不起的，用电话谈话很容易。”然而你要知道：有很多人觉得用电话交谈非常困难，因此打电话打得好实在是一件值得骄傲的事。当然，发现自己的优点并不那么容易。

塔木德智慧录
ta mu de zhi hui lu

犹太人在商场中奉为《圣经》的一句名言是：千万不要吝于赞美别人，也不要忘记称赞自己。有些时候，我们难免都会害怕表达自己的感受。要是你的家里没有彼此赞赏的习惯，不要泄气，你仍然可以试着去改变，短时间改变也许不太容易，但只要你耐心地去练习和实验，就一定能够取得最后的成功。

别把自己看得太高

西拉和德里都是经营羊绒的犹太商人，他们约定进行一个编织毛毡的比赛。西拉对自己的手艺非常自信，因为连村里的拉比都夸他家的毛毡织得非常好。赛前，西拉踌躇满志，以为一定可以取胜，却不料最后惨败在德里手下。

西拉郁闷地把德里所织以及他自己所织的毛毡给拉比看，央求拉比帮他找出德里的缺点，以便他以后在那方面改进，再赢回来。拉比听了西拉的话后，沉默不语，随手拿起店里的量尺，对他说：“在不锯短这根量尺的情况下，你有办法让它变短吗?”

西拉苦思不解，便向拉比请教。拉比从别处拿来另一把更长的量尺，两者相较之下，原先的那把量尺看起来变得短了许多。

见西拉仍然迷惑不解，拉比说：“想要胜利，最关键的就是要让自己强大起来。正如这两把量尺一样，只要你自己变得更强，对方便如同原先的那把尺子一般，无形中就变得较弱了。而你之所以失败，并不是因为你不行，而是因为你自以为自己已经很优秀了，所以不懂得让自己变得更强。”

这个故事在犹太民族中流传至今，告诫着所有从事着各种各样职业的犹太人：失败，并不是因为弱小，而是因为自以为强大。而自以为强大，必定会使人忽略自己的弱点，也就无法让自己取得更进一步的发展。其实，这也是犹太人自始至终重视学习，从不间断获取新的知识的原因。

在犹太人看来，一个人相信自己是强大并没有错，这是一种对自己的肯定，更是一种自信。但自信与自负是不同的：自信是对自身的能力做出客观评估之后，对事物所抱的一种优势态度；自负则是不管自身能力如何，只对事物拥有着的空洞信心。自信的人从来不会认为自己所有的事都正确，所以，尽管犹太人很多时候都非常相信自己的判断是正确的，却从不排斥别人的不同意见。他们会根据事实认真排查，最后再果断决策。而自负的人却视别人的劝勉为“不理解”，一味地我行我素。

英特尔总裁安迪·格鲁夫，1936 年出生于布达佩斯的一个犹太人家庭，年幼时经历过纳粹的残暴统治，1956 年逃离祖国，辗转到达纽约，后毕业于纽约州立大学，获加州大学伯克利分校博士学位。1968 年入主英特尔公司，1976 年成为首席运营官，1987 年接任英特尔公司总裁，1997 年成为英特尔董事长。

80 年代的英特尔将自己定义为电脑存储器公司，在电脑存储器市场高居全球首位，曾经是世界上最大的存储器制造商，它的主要业务和利润均来源于电脑存储器。几乎所有的英特尔员工，都认为自己的存储器是世界上最优秀的，当时的英特尔在这方面是不可战胜的。然而，1984 年日本以“定价永远低 10%”的竞争策略，与英特尔竞争，使英特尔连续几个季度亏损，面临着被挤出自己一手开发的市场的危险。

葛洛夫与当时的总裁摩尔讨论后，做出了惊人的决定：放弃存储器业务，把微处理器作为新的生产重点。这一成功的转变，使英特尔扭转了竞争中的劣势。到了 1992 年，微处理器的巨大成功使英特尔成为世界上最大的半导体企业，甚至超过了当年曾经打败它的日本存储器公司。可是，商场上的竞争永远不会停止，而且只会越来越残酷。

1994 年，英特尔在全球范围内回收 1993 年推出的“奔腾”芯片。在英特尔公司10多年的发展历史上，这是史无前例的严重事件。

在这种情况下，全球各大电脑公司也相继宣布，他们将接受消费者的要求，为每一位购买“奔腾”计算机芯片的客户免费更换芯片，并保证对芯片的终身维修服务。英特尔公司在这次事件上除了本身的商品信誉受到损失以外，如果以当时“奔腾”芯片在全球的销量500万只计算，一共损失了约20亿美元。

紧接着，美国国际商用机器IBM公司1993年12月宣布，由于“奔腾”芯片在进行浮点运算时出错的概率高达24/1，该公司决定停止出售使用“奔腾”芯片的计算机。

“奔腾”有缺陷这一灾难事件表明英特尔公司远非无懈可击。1994年，英特尔和康柏电脑公司及IBM等大主顾的关系日益疏远，其中部分原因在于它不同意对芯片进行大削价，所以，现在这些公司可能会转向从英特尔的竞争对手，如AMD、NexGen和Gyrix等公司那里购买它们所需的大部分物品。

在传统的英特尔占主导地位的IBM型个人电脑市场上，它也遇到了更多的竞争。用在苹果计算机公司的PowerMacintosh机上的IBM与摩托罗拉共同生产的PowerPC芯片虎视眈眈地要成为不可低估的对手。而有线电视机顶箱及电视游戏机的新兴市场——它们大多数用的是其他种类的芯片——可能会把消费者的钱从个人电脑上夺走。

为了取得竞争上的优势，英特尔计划用创纪录的29亿美元来建新厂和购买设备，这笔钱较之1994年提高了20%。相比之下，AMDNit的7亿美元就微不足道了。那些新工厂将生产出大批量的芯片。1995年春天，英特尔公司推出了新的更快的奔腾芯片。由于得力于一种更先进的制造流程，它们的生产成本便宜了30%，这使英特尔公司在保持自己高盈利的同时，不断降价。

为了甩开AMD、Gyrix等竞争对手，以免它们蚕食芯片市场，英特尔1995年2月1日把“奔腾”价格砍了40%，并把最廉价的型号定为273美元，同时掀起一场1.5亿美元的广告战。结果，“奔腾”的销售额比初期486芯片的销售额的增长速度快了8倍。

2月16日，英特尔又向市场揭开代号为P6的第6代芯片的面纱，这是电脑业具有划时代意义的大事，P6 微机处理器是英特尔自 1985 年第 3 代芯片 386 问世以来在技术上取得的最大进展。P6 全力以赴向市场冲刺，英特尔能保持这种危险的高速吗？差不多。但是，P6 实在是太复杂。它有 550 万个晶体管，几乎是“奔腾”的两倍。这不仅在制造和测试方面提出了从未有过的挑战，而且也更让人担心去年发生的“奔腾”芯片声名狼藉的缺陷事件再度上演。

对英特尔而言，它并没有太多的选择余地——因为对手们正在更快地加速。AMD 公司的 486 产品比英特尔晚了 3 年，但它在“奔腾”面世仅两年后就向市场投放了自己的 586 级芯片。NexGen 公司只比英特尔晚了 18 个月开始出售“奔腾”芯片。所以英特尔必须刺激对几乎没有竞争对手的尖端芯片的需求，以保障它的利益：55%的利润率。

安迪·格鲁夫对不断增长的竞争做出反应，发起了一场加速战，P6 就是这场战斗中产生的第一个产品。过去，英特尔习惯间隔 4 年一个接一个地开发微处理器。但格鲁夫决定将不同产品的开发周期量合起来，在“奔腾”投放市场 24 个多月前就开始进行 P6 项目的开发。

P6 项目的主管戴维·珀尔马特说：“我们希望确定我们提供的系统的性能。人们用不上的能力，我们不想提供。”有人形象地比喻：“英特尔用了一台高速马达，然后就围绕着它研制出了一辆跑车。”

为使这辆“跑车”吸引顾客，英特尔还促使软件和个人电脑公司开始新的急需大功率的应用软件，如多媒体及高容量通讯等，从而逼着个人和公司购买最快速的芯片。英特尔也开发了自己的电视会议产品及网络软件。

安迪·格鲁夫在后来曾说过，英特尔以往的很多失利，并不是因为英特尔不够优秀，而是因为大家都认为自己很优秀了，没有提前遇见到危机，没有做出准备，才会给日本可乘之机。

自以为强大，往往会导致骄傲自满，使人丧失进取心，容易被一时的胜利冲昏头脑；自以为强大，往往使人看不到自己的弱点、缺点和错误，对事物的复杂性、曲折性缺乏认识。

犹太人相信自己是强大的，但这种自信通常是理性的，他们在感性认识的基础上借助思维、判断、推理，形成对事物本质和内部联系的正确认识，继而找到解决问题的正确方法。因此，犹太人的这种自信，与自以为强大而产生的自负是不同的。那种自负通常是感性的，自以为强大的人往往仅通过感觉、知觉、表象等认识的基本形式，对事物或形势进行表面性地判断，盲目地、自以为是地相信自己，结果往往与预期的相去甚远，甚或截然相反，最后当然是失败。

塔木德智慧录
ta mu de zhi hui lu

睿智的犹太人不会犯这种错误，他们认为人生就是一场永不停歇地赛事，人们在与对手竞赛中，要保持永远的清醒自信，不要被暂时的胜利冲昏头脑。人生没有绝对的成功与失败，所以犹太人永远都不会忘记提高自己。他们还有一句话是这么说的：“只有厚网才能捞起大鱼。”

相信你是天生的赢家

你是否想过自己必须赢得多少胜仗，才得以降生人间？“想想你自己，”基因专家犹太人亚伦·史奇菲德说：“从古至今，没有一个人和你一模一样，未来也不可能会有另一个你。”

想想看，数千万个精子竞逐，唯一的优胜者造就了你。受精卵比针尖还小，必须经过无数次细胞分裂，才能长到肉眼可见的大小，这是攸关你生死存亡的重要战役。

二十三对染色体，无数的基因经过排列组合，产生你的遗传因子，这些遗传的因子来自你的父母；它们各自的祖先，经过数千年来物竞天择，进化了最具优势的遗传基因。一个最敏捷、速度最快的精子抢先与卵子结合，你的生命从此开始。

你是这场轰轰烈烈的空前战役中，唯一的胜利者，具备先人所有的潜能和力量。你是天生赢家，不论你的人生遭遇多少阻碍和困难，都不及受孕时的十分之一。每个人都是与生俱来的胜利者。

一个人是否成功，就看他的态度了！成功人士与失败者之间的差别是：成功人士始终用最积极的思考，最乐观的精神和最辉煌的经验支配和控制自己的人生。失败者刚好相反，他们的人生是受过去的种种失败与疑虑所引导和支配的。

有些人总喜欢说，他们现在的境况是别人造成的。环境决定了他们的人生位置。但是，我们境况不是周围环境造成的。说到底，如何看待人生，由我们自己决定。纳粹德国某集中营的一位幸存者维克托·弗兰克尔说过："在任何特定的环境中，人们还有一种最后的自由，就是选择自己的态度。"

马尔比·D·巴布科克说："最常见同时也是代价最高昂的一个错误，是认为成功有赖于某种天才，某种魔力，某些我们不具备的东西。"可是成功的要素其实掌握在我们自己的手中。成功是正确思维的结果。一个人能飞多高，并非由人的其他因素所决定，而是由他自己的态度所制约。

我们的态度在很大程度上决定了我们人生的成长：

（1）我们怎样对待生活，生活就怎样对待我们；

（2）我们怎样对待别人，别人就怎样对待我们；

（3）我们在一项任务刚开始时的态度决定了最后有多大的成功，这比任何其他因素都重要；

（4）人们在任何重要组织中地位越高，就越能达到最佳的态度。

人的地位有多高，成就有多大，取决于支配他的思想。消极思维的结果，最容易形成被消极环境束缚的人。消极思维者就像把整个鸡蛋连壳吞掉的人。他不敢挪动身体，害怕鸡蛋会弄破，又不敢坐直不动，生怕鸡蛋会孵出小鸡。消极的态度导致消极后果。

一个人在生活中老是寻找消极东西的话，就会成为一种难以克服的习惯。这时候，即使出现好机会，这个消极的人也会看不到、抓不着。他会把每种情况都看作一个障碍。一个障碍与机会之间有什么差别呢，主要在于人们对待事物的态度。阿伯拉罕·林肯被普遍认为是美国历史上最伟大的总统。林肯说过："成功是屡遭挫折而热情不减。"正确的做法是，在彻底考察事物的积极面之前，绝不接受消极的东西。积极思维的习惯养成之后，人们就比较容易在关键时刻做出明确的决定。

俗话说："毛色相同的鸟聚成一群。"这话实在很正确。物以类聚，人以群分。聚在一块的人则互相影响，逐渐靠拢而变成一个样。

人们大概注意到结婚多年的夫妇行为逐渐变得一样，甚至连外貌也相似，而思维方式的同化是最明显不过的。跟消极思维者相处得久了，你就会受他的影响。接触消极思维者就像接触到原子辐射，如果辐射剂量小，时间短，你还能活，但持续辐射就要命了。

你大概跟事事悲观的人接触过。譬如屋顶漏水，这种人就认定暴风雨要来临了。他们把人生看成一片黑暗，大难临头。这些人的座右铭就跟墨菲定律一样，你大概听说过墨菲定律："任何事情都看似容易，实质很难；任何事情所费时间都比你预期得多；任何事情都会出差错，而且是在最坏的时刻出差错。"

与此相反，我们用麦克斯韦尔定律看待人生："任何事情都看似很难，实质不难；任何事情都比你预期得更令人满意；任何事情都能办好，而且是在最佳的时刻办好。"

信奉墨菲定律的人的消极思维之中最坏的一面——消极思维使他们从错误的角度看事情；而成功人士总是从最佳的角度看待机会，作出判断。

看不到将来的希望，就激发不出现在的动力。消极思维摧毁人们的信心，使希望泯灭，它慢慢地使消极思维者意志消沉失去任何动力。

一个人的行为方式，不可能永远与他的自我评估相脱节。消极思维者不但想到外部世界最坏的一面，而且想到自己最坏的一面。他们不敢企求，所以往往收获得更少，遇到一个新观念，他们的反应往往是："这是行不通的，从前没有这么干过。没有这主意不也过得很好吗？这风险冒不得，现在条件还不成熟，这并非我们的责任。"

所罗门国王据说是世界上最明智统治者。在《圣经》箴言中，所罗门说："他心怎样思量，他的为人就是怎样。"

换言之，人们相信会有什么结果，就可能有什么结果。人不可能取得他自己并不追求的成就。人不相信他能达到的成就，他便不会去争取。当一个消极思维者对自己不抱很大期望时，他就会给自己取得成功的能力

“嘭”的一声封了顶。他成了自己的潜能的最大敌人。

在人生的整个航程中，消极思维者一路上都在晕船。无论目前的境况如何，他们对将来总是感到失望。许多人信奉的是索姆定律：“凡是事情看好的时候，你肯定疏忽了某些东西。”

在消极思维者眼中，玻璃杯永远不是半满的，而是空的。他们预期得到人生中最糟糕的东西——而且确实会得到。这些人如同一个年轻的登山者，他正在跟一个经验丰富的向导在白雪覆盖的高山上攀登。一天清晨，这位年轻的登山者忽然被一阵巨大的爆裂声惊醒。他以为是世界末日了。这时，老练的向导告诉他：“你听到的不过是冰块在阳光下碎裂的声音。这不是世界末日，而是新的一天的开始。”

如果我们想把人生尽情发挥，展现我们的潜能，享受人生之旅，我们就必须在任何环境中乐观积极。

一般人都认为不可能的事，你却肯向它挑战，这就是成功之路了。然而这是需要信心的，信心并非一朝一夕就可以产生的。因此，想要成功的人，就应该不断地去努力培养信心。

心要如何培养？其中的一个方法是，多读一点有关那方面的好书。然后，利用从实践中得来的无限的能力，使事情变成可能。另一个方法是，提高自己的欲望。藉着提高自己的欲望来培养自己的信心，也就是要抱着欲望去挑战，而从经验中培养信心。这时候如果能配合着读一点好书的话，效果会更好。

以“可能”这种想念为种子，播在你的意识中，然后注意培养、管理。不久，这个种子会慢慢生根，从各方面吸收养分。如果能热心又忠实地继续培养信念的话，不久所有的恐惧感就会消失殆尽，不会再像过去一样出现在软弱的心中，自己也就不会再成为环境的奴隶。但是你必须站在高塔上去面对环境，并且发现自己能有对环境指挥若定的伟大力量。

培养“可能”这种信念，也就是把自己的力量，提高到最大的程度。

只要有强烈的意志和努力，一定可以突破一切障碍，如果能再和实际连在一起的话，你就可以得到极大的力量。

但我们都很容易认为：“反正我是不可能再升级了”或“从自己体力看来，我想我的能力只能到达这里为止了”。这种用理性所划出来的界限很不容易突破，其实那条线是可以突破的，只因为自己在无意识中画了那条线，所以才会把自己的能力，一直压制在低限度的地方。

信念和想象力是阻止人们内心无限发展的可能性的唯一限定。也就是说，设立自己能力限界的，就是自己现在的意识和信念。

但对于想要做就马上去做的人来说，这种界限是不存在的。他所前进的地方，社会的意识是无法限制他的。

如果常被社会意识所过分限制的话，什么事就都无法有成就。

塔木德智慧录
ta mu de zhi hui lu

每个人都是与生俱来的胜利者。一个人是否成功，就看他的态度了！成功人士与失败者之间的差别是：成功人士始终用最积极地思考支配和控制自己的人生，失败者刚好相反。

积极跨过人生三重门

犹太人认为，和疾病搏斗的最有效方法，并不是消极的杀死细菌或毒素，而是积极地设法使自己的身体强健起来。

因为，在犹太人眼中，当充分的营养和休息后，身体自然而然地就能抵抗疾病。

同样的道理，犹太人认为，生命的天平常在希望和绝望之间摇摆不定，只要增加希望的分量，便能保住生命，也就可以让天平的指针，倾向有利于自己的方向。所以，在处世智慧中，犹太人坚信与其和绝望搏斗，不如维持希望。

“我们必须勇敢，并且运用自己所具备的优良本质，借以生存下去，更要发挥这一种能力来认识自己。经常有恐怖、谨慎、懦弱及胆怯等因素来控制着我们的活动，所以我们最大的敌人是妨碍自己的本能，也就是与生俱来的‘欲望’和‘个性’。”一位犹太拉比告诫人们时说。

《塔木德》中还有一句话：“今天将要发生的事我们都还不知道，何必为明天而烦恼呢？”

犹太人认为，人生有三道门，分别通往过去、现在和将来。不可关闭这三扇门中的任何一扇，同时还要对每一扇门都存着希望，借着过去的经验，来把握现在、创造未来。这是人生的真正目的。

在犹太人心中，人的一生并不只是由今天和过去两个因素构成，还应包括很多“明天”的成分在内，而明天的那一部分，也就包括着明天一定能好转的“希望”部分。所以人不仅是能生存在过去和现在之中的动物，同时也是能够生存在未来之中的动物。

犹太人为什么尊敬年高德劭的长者？因为他们“过去”的那一扇门有宝物。为什么年轻力壮的男女都很美？因为他们“现在”的门中有宝物。孩子为什么可爱？因为他们象征着“未来”。

犹太人很倔强、好强、不屈不挠，他们绝不甘心落在别人之后，他们认为谁灰心、谁气馁，谁就是失败者。

犹太人认为，有晴朗的日子，也会有阴暗日子，所以事情既然已经成为过去，谁也无可奈何。神为了补偿人的过去，所以赐给人未来，只要不失去希望，人们就一定能随心所欲地创造未来。

塔木德智慧录

ta mu de zhi hui lu

犹太人面对困难和逆境时既不灰心，也不气馁，总是保存着希望而顽强地生活着。

忍让是人生的必修课

人活于世，做人做事若能“率性而为”，那人生就没什么可遗憾的了。问题是，你不是天地间唯一的存在，不是你想做什么就可以做什么，而别人也不可能为了你而存在，对你一切都言听计从。人的一生中，总会遇到许多人际关系和事业上的不如意，这些不如意需要以智慧和耐心去解决，而不是靠你一时的喜恶和脾气。

如果你看不惯老板的苛刻，就说“老子不干了”，这样并没有解决问题，因为苛刻的老板很多，你在别的地方也会碰到，而你辞职，又有谁在乎呢？你若失业，不仅没人在乎，说不定还有人在偷笑哩！如果你嫌工作辛苦，就任性地放弃，那么你放弃的可能是一个绝佳的机会，当然，也没有人在乎你的放弃，因为那是“你自己的事”！如果某人激怒了你，你就拿起刀子……那么，你坐了牢，毁了一生，倒霉的是你，伤心的是家人，别人是一点也不在乎的……久而久之，你就会养成一种放纵自己情绪的习惯，遇到问题就由着性子去做，也许有时候你真的解决了问题，但也可能为你自己的将来埋下了祸因。因为你可能得罪了很多人，即使他们当时不说，日后还是会伺机报复的。这样长久下去，对你的事业和人际关系就会破坏多，建设少，甚至还有可能带来毁灭。尤其你一旦给人留下“不能控制情绪”的印象，那真的是难以翻身。所以那些落魄的人、自我毁灭的人，多半是一些性情中人。这一点，只要我们多加观察就可明白。

所以，无论在事业上还是人际关系上，遇到不如意时，请别说“只要我喜欢，有什么不可以”，而是应该：

（1）忍耐！

（2）掂量轻重。

（3）然后再做出决定。

审视一下你自己，如果你的性情不好，那就要试着改变它，切不可任由自己的坏性情随意而为！

在社会上行走，“忍”字很重要。一个人不可能在任何时间、任何场合下都事事如意，有些事情怎么做也无法解决，有些事情可能没法很快解决，所以你只能忍耐！那种动辄发脾气的人虽然可以解除一时的心理压力，但从长远来看，他会断了自己的前程，失去长远利益。因为他自己解了一时之气，那一定有人受气，这些受气之人日后必定记着，说不定还会秋后算账！

当然，我们每个人遇到的情况都不一样，因此什么事该忍，什么事不该忍，并没有绝对的标准，但在一种情形下，你必须忍——当你的形势比人弱时！

塔木德智慧录
ta mu de zhi hui lu

当你身处困境、碰到难题时，想想你的重大目标吧！为了大目标，一切都可以忍！千万别为了解一时之气而丢掉长远目标。

忍是大智，忍是大勇，忍是大福，退一步海阔天空，忍一时风平浪静，忍是人安身立业的护身符。

坚持就是胜利

人们常说坚持就是胜利，犹太人更是把这作为自己生活的信条。在他们看来，生活中肯定会遇到挫折，战胜挫折的最好的办法就是坚持，只要坚持你就会赢得最后的胜利。

犹太人威廉·詹姆斯在纽约开了一家咨询公司，专门为企业从事咨询服务。当然今天的他已经成就非凡了，有着考究的办公室，办公室内有各种豪华的办公用品，精致的地毯，忙进忙出的人潮以及遍及世界各地的合作合同。

但是在他创业之初却远没有这样的风光。在他创业之初的头 6 个月就把自己 10 年的积蓄用得一干二净，甚至最悲惨的时候，他因为付不起房租，只好一连几个月都住在办公室；甚至因为付不起房租，连办公室都被收走。

当然这期间有人看好他的才华，愿意出高薪聘请他。詹姆斯可不是容易认输的人。他的想法是无论如何一定要坚持下去，因为经济的困难局面只是暂时的，如果因为这暂时的困难就放弃，可能自己的经济状况会有好转，但是对他来说得到的是一时的金钱，可是从长久来看他失去的是一种人生。

所以他还是坚定要自己创业的想法。他认为自己虽然遇到了困难，但只要能够熬过这一段时期，他的生意一定能好起来。他一方面每天不断地给自己打气；一方面马不停蹄地去约访别人，电话联系别人，不断扩大自己的生意。当然他这时的生意只能用惨淡经营来形容了，大多数情况下，他都被拒绝了，只有很少的人对他表示了好感，并给了他工作的机会。

也许是命运捉弄人，就是在这样的惨淡中，他熬了 7 年。7 年的时间，一般人恐怕难以想象一个人怎么会有这样的毅力和耐心呢！在这种情况下，可能很多人早就选择放弃了，但是威廉·詹姆斯始终坚持着，不停地访求客户。终于他的努力慢慢地有了回报，7 年之后，他的客户增多了，他的生意也开始好转起来。

也许我们会说用 7 年的时间去等待一个不确定的未来是否太长了呢，是否有些不值了呢！也许很多人对此也是要抱怨一番的，可是这期间谁也没有听到威廉·詹姆斯说过一句怨言，他反而说："我还在学习啊。这是一种无形的、捉摸不定的生意，竞争很激烈，实在不好做。但不管怎样，我还是要继续学下去。"

威廉·詹姆斯真的做到了，而且做得轰轰烈烈。有一次朋友问他："命运把你折磨得疲惫不堪了吧？"威廉·詹姆斯却说："没有啊！我并不觉得那很辛苦，反而觉得是受用无穷的经验。"威廉·詹姆斯能在逆境中坚持到底，结果成功就属于他。

犹太人认为，战胜挫折的最好的办法就是坚持，只要坚持你就会赢得最后的胜利。

让嫉妒远离你

对于他人的成功，嫉妒是比快乐更典型的反应。当人一旦被嫉妒和憎恨所主宰时，它不仅破坏人与人之间的关系，还破坏自我。

一个人除了儿子和学生，他对谁都会嫉妒。

有些人特别愚蠢，看到朋友走运的时候，就开始胡思乱想，变得又难过又沮丧，甚至他自己拥有的好东西也不能让他感到快乐，这就是朋友的好运对他的影响。

摩西认为死一百次也比受一次嫉妒的刺激要好。而智慧的所罗门这样评价：“嫉妒使骨头腐烂。”

有两个人，一个贪婪，一个好嫉妒。

他们二人都恨自己的兄弟，他们说了很多斥责造物主的话。

贪婪的人这样说：“看看上帝的作品多么邪恶而让人难受！为什么我这么穷，而那个住在我右边的邻居，我的敌人，却那么富有？”

好嫉妒的人带着惯有的憎恨说：“上帝不会理你，也不会听见你的话让你变成王子。你要能变富，我就去死好了……”

上帝的天使在勒歇姆的荒野发现了他们，一看见他们就说：“听着，我被派来是为了在今天满足你们的任何请求……我同意：你们中的一个人，无论他说出什么来，一定马上就会出现；后说的人则会得到两倍于前人的东西。你们不能破坏这个规矩。”

然后就开始消失……天使离开了，消失得无影无踪，连脚印都看不到。这时二人才明白他是上帝的天使，真理就在他的唇边。

那个贪婪的人渴望得到双份的东西，于是说：“你先许愿。”

好嫉妒的那个人回答说：“我祈求什么你都会得到双倍恩赐，我有这么傻吗?”

那个贪婪的人愤怒起来了……他狂怒地扑到好嫉妒的人身上，把手举得高高的，狠狠地打他。

于是两个人扭在一起打架，最后那个好嫉妒的人说话了。

好嫉妒的人说：“上帝啊，求求你，对你的仆人做些违背您仁慈的事情吧！让我瞎掉一只眼，可是要让我的敌人两眼都瞎掉。让我的一只手残废掉，可是要让我的敌人两只手都残废。”

话传到了上帝那里，就在好嫉妒者话音还未落的时候，突然一阵可怕的黑暗降临了——他们失明了。

贪婪者有另外一个双倍的所得，他两只眼睛都瞎了，两只手在袖子里无力地垂着，他所有的力气都没了。

两个人就留在那儿了，认为羞耻和丢脸。他们的渴望和憎恨都没有了，因为那个贪婪的人再也不渴望贵族的府第，他只渴望进入坟墓。那个憎恨兄弟的好嫉妒的人再也不怨恨别人。他失去了一切之后嫉妒也离开了……他被毁灭了。

塔木德智慧录

ta mu de zhi hui lu

他人成功的时候，去分享他的快乐吧！千万别被嫉妒和憎恨所主宰，否则害人害己。

以淡泊的心境享受生活

一个人越能自律，越不会受到好坏两种极端的影响，这样，当他得到了哲学家们所谓的“虚幻幸福”时，他不会得意忘形，也不会在自己眼中变得格外了不起。

如果遭遇了巨大的忧患，诸如世界上许多被哲学家称为“虚幻的恶”的苦难，他既不吃惊，也不害怕，只是忍受。

当人思考事物的真相，对现实的性质有所了解，就会获得智慧，明白世界上再好的东西也不能永远拥有，因为它们都比较低级，当死的时候就会腐朽毁坏。既然人和其他生物一样都难免一死，那些好东西对人有什么用？

所以这是世界上最大的不幸。一想到无法逃脱的死亡，毫无疑问，任何不幸都显得不重要了。所以变得不幸比死亡还算好些，死亡是我们无法逃脱的。

人们离世时，往往连一半的愿望都没有实现。

有100块钱的人，想把它变成200块；有200块钱的人，想把它变成400块。

强迫时间的人，被时间赶回来；向时间屈服的人会发现时间一直站在他的身边。

伯蒂切的拉比看见一个人匆匆忙忙地在街上行走，既不往左看，也不往右看。

“你为什么这么着急？”他问那人。

“我在追赶生计。”那人回答道。

“你怎么知道你的生计在你前面跑着而你必须在后面追？它也许在你身后呢，你只需要安静地站着。”

追求成功自然无话可说，但对那些无法满足的渴望和难填的野心却应加倍重视。

从前有一只狮子，又老又病。它腰上有病，所以感到很痛苦。它的未来一片茫然，不知是死是活。

所有的野兽都来看这只病痛中的狮子。有的出于看望病人的爱心，有的为了看到它的痛苦，有的为了继承它的统治权，有的想知道它死后谁来统治。

它病得厉害极了，谁也不知道它是否还活着。公牛过来顶它，想知道狮子还有没有力气；小母牛用蹄子踩它；狐狸用牙咬它的耳朵；母羊用尾巴扫着它的胡须说：“它什么时候死，它的名字什么时候消失？”公鸡啄它的眼睛，打碎了它的牙齿。

狮子的灵魂回来了，它看到敌人们正兴高采烈，于是叫起来：“唉！我曾经信任的朋友轻视我，我的力量和光荣都反对我，我从前的仆人都对着我作威作福。曾经爱我的人都成了我的敌人。”

这个寓言说的是一个邻居们都来奉承曾经拥有财富和荣誉的人，当他遇到不幸时，受到贬抑，那些曾经爱他的人们就都离开。

塔木德智慧录
ta mu de zhi hui lu

只有以淡泊的心境来享受生活，生活才能因此而变得美好。

忍中求胜

关于忍耐，犹太人是这样讲的：

“人的细胞每时每刻都在变化，每天都会更新。因而，你昨天生气的细胞，已为今朝新的细胞所替代。酒足饭饱后所思考的内容，与饥肠辘辘时所考虑的问题也不一样。我仅仅在等你的细胞的更替。”

犹太人在两千多年受迫害的历史中所积累的忍耐精神，绝不是没有用的，他们在忍耐之中总结出求胜的犹太人成功秘诀。

“人类要变化。人类发生变化，社会也随之变革。社会变革了，犹太人也一定会复苏。”这是犹太人在两千多年忍耐过程中产生的乐观主义情绪，也是从犹太历史中诞生的民族精神。

一般在生意交易中，犹太人会耐着性子，等待对方态度的改变。然而，当其知道不合算时，不用说三年，哪怕半年，犹太人也不会等下去的。

犹太人一旦决定在某项事业上投资（人力、物力），他会制订投资一个月后的、两个月后的和三个月后的三套计划。

一个月后，即便发现实际情况与事前预测有出入，他也丝毫不感到吃惊或动摇，仍一个劲地追加资本。

两个月后，实际情况仍不理想，便进一步追加资本。

关键是第三个月的实际情况。这时如果情况仍与计划不符，而又没有确切的事实证明将来会发生好转，那么犹太人会毅然决然地放弃这桩事业。放弃这桩事业，也就是放弃这以前的投资和努力。尽管如此，犹太人也泰然自若，生意虽然搞得不如意，但因为不留后患，不为一堆烂摊子而伤脑筋，这样反倒乐得自在。

换成日本人情况就不同了。

“好不容易才搞到这步田地，再苦一阵子就……”

“现在放弃的话，三个月的努力不就泡汤了吗？”

抱着留恋和犹豫的心情继续干下去。结果越陷越深，无力东山再起。

日本人常讲“桃三李四柿八年”啦，“达摩僧面壁九年”啦，“石上坐三年”啦，等等，认为有耐心、不懈的努力是成功的最大原因，而这根本无法与犹太人抗衡。忍受了两千多年迫害的苦难历程的犹太人，比起动不动就剖腹自杀的日本人，是一个更具有忍耐精神的民族，而他们只愿等待三个月。

塔木德智慧录

ta mu de zhi hui lu

犹太人认为，成败与忍耐有很大的关系，所以，他们时刻保持忍耐的精神，在忍耐之中求胜。

小不忍则乱大谋

犹太人认为："忍一点晴空万里，让三分海阔天空。"犹太人也这样讲："人的细胞每时每刻都在变化，每天都会更新。昨天生气的细胞，已为今天新的细胞所代替。酒足饭饱后所思考的内容，与饥肠辘辘时所考虑的也不一样。我仅仅在等你的细胞的更替。"

犹太人考夫曼能成为股市"神人"，是他顽强忍耐的奋斗的结果。他1937年出生于德国，因遭受纳粹的迫害，1946年随父母逃到美国定居。他刚到美国时不懂英语，进入学校读书十分困难。但他很有耐性，不怕别人嘲笑，大胆地与美国小朋友交谈，从中学习英语。他还利用课余时间补习英语，吃饭时和走路时也背诵英语词句。半年时间过去了，他能熟练地讲英语了。他家境不佳，却以半工半读形式读完了大学，并获得了学士、硕士和博士学位。在工作中，他不辞劳苦，刻苦钻研，从银行的最低层任职做起，直至成为世界闻名的所罗门兄弟证券公司主要合伙人，以至首席经济专家和股票、债券研究部负责人。他对股市料事如神，成为美国证券市场的权威之一。

巴拉尼是生于奥地利维也纳的犹太人，他年幼患了骨结柱病，由于家贫无法医治，使他的膝关节永久性僵硬，行走不得。但他没有灰心丧志，而忍着各种痛苦，艰苦奋斗，刻苦攻读，终于在医学上取得了惊人的成就，除了荣获奥地利皇家授予的爵位外，1914年还获得了诺贝尔生理学及医学奖金，他一生发表了184篇很有价值的科研论文。

"世上无难事，只怕有心人。"忍耐是成功的信心表现。成功之途是崎岖曲折的，它不可能是畅通无阻的康庄大道。成功者的特长之一，是善于处理前进中的障碍，有坚韧不拔的忍耐性。"成功者是踏着失败而前进的""失败是成功之母"的哲理是意味深长的。英国大文豪犹太人H. C. 威尔斯，在他成为文豪前曾从事过近10种职业，但都一无所成。现代著名科学家克达林曾说："我的成功发明，每项都几乎经过九十九次的失败。"

在人生的游戏中，不尽人意的事常会发生，每个人都没有悲观的必要，失败乃是成功必经的过程，关键要有决心和忍耐。昨天或今日的失败，并不意味最后的结局。活用失败与错误，是自我教育和提高的有效途径。最怕的是那些发生了错误或失败的人一蹶不振的过错，因为没有了忍耐性，才是真正的失败者。美国通用汽车公司董事长犹太人亚弗列说："人生是要犯错误的，不犯任何错误的人，是一无所成的人。"

爱迪生是犹太人，他一生发明了超过1000项科技成果，他对待失败的态度是采取消去法。如有人问他经过许多次的试验而终归失败时，是否感到灰心气馁，他回答说："不，我抛弃了错误的试验，重新采取别的方法，绝不沮丧。"

犹太人面对失败、挫折，确立忍耐致胜的法则是：

（1）对"失败"持正确健康的态度，不要恐惧失败，要懂得失败乃是成功必经的过程。

（2）焦点不要对着过错与失败！应对准远大的目标，活用自己的过错或失败。

（3）遇到失败时，千万不能气馁，要坚韧不拔，矢志不移。

塔木德智慧录
ta mu de zhi hui lu

犹太人十分善于应用"忍"的谋略，他们将在2000多年的受迫害中所积累的忍耐精神，应用到今天的商务活动乃至处世哲学中，获得惊世骇俗的成功。

练就非凡的承受力

犹太人不是指一个特定的人种，而是指所有信奉犹太教的人。在以色列，有白皮肤的犹太人，也有黑皮肤的犹太人，南也门人是黑皮肤的，而欧洲犹太人则是白皮肤的，他们的生活习惯也不尽相同，但他们的共同点就在于信仰相同，均信奉犹太教。犹太教有一种叫着“加路特”和“苛拉”的信仰观念。“加路特”意即放逐，苦行，赎罪；而“苛拉”意为从放逐中得到解救并赐于福。犹太人坚信，只要他们始终如一地相信上帝，不管受到怎样的苦难和流亡，最终他们都会得到幸福，回到上帝赐予的“应许之地”。正是这种“加路特”和“苛拉”的信仰观念，加上自认为是上帝“特选子民”的教义，使长期处于屈辱逆境中，历尽战乱杀戮的犹太民族获得了永不枯竭的精神动力。虽历经沧桑却依然顽强生存，纵饱受苦难也绝不绝望灰心，他们永远保持着坚韧的忍耐和持久的积极进取精神。

犹太人从圣经时期开始，就遭受到无尽的迫害，但正是这种境况培养了他们坚韧不拔的性格，一部犹太史便是一段苦难的历史。苦难是犹太人最切身、最刻骨的生活体验，他们的悲惨故事，实在太多！

德国纳粹占领东欧的时候，对犹太人极其残暴，意欲把他们赶尽杀绝。有个犹太家庭，全家四口躲在一间仓库的小阁楼上，全靠朋友接济度日。

每当纳粹巡逻队或不怀好意的市民走进仓库，他们全家人都得屏声敛气，一点声音都不敢弄出来。时间一长，他们学会了比手画脚，完全以动作来交换思想，传达感情。

为了生存，父母要轮流外出寻找食物和水。三个月后的一天，母亲外出觅食未归，关心他们的市民说：“你们的母亲被德国兵抓住了。”半年后，父亲刚出门不久，两个孩子就听到一声枪响。

两个大人相继死后，寻找食物的重担就落在了姐姐的肩上。每当仓库附近有风吹草动，姐姐就掩住弟弟的嘴巴。姐弟俩相依为命，度过一个多月的时光。后来姐姐再也没有回来。从此以后，凡听到异样声响，弟弟只有自己掩住嘴巴，不让发出声来。

如今世界上有许多人就是这样生存下来的。他们永不绝望，一息尚存，就要为希望而忍耐。

犹太人认为彩虹是希望的象征，每经历一场暴风雨后，天空便架起桥一般美丽的彩虹。犹太人相信黑暗过后必是光明，这是他们存活下来的信念。

而反观世界上其他民族，却显得脆弱而不堪一击。鸡毛蒜皮的小事，也使其陷入绝境。恋爱失败、高考落第便去自杀，实在是自暴自弃的做法。学术不被承认，工作得不到领导赏识便灰心丧气，消极悲观。

犹太人说，人的眼睛是由黑白两部分组成的，但为什么只让其透过黑的部分看到东西？答案是因为人必须透过黑暗，才能看到光明。这就是人类忍耐性和承受力的基础。

中国的孟子曾这样说道：“天将降大任于斯人也，必先苦其心志，劳其筋骨，饿其体肤，空乏其身，行弗乱其所为，所以动心忍性，曾益其所不能。”孟子的意思是说：如果上天要让某人做大事，成就大业的话，就一定要让他经历一番苦难，比如贫穷，困厄，劳苦等。目的是以此来锻炼他的坚韧不拔的毅力和忍耐力，增强他对未来、对前途的希望和进取心。对于大多数成就大业的犹太人而言，苦难都是他们挥之不去的记忆，而正是这种苦难的经历造就了他们日后的成功与辉煌。我们仰慕他们光彩照人、富有阔绰的一面，却也不该忽略他们曾经饱尝的困厄和苦难，更不该无视他们在苦难当中顽强地承受着、忍耐着；他们在等待着机会，寻找着人生陡转的突破口。他们怀抱希望，积极进取，绝不气馁，于是终于有一天，他们成功了，走到了世界经济舞台的前台。

塔木德智慧录

ta mu de zhi hui lu

犹太人说，人的眼睛是由黑白两部分组成的，但为什么只让其透过黑的部分看到东西？答案是因为人必须透过黑暗，才能看到光明。

有容乃大

拥有一颗宽容之心

在《塔木德》中有一则约瑟夫接纳哥哥的故事，被犹太人视为为人处世的典范。

约瑟夫是雅各的儿子，受到兄长的排挤，在小时候被兄长卖往埃及为奴，后来约瑟夫在埃及做了大官。

有一年闹饥荒，约瑟夫的哥哥们一路逃荒来到埃及。当约瑟夫发现自己的哥哥们时，就走上前说："我是约瑟夫，父亲还好吗？"

可是，哥哥们简直不相信这是真的，一时无法回答，一个个都目瞪口呆。

约瑟夫又对哥哥们说："请你们走近些。"

当哥哥们走近时，约瑟夫说："我是你们的兄弟约瑟夫，你们曾经把我卖到埃及。"

兄长们还是不敢相信。但是当他们明白一切都是真的时，看着眼前的弟弟如此荣耀，如此威风，吓得几乎说不出话来了。

这时几位兄长听到约瑟夫说："现在，你们不要因为把我卖到这里而谴责自己，这是上帝为了救我的命才把我送到这里来的。"

"老家发生饥荒已经两年了，你们将无法继续生存下去，现在所有的土地颗粒无收。"

"上帝把我早些送来，是为了让你们继续存活，以特殊的方式让我们都生存下去，所以是上帝而不是你们把我送到这儿来的。"

约瑟夫的话语，其实是一种宽以待人、化敌为友的为人处世之道。这也是犹太人的处世之道。

犹太人之所以把他们的足迹留在了世界的每一个角落，并创造了令世界瞩目的商业成就，尽管也不时因自身的“暴富”或充当有“吸血虫”之称的高利贷者而遭受异族的践踏和杀戮，但他们作为一个弱小民族能够凭自己的信念和出色的成就而生存下来，这本身就是一个奇迹。

塔木德智慧录

ta mu de zhi hui lu

犹太人所持尊重他人的道德观念——相互尊重，彼此宽容，正是支撑他们在激烈的竞争压力和强权夹缝中求得生存的艺术。

最不能怀疑的就是自己

最值得依赖的朋友在镜子里，那就是你自己。

我们羡慕那些显赫的家族，可我们必须知道，当他们的先辈创业时多半也是白手起家，靠自己的双手和智慧才继续前进，而绝不是坐享其成、坐吃山空。我们梦想着有个优雅舒适的工作空间，做个令人艳羡的白领或金领贵族，可是我们必须知道，这样的工作空间是靠自己不断地学习和经验积累才有的。同样，我们希望自己生长在一个美丽富饶繁荣的国度，可是，正如肯尼迪说得那样：不要问你的国家给能予你什么，而要问自己能为自己的祖国做些什么。如果没有一个个个体的奋斗与努力，一个国家又何来繁荣与富强呢？

因此，犹太人相信一个道理：一切都要从自己开始，听天由命远远不够，与其指望别人，不如自己亲自动手。

人首先应要求自己，然后才可以要求别人。路要真正自己去踩，才真正算走自己的路。自己不走，叫别人走，是毫无道理的；而踩着别人的脚后跟走，其实是替别人走路。

犹太人有着凡事从自己做起，善于自我反省，慎独自律的传统。作为上帝的“特选子民”，他们以信守合约、遵守法律著称于世。同样，在犹太人的经营管理活动中，他们从来都是以身作则，先自己做好表率，然后才以自己的行动去感化影响别人，而绝少有自己都没有遵守却让别人遵守的情况。或许，遵守规章，履行契约，从我做起，这些只是犹太人从我做起的比较浅层次的表现。在内心的灵魂深处，犹太人有着可贵的“慎独”精神，也就是可贵的自我反省，自为批评的精神。他们总是去问自己做了什么，做对了什么，应该做什么，却很少去要求别人该怎样。

一个星期六的下午，斯帕克急匆匆地回到家，准备把院子里的一些必须做的工作处理掉。当他正在打扫院子里的落叶时，5 岁的儿子尼克走过来，拉了拉斯帕克的裤腿：“爸爸，我需要你帮我写一个牌子。我打算把我的一些石头卖掉。”

尼克一直对石头很着迷，他自己从各处搜集了许多，此外，别人也送给他一些，在他家的车库里放着满满一篮子的石头，他定期为它们清洗、分类和重新堆放。它们是他的珍宝。

过了一会儿，尼克拿着他的牌子、一只小篮子和四块最好的石头向车道尽头走去。在那里，他把石头一字儿排开，把篮子放在它们的后面，自己则在地上坐下来。斯帕克从远处注视着儿子，关注事情的发展。

大约过了半个小时，没有一个人从那里经过。斯帕克走过车道来到儿子面前，想看看他正在做什么。

“怎么样，尼克？”斯帕克问。

“很好。”他回答。

“这个篮子是做什么用的？”斯帕克问。

“放钱的。”他一本正经地回答。

“你给石头定价多少？”

“每块 1 美元。”尼克说。

“尼克，没有人会愿意出 1 美元买一块石头的。”“不，有钱人愿意的！”“尼克，我们这条街道一点也不繁华，没有什么人从这里经过，你为什么不把这些东西收起来，去玩一会儿呢？”

“不，有许多人从这里经过，爸爸。”他说，“人们在我们这条街道上散步，骑自行车锻炼，还有人开着他们的汽车到这里来看房子。这里有很多人。”

尼克一直耐心地坚守着自己的岗位。又过了一小会儿，一辆小型货车沿着街道驶过来。当尼克精神抖擞地把他的牌子举起来使它正对着那辆小型货车的时候，斯帕克凝神注意观察着。当那辆小型货车从尼克面前慢慢经过的时候，他看见一对年轻夫妇正伸着脖子在看尼克的牌子上的字。他们继续沿着这条道路向前方的死胡同开去，不大一会儿，他们原路折回来了。当他们再次从尼克身边经过的时候，车上的女士摇下了玻璃窗，斯帕克听不见他们的谈话，但他看到她转过头对那个开车的男人说了些什么，然后那个男人递给她 1 美元。她下了车，走到尼克面前，在对那些石头做了一番仔细地观察比较之后，她选中了其中的一块，递给尼克 1 美元，然后开着车离开了。

斯帕克坐在院子里，看着尼克向自己跑过来，他手里挥舞着那张 1 美元的钞票，嘴里大声嚷着："我卖了 1 美元！"

塔木德智慧录

ta mu de zhi hui lu

相信自己是人生可靠的资本，它能使人努力克服困难，排除障碍，去争取胜利。对于事业的成功，它比什么东西都更有效。如果你对自己有充分的信心，你就能做好任何事情！

愤怒是愚蠢的行为

犹太人认为，看一个人成熟与否，最主要的就是看他能否控制自己的情绪。一个轻易发怒、丝毫控制不住情绪的人，是不值得信赖和交往的。因为那代表他还没成熟，缺乏理智，遇事容易冲动，很容易意气用事，不但会使他自己的利益受到损害，还很容易连累周围的人。而且，经常发怒的人还非常可笑，他们生起气来，就像一只鼓着腮帮子的青蛙。

因此，犹太人经常用下面这个故事嘲笑愚蠢的易怒者：

从前，在一个水池里住着一只坏脾气的乌龟。他跟两只经常来这里喝水的大雁成了好朋友。

后来，有一年，天旱了，池水干涸，乌龟没办法，只好决定搬家。他想跟大雁一起去南方生活，但是它不会飞，于是两只雁儿用一根树枝，叫乌龟咬着中间，雁儿各执一端，吩咐乌龟不要说话，就动身高飞。

他们飞过翠绿的田野，飞过蔚蓝的湖泊。地上的孩子们看见，觉得这个组合很有趣儿，拍手笑起来："你们看呀，那只乌龟好滑稽啊。

乌龟本来是扬扬得意的，听到这些嘲笑后非常愤怒，就想开口责骂他们，以泄心头之愤。结果口一张开，就跌下来，碰在石头上死去了。

雁儿叹了口气："你本不该愤怒的！"

这个故事就是让人明白：不要因为愤怒而招致无法挽回的恶果。

在犹太的意识中，有时某种愤怒是必要而重要的。比如，对社会上不公正的愤怒，或先知们对所处的腐败时代的愤怒。但是，一个人如果不加控制地对别人表示愤怒，那么他必将为这种愚蠢的做法付出代价。

此外，由于人们往往是种瓜得瓜，种豆得豆，愤怒的发泄会招致反击和自卫。下面所列的，就是愤怒的发泄所引起的部分结果：

1. 使你和别人产生疏远；

2. 在别人身上造成难以克服的消极感情；

3. 湮没了你自己的真正情感和希望，并使别人无法对你开诚布公；

4. 引发报复和自卫；

5. 有碍于认清事情的真相并使问题得到解决；

6. 埋葬了原有的友谊。

愤怒的话和行为不但不会起到任何积极作用，反而会引发一系列消极行为，也会造成人际交往的中断。愤怒一旦占了上风，常识和理智往往就会飞到九霄云外。

塔木德智慧录
ta mu de zhi hui lu

犹太人认为，直率而坦诚地把话说出来之前还是有时间的。因此，当人们要说出愤怒的话之前，应该稍微等一会儿，看是否有更好的办法能够起到同样的作用。要冷静地控制自己的情绪以温和的方式对待他人，才会更好地驾驭人际交往的前进方向。

自满自大是种危险的行为

世界上有很多不美丽的东西，但是其中最丑陋的便是“自大”。

犹太古谚有一句批评自大的话：“没有你，太阳照样东升西下。”

犹太人认为，当人自满自大时，就会失去一个人应有的谦虚以及改过向上的念头。自满自大的人很容易犯错。因此，《犹太法典》虽不认为自大是一种罪过，却认为它是一种愚昧。

有很多人总以为自己是世界的中心，但是周围的任何人却绝不可能那么重视自己，因此他厌恶别人的漠不关心，同时更为自己没有达到更高的目标而生气，于是就会产生过度的自我嫌恶。在犹太人看来，这也算是自大的一种。因为这种自我嫌恶和虚荣心是互为表里的。

犹太人说：“如果自己的内心已由自己占满时，就再也不会有留给神住的地方了。”因此在犹太人中，在夸奖别人之前，绝不会夸奖自己。

犹太人告诫孩子们不可自大时，常引用圣经的《创世纪》做比喻：

在《创世纪》中，神首先分别光明与黑暗，再分割天空和地面，并将地面划分为水、陆，然后他开始创造生物，到了最后才创造人——亚当。因此，甚至跳蚤都比人早到这个世界，所以人有什么了不起呢？就是在动物面前，连耀武扬威的资格都没有。

谦虚是美德，因此《犹太法典》对谦虚有很严格的规定。告诫人们说：“即使是一个贤人，只要他炫耀自己的知识，他就不如一个以无知为耻的愚者。”

犹太人有许多嘲笑不谦虚的人的故事。

有一位从事神圣工作的拉比好像在熟睡。他的旁边坐着信徒，他们正在讨论这位神圣的人无与伦比的美德。

“他是多么虔诚!”一个信徒带着陶醉叫了出来，“在整个波兰也找不到第二个像他的人!”

“谁能和他比仁慈?”另一个狂热的呐喊，“他给人宽广无私的施舍。”

“还有多么温和的脾气！难道有谁见过他激动吗?”另一个信徒眼睛发光地低语。

“啊，他是多么的博学!”一个信徒用圣歌般的调子说，“他是第二个拉比!”

信徒们陷入了沉默，这时这位拉比慢慢地睁开了一只眼睛，用一种受伤害的表情看着他们。“怎么没有人说说我的谦虚?”他责备说。

这则故事的名字就叫《谦虚的拉比》，它嘲讽了一个毫不谦虚的拉比的愚蠢。

此外，法典还对自大的危险提出了警告：“金钱是自大的捷径，而自大是罪恶的捷径。”

不把内在显现给别人看的人，才是最聪明的人。不自大，也是犹太民族处世技巧之一。

塔木德智慧录
ta mu de zhi hui lu

犹太人认为，当人自满自大时，就会失去一个人应有的谦虚以及改过向上的念头。自满自大的人很容易犯错。

学会幽默

犹太人把幽默当作一种重要的精神食粮。在希伯来语中，智慧被称为“赫夫玛”，幽默也被称为“赫夫玛”，而幽默正好成为了犹太民族苦中作乐的生存和处世智慧。

在犹太人眼中，幽默是只有强者才能拥有的特权，因此他们很重视幽默。因为幽默是人所具备的力量中最强大的。

犹太人常说："笑是百药中最佳的良药之一。"

因为"笑"能在痛苦时安慰他们的心，能使快乐的犹太人更加充满活力，可是，犹太人认为笑所隐藏的力量绝不仅此，只要更重视笑，它就会成为人类所有与生俱来的能力中，最强而有力的一种武器。犹太人认为幽默就是要使人笑起来。

尽管犹太人有着苦难的历史经历，但他们对生活一直充满坚定的信念，否则他们的民族就不可能经受住那么多折磨而幸存下来。事实上正是苦难造就了犹太人不可动摇的乐观精神。

欢乐和笑声是犹太人生活中必备的良药，这使他们总能保持一种乐观的生活态度。对犹太人来说，生活的压力太大了，他们无法用泪水和无休止的呻吟来化解它。迫害、痛苦和他们在潮湿的"贫民监狱"里的贫困生活都不能阻止他们的欢笑。

但是，犹太人的笑声不是一般的无聊取乐，也不仅仅是消遣，而是对严酷生活的一种顽强而具有反抗性的回答。因而在犹太人的幽默里存在一种独特的智慧，它不仅仅是一种对生活的尖锐批评，还是一种能帮助他们缓解痛苦，有效地调节、娱乐身心的好办法。

这令人愉悦的幽默，有人把它叫做"犹太风趣"。

很多犹太传说和民间故事包含着深深的悲剧幽默情调。就像许多犹太民歌一样，它们的旋律中总是回荡着挥之不去的忧伤，但这种忧伤却没堕落为绝望或是自怜自叹。他们总是在净化之中保持着尊严，在坚定的信念中痛苦也变得高贵，即使是在失败中他们也因为拥有正义而获得道义上的胜利。

犹太人性格中的"幽默"，是与他们的乐观精神以及向逆境挑战的勇气联系在一起的。

犹太人认为，幽默是人们所能拥有的最强大的力量。它能使人放松心情。

因此，每逢尴尬的场面，犹太人总喜欢借助笑话、幽默来使气氛、场面活跃起来。

尽管并不是所有的幽默都是成功的，有些幽默反而会使局面更加难堪。但是，犹太人也并不觉得这有什么不好，他们看重的是个人的心态，而不计较效果，因此，犹太人说：“只要是幽默就能使人放松心情，而唯有贤者才能在任何情况下，都永远保持着宽松的心情。”

塔木德智慧录
ta mu de zhi hui lu

犹太人认为只有那些强人，那些不屈不挠的人，才能在危机之中，瞬间离开自己所处的境地一步，站在客观的立场上，来观察自己、幽默自己。在犹太人眼里，幽默既代表了强人的韧性，也代表了强人的胆量。

保有一颗谦恭的心

犹太人有一句名言说：“最值得尊敬的人是能够弯下腰向别人学习的人。”

有人说：腰杆挺直，是为了正气人生；而弯下腰，则是为了虚怀若谷。虚心向别人学习，从别人的身上找到优点来弥补自己的不足，从而使自己得以更加的完善，这样的人确实值得别人尊敬。

犹太人说：“智慧的人就是那些向每一个人学习的人，每个人都是你的教师。”

所谓“尺有所长，寸有所短”，每个人都有自己的长处，也都有自己的不足，所以“取人之长，补己之短”是学习的最佳方法。

一个人的时间和精力毕竟有限，我们不可能经历所有的失败再去成功。因此，别人的错误和失败也是我们不可多得的财富，能够绕过绊倒别人的障碍是成功者的智慧。

关于如何向别人学习，犹太人非常推崇一个寓言：

老虎、狼和狐狸结伴一起出去打猎，捕获了一头羚羊、一只狍子和一只兔子。

老虎问狼："这些猎物应该怎么分配啊？"狼想都没想就回答，"公正的方法就是：羚羊归你，狍子归我，兔子给狐狸。"

老虎听了，举起爪子，就把狼抓死了。于是，它又问狐狸："猎物应该怎么分配啊？"狐狸想都没想，马上回答，"公正的方法是：羚羊可以作为你的美食，狍子可以成为你的佳肴，而兔子可以成为你的点心。"

老虎非常满意狐狸的回答，说："你怎么这么聪明，是怎么知道这个答案的。"

狐狸回答说："你抓死狼的时候，我就知道了这个答案。"

人在社会上求生存，风险会不期而至，这时候，要学会从别人的失败中学到聪明，这样，才能够保证你的事业不会中途夭折。

二战末期，在纽约的一条街上，有三家珠宝店，相互竞争得十分激烈。在淡季里，璀璨珠宝店为打开销路，挂出"挥泪大甩卖"的牌子，实行降价销售。对面的明珠首饰店不甘示弱，也开始低价销售。旁边的玛莉珠宝店担心生意被那两家抢走，也跟风而上。可是，过了一段时间，璀璨珠宝店的老板一看这样下去，自己的店肯定要跨台，所以，率先宣布关门停业。

明珠和玛莉两家店仍旧为整垮对方继续降价，最终损失惨重，都被迫关门。这时候，又有一个犹太珠宝商，在这条街上新开了一家珠宝行。同时，先前关门的璀璨珠宝店，因为损失不太严重，保存了势力，又开业了。

鉴于以前几家店恶性竞争导致的不良后果，这个犹太商人亲自上门拜会了璀璨珠宝店的老板。经过一番促膝长谈，两家达成了协议，制定了相同的价位，并通过不同的服务方式，来满足顾客需要。结果，两家店的生意都非常红火。

一个人要想走捷径，就要学会从别人的错误中汲取教训，这样，才能够在社会中站得稳、行得端。

聪明人的智慧并不全部来源于自己的经历，其中的80%是从他人身上学到的。从他人的失败中学到聪明，并善加利用，这就是他们步入成功人士行列的真正原因。

所以说，成功的人向别人学习，失败的人只跟自己学习。

犹太人应该是最解“其中味”的一个民族了，犹太的父母们在教育孩子的时候说：“老师和同学，乃至周围的任何一个人都可以成为你请教的对象。”

犹太人是世界上分布最散的民族之一，全世界大概有三分之一的国家里都或多或少有犹太人的存在。每一个犹太人在每一个国家的每一个地域的每一个行业里，他们都不会忘记向别人请教，因为只有这样，他们才可以在当地立足，站稳脚跟。

为什么犹太人能够成为世界上最强大的民族之一？关键就在于他们的求知精神。犹太人们没有可以保护自己的家园，他们必须在别人的国度里生存，于是，他们也就必须要比其他人学会更多的东西，让自己能够成功地生存下去。

塔木德智慧录
ta mu de zhi hui lu

正因为流浪和漂泊，犹太人才是最深谙学习之道的民族，尤其是向他人学习。所以他们说：“智慧的人就是那些向每一个人学习的人。”

自强不息，顽强拼搏

“世上无难事，只怕有心人。”世间没有不能成功的事，只有不愿意走向成功的人。

犹太人的一个优良传统，就是自强不息，困难和挫折吓不倒他们，迫害和残杀穷不了他们。从罗马帝国时起，犹太民族家园被侵占，大部分犹太人被迫离开故土，流散天涯。在漫长的流亡漂泊岁月中，犹太民族虽然灾难迭起，几乎遭到灭族之灾，但人们发现，今天的犹太民族的特性、宗教、语言、文化、文学、传统、历法、习俗和勤劳智慧的资质没有因这1900多年的悲惨民族史而分崩离析，他们至今仍保持着自己的特色和民族凝聚力。尽管他们长期来遭受到大放逐、大迁移、大捕杀，但他们仍做出种种惊天动地的伟业。千百年来，犹太民族人才辈出，精英遍布世界。处境恶劣与成果产出形成强烈的反差现象，是这个民族的旺盛生命意识和自强不息的进取精神反映。

巴拉尼是个犹太人的儿子，年幼时患了骨结核病，由于家境不富裕，无法医治好。他膝关节永久性僵硬了。但是，他并没有因此丧失生活的信心。相反，却增强了生存下去和创大业的决心。他立志学习医学，历尽艰苦，终于学有所成，对医学研究精深，特别对耳科绝症有独到研究。他一生发表了184篇医学科研论文和两本很有研究价值的论著《半规管的生理学与病理学》《前庭器的机能试验》。由于科研成果卓著，他受到了所在国奥地利皇家授予爵位，于1914年获得诺贝尔生理学及医学奖。可以说，这些荣誉和奖励是对他的自强不息精神的一种报酬。

让我们再从以色列国看看犹太人的自强不息精神。这个国家以犹太民族占主导地位，犹太人占全国人口的83%以上。历尽人间沧桑的犹太人，于1948年才在亚洲西部，地中海东岸的约2万平方公里面积上建立起以色列国的。这个国家不但建立较晚，面积狭小，而且土地贫瘠，自然条件极为恶劣。全国国土有80%~90%是沙漠和荒丘，几乎是“不毛之地”。全国资源贫乏，淡水奇缺。就此，不论是天时、地理或时间对以色列都是不利的。但以色列的犹太人自强不息，靠其民族的顽强生存意识和智慧，经过40多年的建国创业，使这块土地出现了举世瞩目的奇迹，“不毛之地”长出了丰硕的庄稼。农业不仅使以色列国民自足自给，并成为该国出口创汇的重要组成部分。他们把荒丘和沙漠改造成良田。1949年到1984年间，共改造和开发出27.2万公顷可耕土地。缺少农业用水，以挖掘地下水或远地引排解决，使全国农业用水量从1949年的2.57亿立方米，增加到1984年的13亿立方米。气候条件不利，他们以科学调节。这样，使其农业大大发展了。今天，以色列人口是建国初期的8倍多，该国的农业产量却比建国初期增长了16倍多。

不但农业方面取得了巨大成就，工业和其他行业同样取得了显著发展。现在，以色列的国民生产总值已人均年超 10000 美元了，进入世界经济先进行列。

可见，自强不息精神是催人奋进和获取成功的法宝，是犹太人的一种致胜术。因为有了自强不息的精神，就会产生信心，有了成功的信心，就会设法发挥自己潜在的力量，这种力量用于自己的奋斗目标上，就可以排除万难，敢于面对现实，坚持下去，最终获得成功。这就是俗语所说的“精诚所至，金石为开。”相反，没有自强不息精神的人，会轻易自认无能，妄自菲薄，压抑了自我发展的想法和潜力，成功会对其敬而远之。

塔木德智慧录
ta mu de zhi hui lu

犹太人的一个优良传统，就是自强不息，困难和挫折吓不倒他们，迫害和残杀穷不了他们。

别太在意一时的失败

自从犹太民族诞生，灾难和痛苦便紧紧地追随着这个民族的脚步。在充满忧患的犹太民族历史中，每个犹太人心中都潜藏着一份浓得无法化解的忧患意识。

正是这种忧患意识塑造了犹太民族不可动摇的信念，他们相信明天，相信努力奋斗会带来光明的结局。

犹太人喜欢对自己说：我们必须勇敢，并且要充分利用自己所具有的优良的素质活下去，要生存，要认识自己，要行动。我们最大的敌人便是恐怖、谨慎、懦弱和胆怯。

这种生存意志正是犹太人苦难人生中生生不息的智慧之源。

犹太女作家戈迪默无疑是犹太民族的骄傲。她是 25 年来第一位获诺贝尔奖的女作家，也是诺贝尔文学奖设立以来的第 7 位女性获奖者。然而，这份荣誉是她用40年的心血和汗水浇铸的，这当中，她多次面临困厄与失败，但她从不沉沦，毫不气馁。

1991年10月3日，一个平淡无奇的日子，但是这一天对于南非犹太女作家戈迪默来说，却是非同寻常的一天。这一天，她获得了1991年度的诺贝尔文学奖，这块文学金牌勾起她一段难忘的回忆……

戈迪默于1923年11月20日出生在约翰内斯堡附近的小镇——斯普林斯村。犹太移民的后裔，母亲是英国人，父亲是珠宝商，富裕的家庭生活造就了小戈迪默无限的憧憬和遐想。

6岁那年，她凝视着自己纤细而柔软的躯体，做起了当一位芭蕾舞演员的梦，她从剧院里得知，舞蹈生涯最能淋漓尽致地表现人的修养和思想情感，也许这就是她追求的事业。于是，一个阴雨连绵的星期六，她报了名，加入了小芭蕾剧团的行列。事与愿违，由于体质太弱，她对大活动量的舞蹈并不适应，时不时一些小病小灾纠缠着她不能自拔。久而久之，小戈迪默被迫放弃了对这项事业的追求。

遗憾之余，这位倔强的女性暗暗发誓：条条大道通罗马，她终究会找到适合自己的成功之路。

然而，命运不但不赐福给她反而把她逼上越发痛苦的深渊。8岁时，她因患病离开了学校，中断了童年时的学业，夜晚，她常常流着无奈的泪盼着天明。她只好终日坐在床上与书为伴了。一个明媚的夏日，心烦意乱又十分孤独的戈迪默，偷偷地走上了大街，她想从车水马龙的街面上获取一点快乐。突然，她被一块不大不小的木牌所吸引，久久不愿离开“斯普林斯图书馆”！早已将课本读熟了的她，最渴望的莫过于书。

此后，她一头扎进了这家图书馆，整日泡在书堆里。图书馆下班铃响了，她却一头钻到桌子底下，等图书馆的大门确实锁上了。她才钻出来，在这自由自在的王国里，她尽情而贪婪地吸吮着知识的营养。无数个日夜，使她对文学产生了浓厚的兴趣。终于她那嫩弱的小手拿起了笔，一股股似喷泉一样的情感流淌在了白纸上。那年，她刚刚9岁，文学生涯就此开头。出人意料的是，15岁时，她的第一篇小说在当地一家文学杂志上发表了。

然而，谁也不知道小说竟出自一位未成年少女之手。

1953年，戈迪默的第一部长篇小说《说谎的日子》问世。

优美的笔调，深刻的思想内涵，轰动了当时的文坛。戏剧界、文学界几乎同时将关注的目光投向了这位非同一般的女作家——内丁·戈迪默。

像一匹脱缰的野马，戈迪默的创作一发不可收拾。漫长的创作生涯，她相继写出10部长篇小说和200篇短篇小说。多产伴着上等的质量使她连连获奖：1961年，她的《星期五的足迹》获英国史密斯奖；1974年，她又获得了英国的文学奖。

创作上的黄金季节，使戈迪默越发勤奋刻苦。她说："我要用心浸泡笔端，讴歌黑人生活。"满腔的热忱很快就得到报答。

她的《对体面的追求》一出版，就成为成名之作，受到了瑞典文学院的注意。

接着，她创作的《没落的资产阶级世界》、《陌生人的世界》和《上宾》等佳作，轻而易举地打入诺贝尔文学奖评选的角逐圈。然而，就在她春风得意，乘风扬帆之时，一个浪头伴一个旋涡使她又几经挫折——瑞典文学院几次将她提名为诺贝尔文学奖的候选人，但每次都因种种原因而未能如愿以偿。

面对打击，这位弱女性有所失望。她曾在自己的著作扉页上，庄重地写下："内丁·戈迪默，诺贝尔文学奖"，然后在括号内写上"失败"两字。然而，暂时的失败并没影响她对事业的追求，她一刻也没放松文学创作。终于，她从荆棘中闯出了一条成功的路。

塔木德智慧录
ta mu de zhi hui lu

犹太民族具有罕见的向逆境挑战的勇气和毅力，这既是这个民族的独特性格，也是使其生存至今的一个重要因素。

带着快乐的心去工作

当工作是一种乐趣时，生活就是一种享受；而当工作是一种义务时，生活就变成了苦役。

曾有一个犹太人发现，他的朋友工作以后总是觉得，工作并不像自己以前想象得那么美好，那么充满乐趣，甚至慢慢演变成痛苦的事。这个犹太人忍不住纳闷地问："如果你的眼光只关注这些事情，你肯定很难快乐起来。你之所以不快乐，就是因为没有去关注那些快乐的事，去挖掘那些能让你快乐起来的事。而你为什么要让自己这么痛苦呢？生活不就是为了快乐吗？"

这个犹太人的朋友就是顶顶有名的派克鱼摊老板约翰·横山。当时的约翰·横山25岁，他买下别人不想经营的鱼摊。横山并不喜欢卖鱼，他只是想多赚钱，鱼摊经营得不错，他于是在另一边开了一家批发店。但是10个月后，批发生意就跨了，甚至拖得鱼摊也濒临破产的边缘。横山不知道该如何重振生意，他偶然听到了他的犹太朋友说的那番话。约翰·横山恍然大悟，于是聚集所有员工一起开会。员工们也受到新的鼓舞，一个小伙子突然冒出一句："我们要做世界上最有名的快乐鱼贩！"

如今，在西雅图有一个快乐的天堂，那里有洋溢着快乐的"飞鱼"表演，那里的员工是世界上最快乐的鱼贩！

只要一走进市场，很快就会看见在市场的尽头聚集了一群人，老远可以听到他们的喧哗声。走近了，就会发现大家像是看街头表演似的，一圈又一圈地围着几个穿着亮橘色的塑胶背带裤的年轻小伙子观看。其中一个小伙子从身旁的鱼摊上拿起一条鲑鱼，转身就朝柜台一丢，中气十足地高声喊："鲑鱼飞到威斯康辛！"柜台里的人敏捷地接住鱼，也大喊："鲑鱼飞到威斯康辛！"他刚大声喊完，鱼就包好了，顾客开心地接过"飞鱼"在围观群众的欢呼中满意地离去。尽管海风越吹越冷，但是这鱼摊总是被人潮与笑声围得暖烘烘的。

在实践过程中，他们发现快乐对顾客和自己都很重要，顾客因为快乐而喜欢来鱼摊买鱼，自己快乐则使工作更有效率，于是他们创造了“飞鱼表演”，在工作中寻找到了快乐！

快乐使派克鱼摊一举成名，不断有企业向派克鱼摊取经，横山也与顾问柏奎斯特合组了一家未来企业顾问公司，带着伙计到企业授课，当然，派克鱼摊的生意也逐渐好转。“现在的营业额比12年前多了5倍。”横山骄傲地说。

派克鱼摊的故事被拍成教学录影带、翻译成17国语言，成为美国《财富》杂志500大企业的训练教材，同名书籍《如鱼得水》登上畅销书排行榜。而且人们只要在摊旁一站，就会发现身旁有明尼苏达、迈阿密，甚至开车来的外地客，带着相机或摄影机，等着拍摄派克鱼摊的“招牌产品”——飞鱼表演。

其实，犹太人所说的那番话以及派克鱼摊给我们的启示就是：

（1）快乐需要去寻找、去发现。快乐不是等来的，快乐需要你自己去寻找、去发现。只有积极发现快乐的人，才会享受到快乐。

（2）因为我选择要快乐，所以我快乐。心理学家加贝尔认为：“快乐纯粹是内在的，它不是由于客体，而是由于观念、思想和态度而产生的。不论环境如何，个人的活动能够发展和指导这些观念、思想和态度。”所以，能否快乐在于你个人的选择。不管你处在什么样的环境，不管你的心情坏到什么样子，只要你选择快乐，你才会去寻找和发现快乐，并在工作中享受到乐趣。

（3）快乐心情能提高工作质量，所以要选择快乐。快乐心情会提高你的办事效率，让你在不知不觉中就完成了一件工作。快乐心情能激发你的思维，让你产生灵感，想出许多解决问题的奇思妙想，从而使你的工作质量得到迅速提高。

因此，犹太人经常说异教徒对于快乐的普遍看法，很多是本末倒置的：“人们经常说‘好好干，你会快乐’，或者说‘如果我健康、有成就，我就会快乐’，又或者‘仁慈、爱别人，你就会快乐’。而我们的说法是：保持快乐，你就会干得好，就会更成功，更健康，对别人也就更仁慈。”

所以，犹太人习惯利用大部分时间想一些工作上的愉快的事，应付工作中使他们不痛快的琐碎小事和环境，从而使自己得到快乐。

总结犹太人寻找工作中的乐趣的方法，有以下四点：

（1）时常保持微笑。犹太人认为，微笑是上帝赐予人们的最好礼物。而且，微笑可以缓和情绪，松弛紧绷的肌肉，并使身体产生微妙的化学变化，让人觉得身心舒坦。所以，如果他们突然感到不愉快，就会命令自己微笑，再微笑，去缓和自己紧张的神经。

（2）保持良好的姿势。犹太人说：“沮丧的人，走路往往总是垂头丧气，弯腰驼背；而乐观的人则站得挺，坐得直，精神振奋，充满活力。”所以犹太人在遭遇不快乐的时候，首先一定会保持良好的姿势，这有利于他们摆脱消极情绪，重新快乐起来。

（3）发挥幽默感。犹太人相信，幽默能让人心情轻松，不论面对任何状况都能化险为夷。

（4）凡事都往好处想。犹太人是世界上经历过最多磨难的民族，生活告诉他们，任何事情都是一体两面，福祸参半，凡事往坏处想，便会越来越悲观，越来越消极。因此犹太人面对困境的时候，习惯改变自己的思考方向，凡事往好处想，把不快乐的情绪赶走，重新快乐起来，解决困难。

塔木德智慧录

ta mu de zhi hui lu

《塔木德》有一句话说：“谁是富有的？为自己的工作而欣喜的人。”

犹太人认为，兴趣是最好的突破口，人只有做真正感兴趣的事，才会愿意花很多时间在上面，而如果不是这样，人们就不会愿意把时间花在上面，就得不到成功。只要有了兴趣，人就会从内心深处去争取喜欢的事物，才会不知疲惫，感到快乐，并在快乐中赢得胜利。

提高自我控制能力

犹太传统有时认为某种愤怒是必要而重要的——比如，对社会不公正的愤怒，或先知们对所处的腐败时代的愤怒。但是，一个人如果不加控制地对别人表示愤怒，那么他将受到谴责。

从一个人对待三种东西的方式中可以知道他的性格：他的酒，他的钱，他的愤怒。

当愤怒不由自己驾驭时，有些人以连自己也会嗤笑的方式说话。

有四种性格：

轻易动怒，容易安慰——他的所得被失落抹煞了。

很难动怒，很难安慰——他的失落被所得补偿了。

很难动怒，容易安慰——圣人。

轻易动怒，极难安慰——小人。

在狂暴中扯破自己衣裳的人，或在狂怒中砸碎家具的人，最后将膜拜偶像。因为这就是邪恶冲动的伎俩：今天他说“扯破你的衣裳”，明天说“膜拜你的偶像”。于是他走过去膜拜偶像。

当人们不能驾驭自己的性情时，该怎么办呢？

有一个虔诚的人，脾气很坏，当人们和他争吵时，他不是应答，而是喊叫和诅咒。平静下来以后，他为自己的举动懊悔。

他去问一个先贤：“我怎样才能在愤怒的时候不诅咒别人？”

先贤回答说：“你可以在诅咒之后毅然对自己说，‘我对他诅咒的一切都会发生在我的头上。’或在诅咒之前说，‘我诅咒他的一切也许会落到我头上。’这样你就不会诅咒了。”

但是那人不愿听从这个建议。相反地，他每次喊叫和诅咒的时候，都毅然决定要贡献一份施舍，一想到要拿出那么多钱，他就不敢再诅咒了，而且对他而言，施舍是对坏脾气的赔偿，但对施舍而言，坏脾气是利益之源。这是驾驭自己性情很有效的方式。

希莱尔出生在巴比伦尼亚，当面临令人恼怒的问题时，希莱尔是如何控制自己的愤怒的呢？

从前有两个人下了400祖兹的赌注。他们说："谁能惹希莱尔发怒，谁就能得到这400祖兹。"

其中的一个就去了。那天是安息日前夕，时近黄昏，希莱尔正在洗头，那人来敲门。

"希莱尔在哪儿？希莱尔在哪儿？"那人大声喊叫着。

希莱尔披上一件外套，出来迎接。

"孩子，"他说，"怎么啦？"

那人说："我需要问一些问题。"

"问吧。"希莱尔说。

那人问道："为什么塔德莫瑞特人的眼睛是模糊的？"

"因为，"希莱尔说，"他们把家安在沙漠里，风沙吹啊吹的，他们的眼睛就变得模糊了。"

那人离开了，等了一会儿，又回来敲门。

"希莱尔在哪儿？"他大声喊叫着，"希莱尔在哪儿？"

希莱尔披上外套走出来。

"孩子，"他说，"怎么啦？"

那人回答说："我需要问几个问题。"

"问吧！"希莱尔说。

那人问道："为什么非洲人的脚是平的？"

"因为他们居住在潮湿的沼泽中，"希莱尔说，"任何时候他们都走在水里，所以他们的脚是平的。"

那人离开了，等了一会儿，又回来敲门。

"希莱尔在哪儿？"他大声喊叫着，"希莱尔在哪儿？"

希莱尔披上外套走出来。

"你想问什么？"他问道。

"我要问一些问题。"那人说。

"问吧。"希莱尔对他说。他穿着外套，在那人面前坐了下来，说：

“问什么？

那人说：“这是王子回答问题的方式吗？整个以色列再没像你这样的人啦！”

“天哪！”希莱尔说，“愿上帝拯救你的灵魂！你想要什么？”

那人问道：“为什么巴比伦尼亚人的头是长的？”

“孩子，”希莱尔回答说，“你提出了一个重要的问题。在巴比伦尼亚，由于没有熟练的接生婆，婴儿出生的时候，奴隶和妇女在她们的腿上照料孩子。所以巴比伦尼亚人的头是长的。可是在这里，有熟练的接生婆，婴儿出生的时候，在摇篮里得到很好的照料，他们的头受到摩擦。这就是为什么巴勒斯坦人的头是圆的。”

“你让我失去了400个祖兹！”那人大喊起来。

希莱尔对他说：“你因为希莱尔失去400个祖兹，也比希莱尔发脾气更好些。”

塔木德智慧录
ta mu de zhi hui lu

在一个会令绝大多数人狂怒的情形下，希莱尔却以温和的方式控制自己，并最终驯服对方。

成功属于勇者

犹太人喜欢对自己说：我们必须勇敢，并且要充分利用自己。要行动，我们最大的敌人便是恐怖、谨慎和胆怯。

这种生存意志正是犹太人苦难人生中生生不息、进取不断的智慧之源。

查尔斯生活在一个犹太人家庭。为了贴补家用，减轻父母的负担，年幼的查尔斯很早就开始了卖报生涯。卖报也并非易事，常常会因争地盘和别人发生争议，但他从不示弱，因而，他很幸运地总是胜方。有时，他也到一些小饭馆或小酒吧去卖报，因为那里聚集的人多，但老板并不欢迎小报童的出现，总是将他扫地出门，可查尔斯并不畏缩，常常趁人不注意，又偷偷地溜进去。

就在查尔斯初中毕业准备升高中的那年夏天，他母亲说服他利用假期为保险公司拉生意。按照母亲的指点，他来到一幢办公楼前，但从何开始呢？他不知道，他有些害怕了，想打退堂鼓，毕竟他还只是个未成年的孩子。可想想自己当年做报童时的勇气和胆量，他也就镇定了，他对自己说：“当你尝试去做一件对你有益无害的事时，你就应该勇敢地去尝试，而且应该说干就干。”就这样，他毅然走进了那幢办公大楼。

他从一间屋子出来，又马不停蹄地走进另一间屋子，不断地劝说人们购买意外伤亡保险。他甚至不敢有片刻的犹豫，担心畏惧感会乘虚而入。他几乎跑遍了整个办公楼，最后，终于争取到两位客户。区区两位客户对别人也许算不了什么，但对查尔斯来说，却意义至关重大，可以毫不夸张地说，这是查尔斯人生历程的一座里程碑。

初试推销能拉到两位客户，查尔斯的心情别提有多高兴了。在保险公司的账户上，查尔斯也有了几元钱的佣金，这点令他异常欣喜。

遭到拒绝和挫折时，千万不要轻易灰心，勇敢向前。只要不断地用力敲，任何门都会打开。

正是这种勇气与毅力，形成了犹太人善于挑战自我，面对人生勇敢向前的个性。

为了培养孩子的勇气，犹太父母经常给孩子讲勇敢的水手的故事：

在一望无际的大海边，杰克遇见一个水手，他们交谈起来。

杰克问：“为什么人们总是喜欢大海呢？海上总是大雾弥漫、冷冷清清。”

“海不是经常都冷、有雾的。有时，海是明亮而美丽的。但不论何种天气，我都爱海。”水手说，“当一个水手热爱他的工作时，他不会想什么危险，我们家庭的每个人都爱海。”

“你祖父现在干什么呀？”

“他死在海里了。”

“那你的父亲呢？”

“他死在大西洋里。”

“你的哥哥……”

“他在印度一条河里游泳时，被一条鳄鱼吞食了。”

“既然如此，”杰克说，“如果我是你，我就永远也不到海里去。”

“你愿意告诉我你父亲死在哪里吗？”

“哦，他是在床上断的气。”

“你的祖父呢？”

“也是死在床上。”

“这样说来，如果我是你，”水手说，“我就永远也不到床上去。”

犹太人希望通过这个故事，让他们的孩子继承犹太民族的勇者气质；也希望通过这个故事能让他们的孩子明白：对胆小的人而言，干任何事情都是充满危险的，但对于热爱生活的人来说，没有挑战的人生其实就是行尸走肉，面对困难与危险，他们总是勇往直前。

面对逆境，一般的人，往往会望而却步，甘愿放弃机会，缺少一种“在此一搏”的精神，而勇敢者就会知难而上，激流勇进。犹太人无疑是这种财富的拥有者。他们凭着过人的胆识，抱着乐观从容的人生理念，往往赢得了出人意料的成功，这种挑战人生、勇往直前的进取精神就是成就犹太民族的又一重要因素。

塔木德智慧录
ta mu de zhi hui lu

犹太民族具有罕见的向逆境挑战的勇气和毅力，这既是这个民族的独特个性，也是使其生存至今的一个重要因素。

怀疑是前进的动力

《塔木德》中引用了这样一个故事：

在乌斯地有一个人名叫约伯。他完全正直，敬畏上帝，远离恶事。为此，一直得到上帝的赐福，生有7个儿子，3个女儿。家产丰饶，有7000头羊、3000头骆驼、500头牛、500头母驴，还有许多男仆婢女。在东方人中，约伯是第一个大户人家。

约伯虽然十分谨慎地侍奉上帝，有一天还是突遭横祸，而这无端之祸竟然还是来自于上帝。

上帝在魔鬼撒旦面前因为约伯的虔诚而自豪。撒旦却认为，约伯之侍奉上帝，只是因为上帝赐福于他；如果上帝毁了约伯的家产子女，约伯必当面弃掉上帝。

上帝一时争胜心起，便将约伯交在撒旦手里，随他处置，以便从无端遭祸的反应中，验看约伯是否真的虔诚。

于是，在一天之内，约伯的牛羊驴和骆驼被人抢去的抢去，被火烧死的烧死，全部子女也在吃饭时因狂风吹塌巨房而被压死。

约伯突然遭此大变故，却没有改变他的虔信。

上帝为此在撒旦面前大大地炫耀。撒旦却回答说，这些毁掉的，都是身外之物；要是伤了约伯的身体，他一定会弃掉上帝。

好胜的上帝便又将约伯的身体交付撒旦处置。

于是，约伯从头到脚长出了毒疮，整天坐在炉灰中，拿瓦片刮身体。妻子劝他弃掉神，死了吧。约伯却认为，人可以从神手里得福，也可以从神手里得祸，坚持不改自己的虔信。

后来来了3位朋友，想安慰他，看到他的这副惨状，都放声大哭，陪着约伯一声不吭地坐了七天七夜。

到此时，约伯终于开口抱怨，诅咒自己，而这3位朋友则轮番劝说他。

这些对话，占了整卷《约伯记》的主要篇幅，概括起来就是：约伯百思不得其解，自己没有行恶事，何以突然遭此惨祸？上帝降祸于他，究竟为何事？为什么不给他说明，也不给他一个辩白的机会？恶人得福，义人遭祸，上帝行事究竟有没有道理？

而朋友们的劝解都是，上帝善恶必报，约伯必有罪恶，才会招致如此之祸，上帝不会不公道。

由于3个朋友没有一个说服得了约伯，故事中又突然插进了一个布西人以利户，他滔滔不绝地批驳了约伯，意思无非是，作为一个人，约伯根本不可能知道全知全能的上帝的道理。

以利户的长篇大论刚说完，上帝就在旋风中出现，并对约伯痛加训斥。

可上帝只字未提约伯遭祸的理由，只是大谈了一番自己的全知全能，以及对比之下约伯的无知无能。

约伯一见上帝显现，马上转过意来，虔诚忏悔，再无一点怨意。

有意思的是，接着，上帝却说，约伯的3位朋友所说的维护上帝公正形象的话，还不如约伯的抱怨正确，令他们去到约伯那里献上燔祭，否则，就要向他们发怒气。

最后，上帝重新赐福给约伯，让他重新生了7子3女，家产则增加了一倍。约伯自己又活了140年，直到年纪老迈，满足而死。

从这篇议论风生的《约伯记》中，可以明显地看出充分体现犹太民族智慧的若干独特的观念和思路。

约伯怀疑上帝的公正，而3个朋友维护上帝的公正，结果反倒是约伯的怀疑比3个朋友的维护来得正确。这决不能理解为上帝承认自己的非公正，而只能理解为约伯所怀疑和3个朋友所维护的“对象”有问题。

约伯怀疑的不是上帝本身，而是他所知晓的上帝的道理。3个朋友维护的，也只是他们所知晓的上帝的道理。然而，以人类的这点智慧怎么能保证他们所知晓的上帝的道理便是上帝的真正道理呢？

既然不是真正的道理，那么对这种道理加以怀疑，当然要比对其加以维护来得正确。因为怀疑还可能引发出对真正道理的认识或接近之，而维护则只能永远停留在这一纯属误解甚至曲解的境地。

犹太人特别注重研习《托拉》(律法书)，注重从“成文”《托拉》中重新发现“子虚乌有”或至少已像声波消失在空气中一样的“口授”《托拉》，甚至主张人在来世所能享受的最大幸福，乃是同上帝本人一起研习《托拉》，其中所包含的，就是这一“怀疑比盲目信仰庸俗化道理来得正确”的道理。

可以说，那种庸俗化的道理，已迹近于偶像，因为它已经成为某种刻板模式，其信奉者也迹近于偶像崇拜，而偶像崇拜正是犹太人最为反对的，“摩西十诫”中就有“不可造偶像”的律条。

塔木德智慧录
ta mu de zhi hui lu

犹太民族把“真正的道理”抬高到这般玄而又玄的高度，既从根本上否定了人僭越上帝的可能，同时也给予人根据现实需要而构想种种道理的“意志自由”和“思想自由”。这种“适度的开放性”正是犹太民族在固守一本不变的《圣经》的同时，却能始终跟上时代步伐甚至走在时代最前列的根本奥秘之所在！

意志坚定步伐才坚定

犹太人认为要有坚定的意志，必须先在潜意识里下定决心。若在表层意识里不管如何用力，也无法有坚定的意志时，因此必须在内心深处痛下决心才行。

能有这种潜在意识的坚定意志，就等于把工作完成了一半。因为在内心深处痛下决心，就表示心已朝向“决定要做做看”的状态，因此工作能否完成只是时间的问题而已。心中如果无法痛下决心，工作始终就无法进步，只能在四处不知所措地徘徊着。

但是你可能会问：“你敢保证，只要有坚定的意志，一定会成功吗?”

对于这个问题，回答是“不”！

要有移山的信心，并非只靠梦想或祈求，而是应该冒着失败的危险勇敢地前进。信心的意思就是要有保证成功的决心，自信只给予我们男人中的男人，给予我们肯勇敢冒险向着远大事业前进的男人，世界将会为他戴上冠冕。

那么，为什么没有成功的保证，却也有肯冒险而能成功的人呢？能够把握机会的人被大家知道时，他就能得到别人的援助；有勇气的男人会吸引有勇气的男人；富有想象力的人会吸引富有想象力的人；想成大事的人也会吸引想做大事的人。

同时，从意想不到的源泉那里会传来强大的帮助的力量，因此只要拥有强大的意志，就自然而然能和成功连在一起。

如果抱着信念开始做某种事的话，我们是不会遇到悲剧的。如果你现在踏出一步，就等于在遥远的成功的路途上走了一半。好的开始等于成功的一半。

大无畏的人，鬼也惧怕。在普通人看来认为不可能的事，如果当事人能从潜在意识去认为“可能”，也就是相信可能做到的话，事情就会按照那个人信念的强度如何，而从实际中流出极大的力量来。这时，即使表面看来不可能的事，也可以完成。

这也就是根据信仰，来相信自己的力量。

例如：医生认为无法痊愈的病患，如果抱着“一定会好”的信念去努力的话，病就真的可以完全医好。这种故事古今中外不胜枚举。

工作时也一样，没资本也没什么关系，在不景气中喘息奔波而能渐渐露出头角得到成功的例子也有很多。那是因为他能够不管别人说“那怎么可能”的话，而抱着“我一定要把那件事完成给你看”的信念之故。

为什么能够产生这种奇迹般的事？主要是有两种想法：其一是，拥有绝对可能的信念，就会在潜意识中播下好种子，而从潜意识中引起良好的作用。其二是，那个绝对可能的信念到达后，会从那里流出无限量的能力来。

从上面两个理由看来，许多不可能的事往往会变成可能，这种奇迹般的事是可能发生的。而且并不需要长时期的等待，有时在短时间内就会发生效果。

许多令人无法相信的伟大事业也有人能够去完成，其主要原因是，那些人都拥有不怕艰难的强烈信念。

能毅然前进的人，连鬼神也会让路给他。同时，这样前进的人，虽然自己不做什么事，但外界自然会有人想知道他。如此一来，周围环境的状况就会有所变化，而许多不可能的事，往往会变成可能。

塔木德智慧录

ta mu de zhi hui lu

犹太人认为，许多令人无法相信的伟大事业也有人能够去完成，其主要原因是，那些人都拥有不怕艰难的强烈信念。

不要拒绝失败

先看一则犹太寓言：

有一天，一位农夫弯着腰在院子里锄草。天气很热，他满头大汗，汗珠不停地顺着脸颊流下来。

“可恶的杂草！假如没有这些杂草，我的院子一定很漂亮，神为什么要造这些讨厌的杂草来破坏我的院子呢？”农夫这样唠叨着。

有一棵被拔起的小草正躺在院子里，它很平静地对农夫说：“你说我们可恶，也许你从来就没有想到过，我们也是很有用的。现在，请你听我说一句吧，我们把根伸进土中，等于是在耕耘泥土，当你把我们拔掉时，泥土就已经是耕过的了。此外，下雨时，我们防止泥土被雨水冲掉；在干涸的时候，我们能阻止强风吹起沙尘。我们是替你守卫院子的卫兵，如果没有我们，你根本就不可能享受种花、赏花的乐趣，因为雨水会冲走泥土，狂风会吹散泥土……所以希望你在看到花儿盛开之余，能够想起一些我们的好处。”

农夫听了这些话，不禁肃然起敬。从那天以后，他就再也不会瞧不起任何东西了。

犹太人强调每一件东西都有用处，事物的好坏在于人对其的发掘、转换、变化。好东西并不绝对地好，它也必定会有一些缺陷；坏东西也并不绝对地坏，它也有自身的特殊用途。

犹太人认为，人也是这样，每一个人都有坚强的一面，同时也有脆弱的一面。可是，在人们视之为脆弱的一面当中，也往往包含着许多有用的因素。逆境和顺境，失败和胜利也都如此。每一个人都能有作为，关键在于自身的努力与否。

犹太人不但纪念胜利的日子，同时也纪念败北屈辱的日子。

也许世人对这种做法会有不同的嘲笑和讽刺，但是几乎所有犹太人都相信一点：只要记住失败那一天，就会产生强大的力量。

在犹太社会的纪念日中，最隆重的节日应该算是“逾越节”了。这一天，是犹太人纪念他们重返以色列的日子。

逾越节是整个犹太民族缅怀祖先、倾诉苦难，庆祝在上帝的关照下逃出埃及，从而摆脱奴隶困境，走向自由的节日。《出埃及记》载，上帝耶和华命令摩西带领犹太人从埃及出逃前夕，决定惩治多次背信弃义的埃及法老，以杀死埃及所有头胎出生的人和牲畜的办法迫使法老屈服。为了防止错杀以色列人，耶和华让摩西吩咐以色列人在尼散月 13 日晚家家杀羊吃烤肉，然后把羊血涂抹在自己家的门楣和门框上。耶和华在尼散月 14 日拂晓走遍埃及，将所有头胎出生的人与牲畜都杀死，唯独见门框上有羊血的人家便“逾越”过去。以色列人全都安然无恙。法老摄于上帝的威胁，同意以色列人离开埃及。此后，耶和华吩咐：“这一日将是你们的纪念日，要当作上主的节日来庆祝。你们要世世代代过这节日，作为永远的法规。”以色列人为感谢上帝对他们的拯救，把每年尼散月 14 日起的 8 天定为逾越节。

逾越节又称除酵节，根据习俗，犹太人在逾越节期间，不能吃面包和发酵的食品。这也与古代以色列人逃出埃及的历史传说有关。《出埃及记》载，以色列人逃离埃及时，由于过于匆忙，没有时间准备路上所需的面包，所以他们把未烘烤和未发酵的面团背在背上，靠太阳把它们烤成食品。后来《圣经》做出规定：犹太人在逾越节期间只能吃未经发酵的面饼，以此作为对古代以色列人逃出埃及的纪念。因此在逾越节前夜，每个犹太人家里都要搜个天翻地覆，以确保没有任何发酵物留下来。在逾越节的 8 天里，犹太人不吃面包，只吃一种用面粉制成的、未经发酵的薄饼——“马扎”。最初，逾越节与除酵节是两个不同的节日，前者在尼散月 14 日晚庆祝，后者从尼散月 15 日开始庆祝，连续 7 天，后来二者合并在一起庆祝。

圣殿时期，犹太朝圣者从全国各地步行到耶路撒冷来庆祝这个节日。他们用刚满周岁且无残疾的羔羊（逾越节的羔羊）来献祭。腰束带子、手持棍杖的人们匆忙把烤熟的羔羊头、腿、五脏全部吃光，同时吃无酵饼和野菜。

现在依照习俗，犹太人在尼散月 15 日要全家聚在一起，吃一顿叫“西德尔”（意为“命令”）的逾越节家宴。这是逾越节最隆重的节日活动，正统犹太人家要使用一套专供逾越节使用的餐具。根据传统，桌上要留一个空盘子，并为先知以利亚单留出一个酒杯。这个酒杯通常用玻璃杯或金属杯，流行款式多为铜合金制成，其上刻有犹太传统图案。

家宴上每人喝 4 杯酒，开始和结束各一杯，席间两杯，纪念犹太祖先在埃及受的苦难以及在上帝的指引下，摆脱奴役，回到迦南的历史事件。家宴开始时，身着白袍的家长举杯为节日祝福。全家人喝第 1 杯酒，然后洗手。接着，家长把生苦菜和其他生菜蘸醋或盐水分给每一位用餐人，又将象征古代逾越了供品羔羊的羊胫骨和煮鸡蛋白从特殊的逾越节家宴盘中取出。这些鸡蛋作为节日食品，象征着犹太民族，被放在火上煮的时间越长，鸡蛋就越硬、越难破碎。接着人人唱歌、朗诵祷文。斟第 2 杯酒后，家中最小的孩子要提出下列问题：“为什么今晚与其他夜晚不同？为什么只吃‘马扎’？为什么吃生菜时要蘸盐水？为什么今晚倚着椅背吃？”然后，全家人依次诵读《哈加达》，复述《出埃及记》中有关犹太人摆脱奴役、获得自由的故事，作为对上述问题的回答，回答完毕后，喝第 2 杯酒。全家人再次洗手，分食“马扎”和蘸有酒酿果酱的苦菜，然后开始上主菜。主菜用毕，家中年幼者要找出事先藏起来的半块“马扎”，作为甜食全家人分食，这半块“马扎”象征古代在家宴时所食的逾越节羔羊肉。

这时，斟第 3 杯酒表示对上帝恩惠的感谢。全家人在齐诵《诵赞诗篇》声中，将这杯酒一饮而尽。接下来，斟第 4 杯酒，同时将桌上的以利亚杯斟满。打开家门，诵读一段欢迎先知以利亚光临的诗词。据传说，以利亚很可能突然出现在逾越节家宴上，预报救世主弥赛亚降临的喜讯。在饮完第 4 杯酒后，所有盘子里的食物都要吃净，家宴在“明年相聚在耶路撒冷”的祝词中结束。

犹太人认为，遇到的苦难愈艰辛，败北的次数愈多，就会愈坚强。逾越节上吃苦菜和未发酵的面包是为了回味当时的苦难。

人生有成功，也有失败，这是必然的，犹太人普遍对失败持一种容忍的、接受的态度。犹太人认为，如果一个人沉湎于成功的甜美，而忘掉了失败的苦涩，那么终有一天他会再次尝到失败的苦果。因为成功会使人松懈，使人自满；而失败却使人奋进。回味失败意味着不断攀登成功巅峰；舍弃失败即舍弃成功。

在犹太人看来，失败并不能证明自己的无能，只要能够自强不息，失败将是一次难得的契机。不敢面对和承认自己失败的失败才是真正的失败。

塔木德智慧录

ta mu de zhi hui lu

犹太人面对失败、挫折，确立忍耐制胜的法则是：对失败持正确健康的态度，不要恐惧失败，要懂得失败乃是成功必经的过程。焦点不要对着过错与失败！应对准远大的目标，活用自己的过错或失败。遇到失败时，千万不能气馁，要坚韧不拔，矢志不移。发现此路不通时，要设法另谋出路，使自己顺应环境、适应潮流。要善于伺机借势，等待机遇。

风雨之后见彩虹

犹太人认为：每个人都不可能避免失败，不分聪明和蠢笨，而那些善于从失败中吸取教训的人，才是真正聪明的商人。有很多人，已经丧失了他们所有的一切，但他们并不算是失败，因为他们有一种不可屈服的意志，他们从不介意一时的成败，失败只会让自己更加成熟。

美国企业家保罗·道弥尔就是这样一个聪明的商人。他专门收购面临危机的企业，这类企业在他的手中经过整顿，个个起死回生，财源广进。

1948 年，21 岁的保罗·道弥尔离开了祖国匈牙利，来到美国。当时，他一无所有，最大的资本就是一副健康强壮的身体。

在美国找一份工作勉强度日，并非难事，但是胸怀大志的道弥尔并不以能够维持生计为满足。在一年半时间里，他竟变换了 15 次工作。他之所以这样做，并非朝秦暮楚，好高骛远，而是为了更深更多地了解美国，尽快增长自己的能力，学会做自己不会做的事情。最后，道弥尔在一个制造日用杂品的工厂正式开始工作了。他总是不声不响地工作，主动帮助老板忙里忙外，干得极卖力气，还做了许多分外的事。老板被他这种刻苦耐劳、持之以恒的精神感动了。

一天，老板把道弥尔叫到办公室，对他说："我还有许多事情要做，我想把这个工厂交给你照管，你不会反对吧?"道弥尔非常高兴，他很自信地说："谢谢您对我的信任，我想我会把它管理得很好。"道弥尔做了工厂主管，每周工资由 30 美元升到了 195 美元。这个数字在当时来说是不小的收入，但他追求的不是这个，他要向企业家的目标奋斗。这个小工厂固然能学点管理经验，但毕竟有限。

道弥尔认为：要想做一个企业家，不仅要学会工厂管理，还必须熟悉市场，了解顾客的心理和需求，销售部门是企业的一个最重要的部门，不懂销售业务就不能成为现代的企业家。因此，半年之后，他向老板递交了辞呈，决定做推销员。

他做推销员之后，视野果然开阔了许多。他广泛地同各种顾客打交道，丰富了销售产品的经验，锻炼了交际能力和技巧，学会了如何去洞察和分析顾客的心理，同时也更深地了解当地的风俗民情，这对于一个来自异乡的青年人来说，无疑又积累了一大笔无形的财富。仅用两年时间，道弥尔便用自己的才智和心血编织了一个庞大的销售网，成为当地最富有的推销员。正在这时，道弥尔做了一个惊人的决定，将一家濒临破产的工艺品制造厂以高价买了下来，同时拥有70%的股份。也就是说，这家工厂成了他的控股企业，基本上可以按照自己的想法大胆地进行整顿和改革了。

道弥尔首先从生产和销售两个环节实行整顿。他认为，生产环节方面要提高效率、减少开支、降低成本。他针对不少员工对工厂的前景已失去希望，便借机大批裁员，而对留下的员工增加他们的工作量，提高他们的工资。销售环节方面，因为是工艺品，他废止推销办法，改为推销制度；提高产品价格，保持合理利润；加强销售服务，提高工厂信誉。

有人这样问道弥尔：为什么总爱买下一些濒临倒闭的企业来经营？他回答得十分巧妙："别人经营失败了，接过来就容易找到它失败的原因，只要把造成失败的缺点和失误找出来，并加以纠正，就会得到转机，也就会重新赚钱。这比自己从头干起要省力得多。"因此，保罗·道弥尔被同行企业家们称为企业界"神奇的巫师"。

成功是在不断地探索和失败中发现的，善于从失败中吸取教训及不断改变的人，才是真正的聪明人。

犹太商人认为，事业上的失败，主要是由自己的原因造成的，要想改变这种状况，首先要改变你自己。

《塔木德》中有这样一个寓言故事：狗家族中一条很有抱负的小狗向整个家族宣布，要去横穿大沙漠。所有的狗都跑来向它祝贺，在一片欢呼声中，这只小狗带足了食物和水上路了。3天后，噩耗传来：小狗死在了沙漠里。这只很有理想的小狗为什么丢掉了性命呢？检查食物，还有很多；检查水壶，里面还有水。经过研究分析得出结论：小狗是被尿憋死的。小狗之所以被尿憋死，是因为它有一个习惯，一定要在树干旁撒尿。大沙漠中哪有树呀，可怜的小狗一直憋了3天，最后活活被尿给憋死了。

《塔木德》讲这么一则小故事是想告诉人们：习惯影响命运。一个人的行为方式、生活习惯是多年养成的，很难改变，如果能够学会改变，那么就不会落到失败的境地。

塔木德智慧录
ta mu de zhi hui lu

人的精神力量是无限的，可以创造任何奇迹，而犹太人更是毫不例外。即使遭遇再多、再痛苦的磨难，他们也会在艰难中顽强地生存下来。

坚持到底

“坚贞不屈，绝不投降！”

公元73年，犹太小刀党领导的起义只剩下最后一个据点马萨达堡，起义军被10万罗马士兵围困了整整3年。石块已阻挡不住罗马人的进攻，在4月15日犹太教逾越节，他们决定集体殉难。殉难前，起义领导人拉埃尔发表了“宁为自己而死，不为奴隶而生”的浩气长存的演说，这就是代表犹太民族气节的“马萨达精神”。

公元135年，犹太人在抵抗罗马人的最后一次起义失败后，守卫贝塔尔要塞的守军亦全部自尽，绝不投降，再一次体现了犹太人大无畏的英雄气概。

不惧血与火的锤炼，坚贞不屈，这正是犹太人历尽浩劫而不灭的真谛之一。

犹太教是世界上最古老的宗教之一，成文的经典和行为规范是每一个犹太人的精神支柱，也是联系散居在世界各地的犹太人的精神纽带，每一个犹太教的教徒，都有坚强的信仰。“巴比伦囚虏”时代，流浪的犹太人纷纷发誓：“耶路撒冷啊，我若忘记你，就让我的右手从此不会操作，舌头从根烂掉。”即使是在中世纪宗教迫害肆虐的年代，也只有少数人放弃犹太教。15 世纪下半叶，西班牙宗教裁判所以死刑威胁犹太人改教，一批犹太人为了生存，表面上接受洗礼，实际上仍忠于自己的信仰。西班牙皇帝恼羞成怒，下令将 21 万犹太人全部驱逐。也正是犹太教和《圣经》，使犹太人自命为“上帝的特选子民”，《圣经》成了唤醒散居在世界各地的每一个犹太人民族意识的强大力量，这不仅防止了他们和其他民族的融合，同时也使他们心中永远装着上帝，他们坚信一切苦难都是上帝为惩罚他们的罪行而特意安排的，届时救世主自会拯救他们脱离苦海，回到“流奶”之地。于是，他们具有忍受一切压迫的巨大忍耐力，这也是他们能够在任何恶劣环境下生存并保持民族同一性的内因。

人生的路程既然与苦难分不开，我们就该懂得接受苦难。会接受苦难，苦难就成了上帝赐下来的化装了的福庇：不会接受苦难，苦难就真的成了难当的重担。

人生总有迂回曲折，人在成长过程中还会遭遇更多的挫折，这就是人生的现实。在这些人生的转折关头，应该如何去看待、去应付，就全看自己了。既可以把它当做一种“挑战”；或者，也可以像大多数人一样，把它当成时运不济、危机、灾难……而不想寻找更可靠的道路再尝试一次，并将此作为自己承认失败的借口。

在失望面前必须坚强起来，要冷静面对失望。失望与快乐都是人生的一部分，重要的是，如果今后在希望落空时，不能把它视为仅是一时的退却或应该克服的考验，反而当做毫无道理的大失败，那么将会被失败所击溃！这一点所有人都应该铭记在心。只有甘心承受失败，并且失去再尝试的意愿时，才是真正的失败。

很多人要是没到大难临头，往往不会发挥出他自身潜在的实力。除非不幸的悲哀、丧家的痛苦及其他种种创伤足以触动其内心，不然，他内在的潜力是不会被唤起的。

有许多年轻人，遇到障碍的时候便对所追求的目标心灰意冷。他们退缩下来，说命运是冷酷的，逐渐地变成胆小的人。这实在是很遗憾的事。真正重要的并不是我们人生中的偶发事件，而是我们如何面对这些偶发事件，并创造各种不同的人生，绝不能因为挫折而阻碍了自己的前途。面临困境时，就是向命运挑战的时候，要有拒绝失败的勇气。当然，打消念头、退缩放弃是很容易的，多数人在日常生活中也证实了这一点。拒绝失败的人，在一个地方吃了闭门羹，会敲另外一扇门，一次又一次不断继续敲门，一直到被接受为止，在年轻时能学习这样处世的人，应该没有不获得大成功的。

检验一个人的品格，最好是在他失败的时候，看他失败了以后会怎样。失败能唤起他更多的勇气吗？失败能使他更加地努力吗？失败能使他发现新力量，深挖自己的潜力吗？失败了以后，是决心加倍的坚强还是就此心灰意冷？

爱默生说：“伟大、高贵人物最明显的标志，就是他坚韧的意志，不管环境如何恶劣，他的初衷与希望不会有丝毫的改变，并将最终克服阻力达到所企望的目的。”

塔木德智慧录

ta mu de zhi hui lu

跌倒以后，立刻站立起来，向失败夺取胜利，这是自古以来伟大人物的成功秘诀。

第五章

塔木德之育人智慧

犹太人求知精神的基点在于他们对知识有着深刻的，也相当实际的认识，知识就是财富，由此便产生了对知识这种财富近似贪婪的欲望。犹太人四处流浪，没有家园，居无定所，没有生存和发展的权利保障。他们所到之处，唯一的支撑点就是自己头脑中的知识，靠知识创造财富，从而由财富、金钱来为自己争得一条生路，一个生存发展的空间。物质财富随时都可能被偷走，但知识永远在身边，智慧永远相伴，而有智慧有知识，就不怕没有财富。这正是犹太人流浪数千年依然生生不息的原因所在。

教育投资要长远

梅厄夫人说过：“对教育的投资是最有远见的投资。”

夏扎尔也曾说过：“教育是创造以色列新民族的希望所在。”

伊扎克·纳冯则更直截了当地说：“教育上的投资就是经济上的投资。”

早在以色列建国之前，犹太复国主义运动就把教育作为复国的重要手段之一。在巴勒斯坦最早出现的犹太人组织是犹太学校。以色列建国前，犹太人就已建立了两所大学和许多中心小学。

以色列历届领导人一直把培养高质量的人才看做一个关系到民族生存与否的根本问题。教育立国、科技立国是以色列从成立之日就追求的目标。他们认为，如果不培养高质量的人才，建立一个模范的社会，则以色列在战场上将处于军事劣势，在国际上得不到尊重，也无法吸引众多的犹太人来定居。这样，以色列就无法生存下去。

以色列建国后，始终把教育放在优先地位。

1949 年以色列颁布了《义务教育法》。这是这个国家最早制定的几个法律文件之一。1953 年颁布了《国家教育法》，1969 年颁布了《学校审查法》，等等。这一系列法律的制定，确立了教育的地位，形成了以色列特色的教育制度。

以色列是个移民国家，来自四面八方的移民把世界各地的文化带到以色列，其中既有东方文化又有西方文化，既有传统农业文化也有现代工业文化。以色列教育投资的目的之一就是填平这些不同文化的鸿沟与差距。为此《国家教育法》明确规定：“以色列的目的，一方面是让学生学习知识和技能，以适应国家发展的要求；另一方面是促进来自世界各地的犹太人之间的融合，清除他们之间的文化差别，以形成一种新的犹太国民文化。”

以色列在教育方面投入了较高的经费。从20世纪70年代始，以色列教育经费始终高于全国国民生产总值的8%，最高的1979~1980年度竟达8.8%。在一个四面树敌、困难重重且军费开支相当高昂的国家，教育投资能达到这一水平，确实不容易。

以色列的教育投资之高，在世界上也是罕见的。

正是因为有了较高的教育投资，以色列的教育才有了迅速发展的坚实基础。

高昂的教育投资使以色列的教育结出了累累硕果。

以色列的人口只有500多万，但是在校人数达到138万人之多，还有很多成年人参加各种形式的学习。在以色列人中有1/3是学生，也就是说，每3个人中就有1个学生。从大学生人数来看，以色列总人口与大学生的比例仅低于美国和加拿大，比欧洲的一些国家都高。以色列的文盲率十分低。

以色列的大学是公认的世界一流的大学。凡是到过以色列的人都必去“游览”以色列的大学。凡是到过这些大学的人无不为校园之幽美、建筑之宏伟、设备之先进和藏书之丰富而赞叹不已。以色列的大学的许多研究成果被国际学术界承认为权威性项目。

以色列每4500人中就有一名教授或副教授。由于国内容纳不了这么多专家、学者，以色列已开始“输出”人才，不少人才外流，特别是流向美国。

塔木德智慧录

ta mu de zhi hui lu

发达的教育和优良的人才素质终于使“弹丸之国”以色列成为一股不可忽视的政治力量和国际力量。

教育比重建圣殿更重要

《圣经》上的蜂密

犹太人在世界上之所以引领风骚，最主要的是他们具有卓尔不群的文化素养和精神底蕴。而其根基是尊重知识，渴望学习，重视教育，崇尚求知。

在犹太人看来，学习知识最甜蜜。

据说，在许多犹太人的家庭中，有许多有趣的风俗从古代一直保持到今天小孩子稍微懂事，母亲就会翻开《圣经》，滴一点蜂蜜在上面，然后叫孩子去舔圣经上的蜂蜜。这仪式的用意是，书本是甜的。

另一种说法是，犹太学校里有一种仪式，男孩子们头一次进教室上课，总是沉浸在兴奋的热闹之中。孩子们穿上新衣，由教士或者有学问的人带到教室。每位孩子都可以得到一块干净的石板，石板上有用蜂蜜写成的希伯来字母和简单的《圣经》文句，孩子们一边诵读字母，一边舔掉石板上的蜂蜜。随后，拉比们会分给他们蜜糕、苹果和核桃。这一仪式的目的是要使他们在学习中一开始就尝到甜头。

透过这些远古的仪式，我们可以窥见犹太人对学习的态度。

在《塔木德》中有这一段论述：

学习使人严谨，严谨使人热情，热情使人洁净，洁净使人克制，克制使人纯洁，纯洁使人神圣，神圣使人谦卑，谦卑使人恐惧罪恶，恐惧罪恶使人圣洁，圣洁使人拥有神圣的灵魂，神圣的灵魂使人永生。因此，犹太人认为："没有人是贫穷的，除非他没有知识。"

在日常生活中，经常会有人说，年纪太大了还学什么？或者，工作太忙了没有时间学习。或许，这些理由在许多人看来是非常合理的。但对犹太人说来，都是不可思议的事。

在犹太人看来，不管一个人到了多大岁数，也不论他有多么贫穷，只要他是人，就可以学习。因此，犹太人认为人们可以通过学习保持“青春”，保持年轻人的心态，还可以通过学习而获得“财富”，取得精神上的富足。

犹太人认为，学习对于孩子来说是非常重要的，它是保证孩子在以后的日子里能够生存下去的一种重要手段。

孩子的学习能力是一个渐进的发展过程。要帮助孩子提高学习能力，父母要给孩子营造一个良好的读书环境。

哲学家卡尔·波普尔出生于一个维也纳犹太人的家庭，他的父母非常注重他的学习环境。

波普尔曾在他的《无尽的探索》一书中写道：“我是在满屋书香的气氛熏陶下成长的。我父亲西蒙·西格蒙德·卡尔·波普尔博士，像他的两个兄弟一样，是维也纳大学的法学博士。他有一个大藏书室，那里到处是书——除了餐厅外。”在波普尔的家里，除了餐厅外，其他地方几乎全是书。在那间特大的藏书室里，放满了弗洛伊德、柏拉图、培根、笛卡儿、斯宾诺莎、康德和叔本华等名家的上万册著作。

波普尔的父亲非常关注社会问题，他不仅有马克思和恩格斯、拉萨尔和爱德华·伯恩斯坦的主要著作，还有马克思的批评家波姆·巴维克、卡尔·曼格尔以及波普尔·林克乌斯的著作。

他的藏书室里甚至还有一个和平主义的专架，上面有贝塔·冯·苏特纳、弗里德里·威廉·福斯特以及诺尔曼·安格尔的书。

另外，波普尔的父亲还是一个历史学家，藏书室里有关历史的书籍数目相当可观，尤其是有关于古希腊时期以及十八九世纪的历史的书，更是非常丰富。他父亲还写诗，并且把希腊文和拉丁文的诗歌译成德文，并对哲学有浓厚的兴趣。

这一切，可以说对卡尔·波普尔后来能够成为著名哲学家有非常重要的影响。关于这一点，在他的著作中他也明确写道：“我读的第一本关于社会主义的书是爱德华·贝拉米的《回顾》。我很可能在12岁就已经读过这本书了，它给我留下了深刻的印象。”

波普尔后来回忆，在他还未能读懂父亲的这些藏书前，它们就已经成了他生活的一部分。波普尔说，给他童年影响最大的一本书就是母亲读给他两个姐姐听的瑞典作家赛尔玛的《尼尔斯历险记》。在以后的许多年里，波普尔每年至少要重读一遍这本书，随着时间的推移，他不止一遍地通读了这位伟大作家的全部作品。

波普尔对于学习的认识非常深刻，他曾说过："学习、阅读和写作，当然是一个人智力发展过程中的重要事情，任何事情都无法与之比拟。我将永远感谢我的启蒙老师艾玛·戈尔德伯格，他教会了我三个 R。我认为，这些是必须教给一个孩子的唯一必要的东西；有些孩子为了学习这些甚至不需要别人教。其余的就是气氛，以及通过阅读和思考去学习。"

这就是犹太人对于孩子学习的观念。

塔木德智慧录

ta mu de zhi hui lu

学习是一个终身的过程，孩子将要不断地经历学习、工作、取得经验、巩固学习这样一个循环过程。对于孩子来说，学习会使他受益终生。

教育要从孩子抓起

"没有学童的城市终将衰败。"

"有学童而不教育的家庭，必将是一个贫穷的家庭。"

决定一个孩子终身的是他的童年，这是犹太人公认的名言，在现实中也是不争的事实。当然，人在这一生当中会碰到许多难以预料的事情，人的一生漫长，充满了各种各样的际遇与偶然性。所有父母都必须面对一个问题，那就是如何将孩子打造成一个对社会有用的人。

有一个命题，在许多民族中有着争议：一个人是天才还是庸才，究竟是取决于天赋还是教育？在犹太社会里，这个命题是没有争议的，他们认为一个普通的孩子只要教育得法，也能成为一个杰出的人。

爱因斯坦是犹太伟大的科学家，在他还是个孩子的时候，并没有非常突出的表现，而且天赋也不算高——4 岁才开始说话，在小学时因为学习成绩不好，老师曾要求他退学；而在他的家庭中，他母亲对他的音乐熏陶和他叔父对他进行的数学启蒙，使他的形象思维能力不断得到提高，最终成为一名伟大的科学家。

在很多人的头脑中有这样一种概念，认为孩子天赋很高，就能够取得成功；孩子天赋不高，就不会有所作为，这样就不能去追究父母在教育方面的失职。

许多教育事例都能够很好地说明一点，对孩子的教育开始得越早越好。但是，人们却普遍存在着一种偏见，认为婴儿就如同一张白纸，不具备学习与接受教育的能力；出生不久的幼儿就如同一只小动物，主要的任务是吃饭，而不是学习。事实上，孩子的一个最为重要的学习时期就是从出生到 3 岁前。因为这一个时期，孩子的大脑接受事物的速度和方法最快最直接。

一位犹太教育专家曾说过这样的话：“人在刚出生的时候都是一样的，但因为环境，特别是小时候所处的不同环境，有的人可能变成有用之才，而有的人则会平庸一辈子。就算是普通的孩子，只要给他很好的教育，同样也会成为一个了不起的人。”如果所有的孩子受到的教育都一样，那么他们的命运决定于禀赋的多少。

多数犹太教育家认为，婴儿在零至 3 岁之前的学习方式与长大后不同，前者是一种无意识学习，即模式学习；后者是意识学习，即主动学习。了解这一点对开发孩子的潜能是非常有价值的。

如何塑造天才，如何发掘天才？最为重要的就是在生活中，在我们的家庭中，尽早把孩子的潜能挖掘出来。

生活中的天才是神秘的，事业上的天才更为神秘，这只是因为很多人不知道天才是怎样出现的。其实天才并不神秘，它离我们并不遥远，每个人都有成为天才的潜能，只是后天的培养不当，潜能没有开发出来而已。

科学家研究得出，人天生就有一种特殊的力，它在人体内秘密地潜藏着，表面上是不容易看出的，这就是潜能。

每个人都有潜能，但人的潜能并不是恒定的、永存的，而是有一个潜能递减规律。

很多犹太教育家都有这样的看法，一个人的事业、社会地位、婚姻和财富，并不取决于某种单一的因素，高智商的人不一定会有所作为，同样，智商不高的人不一定不成功。但可以肯定的是，智商高的人肯定比较自由、快乐；智商低的人肯定不幸福、不快乐，而早教是决定智商高低的一个重要因素。

犹太母亲爱莎说："我的孩子出生还不到 6 周，我就把一些有颜色的东西拿给他看，比如我给他喂奶的奶瓶的颜色就各不相同，这与很多国家永远只用一种颜色的奶瓶是不一样的。我发现这是一件很有意思的事，因为用不同颜色的奶瓶给孩子喂奶，孩子就会爱上某种颜色，当用他所喜欢的颜色的奶瓶喂他奶时，他的食欲总是非常好。两只胖乎乎的小手总是试图把这只奶瓶抱紧。当然，用他不喜欢的颜色的奶瓶给他喂奶时，他就会表现得非常不开心，头会不停地摆动，回避奶瓶嘴或吐出来，有时还会表示他的抗议——皱着眉头。除了奶瓶之外，我还给孩子买了红色的小鼓，用短绳把小鼓拴到他的手腕上，随着手的上下的摆动小鼓就会随之发出声音。孩子会感到非常开心。为了让孩子更好地记住这些颜色，我每周给他换一个不同颜色的小鼓。通过这种方式，孩子很快就会把这些颜色记住。在形状上就会对圆的、方的有一个不同的概念。"

另一个犹太母亲海可华丝格说："教育孩子的方法很多，可以让孩子拿一些贴有砂纸的纸片和其他光滑的物品，把粗糙、光滑等形容词教给孩子。当然，婴儿拿着这些东西总喜欢往嘴里送，这时，家长要特别留意，不要让孩子养成这种习惯，让他们记住有些东西是不能往嘴里放的。"

一个犹太母亲给出了这样的建议：在给孩子买玩具的时候，一定要注意，年龄小的孩子给他的玩具应该是线条简单而色彩明快的那种。这是这位母亲教育孩子识别颜色的方法，这种办法很快就被大多数犹太母亲所接受。因为犹太人中有一个良好的习惯，她们总是在不断探索教育孩子的方法，以便教育好自己的孩子。有了一种好的方法，她们就会毫无保留地传授给他人。

犹太人认为每一个犹太母亲的责任就是教育好自己的孩子，这也是一个母亲所应承担的民族责任。

要劳逸结合地去学习

适当的休息不但能保持健康，还能提高学习效率。因为不管一个人的大脑有多么聪明，经过长时间的脑力劳动之后，都会变得疲倦和迟钝。所以，自从犹太民族诞生之时，犹太人便在每个星期都拿出一天的时间来以供休息，一直至今。

犹太人有这样的一句格言：“一张弓如果一直绷着，即使是钢做的，也会失去弹力。”说的就是休息的意义。他们通常把那些只知道学习而不会休息的人称之为“背着很多书本的驴子”。

其实的确如此，一个人一天的精力是有限的，尤其是思维方面，如果把时间都用在学习上，那么等到他放下书本的时候，就会发觉，在他想思考别的什么的时候，他的大脑反应已经非常缓慢了，甚至于做出一些异于常人、不可理解的举动。

即使是那些沉迷于《塔木德经》的研究者们，也不会不顾休息。因为他们具有异于其他民族、人民的智慧。

巴歇尔曾经这样告诫过他的弟子们：“长时间学习的时候，要每隔一小时休息一下，让你的心面向无穷尽的世界。”

但是，犹太人在宣扬学习的劳逸结合的时候，并非主张休息的任意性，他们认为应该遵守“三忌”。

一忌疲劳。根据犹太律法，休息日的活动范围原则上是从街口起 1 公里，相当于走 15 分钟的路程。当然了，作为规则而言，这已经是不切实际的了，但是作为对休息时不能过于疲劳的定义而言，它还是值得借鉴的。

二忌怠惰。犹太人并非认为休息就等同于什么也不干，在家看电视、睡觉，他们认为休息就是让自己的心灵、大脑得到澄清和宁静。所以，在休息日里，犹太人们会去做礼拜，或者是和家人们一起谈论生活、学习、工作等等一切让人感兴趣的话题。

三忌丧志。有些人一旦玩起来就没完没了，再也记不起来重新回到学习中去，所以犹太人在休息日里总会朗读《圣经》和《塔木德经》，因为这是他们生命和智慧的源泉、灵魂的寄托。或者去教堂和拉比们交流，聆听他们的教诲，接受他们深邃的思想指导，让自己的心智得到光明，燃起对学习的更大兴趣和渴望。

塔木德智慧录
ta mu de zhi hui lu

世界上很多民族都认为，学习必须勤奋，必须孜孜不倦，必须“悬梁刺股”，而任何休息与享受都是学习的大敌。比如中国的孔子就曾经因为一个学生趴在桌子上睡了一小会，就认为这个学生是“朽木不可雕”，孺子不可教。

处处皆知识

犹太社会中有这样一句格言：“一个人一旦拥有了知识，那他还能缺什么？一个人不去学习并拥有知识，那他还能拥有什么呢？无知的人不可能是虔诚的，胆怯的人是不可能学到东西的，而性情急躁的人是不可能学好知识的。”

犹太人常说：“把书本当作你的朋友，把书架当作你的庭院，你应该为书本的美丽而骄傲，摘其花朵，采其果实。”犹太人把这样的箴言一代代地传递给他们的子孙后代，告诫他们一定要勤奋读书。犹太教的教义有许多这方面的规定，例如：“书橱只可放在床头，不可放在床尾。”这样的规定就是告诫自己民族的人：书是神圣的，不能对书本有所不敬，要爱护书。

在学习方面，犹太人信奉这样一句话：“能够逢人学习对方优点者，乃世上最聪明之人。”犹太人认为知识随处可得，所以，他们读书是不分场合与地点的，只要有机会，他们就会抓紧时间去学习。

在犹太人的聚居区，常常会看到这样的情景：一个人在旅途中发现了一本他未曾见过的书，他就会买下这本书，并且带回去与故乡的人一起分享。他们认为，外来的书籍和知识是别人智慧的结晶，本民族只有不断地汲取其他民族的知识与智慧，才可以强大起来，所以，外来的知识应该拿来学习和利用。

一位伟大的拉比学识渊博，他有很多弟子。有一天，一位弟子问他：“您曾经说过，真理到处都有，那么，真理这种东西是否就像马路上的小石子一样，那么平常，那么多呢？”

“的确如此。”这位拉比回答，”其实每个人都可以捡到真理。”

“既然每个人都可以捡到真理，那么大家为什么不去捡呢？”弟子继续问道。

这位拉比回答说：“人如果想捡拾像小石子那么多、那么小的东西时，必定要弯下腰，但是很少有人会去弯腰，所以很少有人去捡拾真理。”

在犹太人心目中，真理无处不在。但有的人能看到，并且会去积极地学习，而有的人对真理视而不见或者即使看到也不去理睬。犹太人对于学习从来都是积极而谦虚的，因为只有积极、谦虚，才可以学到随处可见的知识。他们认为，智慧和谦虚是分不开的，越是有智慧的人往往越谦虚。一个人如果认为自己是幸福的，那他必定是幸福的，可是，一个自认为聪明的人，那他一定是个愚蠢的人。

美国第三任总统托马斯·杰斐逊就是一个谦虚的、积极学习知识的人。杰斐逊也许不如乔治·华盛顿和亚伯拉罕·林肯那样著名，但许多人都读过他起草的《独立宣言》，西点军校的学子也认为，从杰斐逊那里可以学到许多东西。

杰斐逊出生在一个富裕的家庭。他父亲是军队里的一名上将，他母亲出身于名门世家。不论是从家庭背景还是从受教育情况来看，他都属于社会的最高阶层。当时的贵族阶层很少与平民百姓交谈，但杰斐逊却不受这些东西的束缚，他与园丁、佣人、服务生、清洁工们交谈，他把与不同的人进行交谈当作是一种学习过程。

有一次，杰斐逊对法国伟人拉法叶特说："你必须像我一样到民众家里走一走，看一看他们的菜碗，尝一尝他们吃的面包。如果你这样做的话，就会了解到民众不满的原因，并会懂得正在酝酿着的法国革命的意义了。"他与每一个民众交谈，他从中获得了许多知识与感想，他明白了大众的想法与社会存在的一些问题。

他认为身边的每一个人都是独特的，每一个人都有一些值得别人学习的优点，因此，他总是积极主动地请教周围的人。杰斐逊积极学习的习惯颇受美国人的推崇，他的学习勇气和他的理想主义是建立在知识之上的。

就是凭着这种到处捕捉知识的执著信念，他学到了好多东西，他知道许许多多其他人不知道的东西，他的兴趣与爱好很广泛，他的知识很渊博。据说，杰斐逊能够解释太阳和星球的运动，并能够绘制房屋设计图，训练马匹，拉小提琴，这些都源于他执著的求知精神。

杰斐逊有着无穷的潜力和精力，他搞创造发明、写过书、发表新的见解并开创了各个领域中人类活动的新纪元，他还是哲学家、考古学家和医学家，他还发明了一架当时最先进、最完善的犁，他也影响了当时整个美国的建筑业，他会经常制造出一些便利人们日常生活的设备。他简直被人们视为天才，但是，天才总是在一点一滴的知识积累中渐渐培养起来的。

他每天早饭前经常会写点什么或看点什么，早饭后还会继续学点什么。工作一天后，他还要学习其他语言或者看古英语作品。在自己所有看过的书上，他都仔细地加上了注释。

杰斐逊比任何一位孜孜不倦的优秀作家更为出色，他的全著共有五十多卷，现已全部出版。他很有写作才赋，1776 年他担负起草《独立宣言》的重任，千百万人因他的话语振奋不已。杰斐逊之所以知识渊博，是因为他谦虚好学、不耻下问、勤奋刻苦。

土壤因播种而得到改良，思想因学习而获得磨炼。知识无处不在，不仅要从书本上学习，也要向其他人学习，借鉴别人的经验，获得知识就如获得金子这种珍贵的物质一样，只有坚持不懈地去采金，才可以充实自己的大脑，使自己的知识丰富起来。

塔木德智慧录
ta mu de zhi hui lu

没有任何力量比知识更强大，知识无处不在，只要用心，就会有所收获。谦虚的人在处处寻找知识，自大的人却看不到知识。

没有什么比知识更重要

学习知识最甜蜜

犹太人在世界上之所以能够引领风骚，最主要的是他们具有卓尔不群的文化素养和精神底蕴。而其根基是尊重知识，渴望学习，重视教育，崇尚求知。

在犹太人看来，学习知识最甜蜜。

在以色列，曾经有这么一个人，他的儿子对学习毫无兴趣，他的老师最后不得不放弃努力，而只教他《创世纪》一书。后来，敌军攻打他们居住的城市，俘虏了这个男孩，把他囚禁在一个遥远的城市。

恰好恺撒来到了囚禁这个男孩的城市，并视察了男孩被囚的监狱。恺撒要求看一看监狱中的藏书，发现了一本他不知道怎么读的书。

“这可能是一本犹太人的书，”他说，“这里有人会读这本书吗？”

“有，”典狱官答，“我这就带他来见您。”

典狱官把男孩找来，说：“如果你不会读这本书，国王就会要你的脑袋。你要是死在这儿的监狱里，总比被国王砍掉脑袋的好。”

“我父亲只教过我读一本书。”男孩答道。

典狱官把男孩从监狱里提出来，把他打扮得光鲜亮丽，带到了恺撒面前。皇帝把书摆到男孩面前，年轻人就开始读，从“起初，上帝创造天地”一直读到“这就是天国的历史。”

恺撒听着男孩读，说道：“这显然是上帝，赐福的上帝向我打开他的世界，只是要把这孩子送回到他父亲身边。”于是，恺撒送给男孩金银，并派两名士兵把男孩护送回到他父亲身边。

圣人们听到这个故事后，说：“尽管这孩子的父亲只教他读了唯一一本书，赐福的上帝就奖赏他了。那么，想一想，如果一个人不辞辛苦地教他的孩子《圣经》、《密西拿》和《圣徒传记》，那他得到的奖赏该有多大呀！”

为此，犹太人认为没有人是贫穷的，除非他没有知识。拥有知识的人拥有一切。对于犹太人，拉比可能会问：“一个人要是没有知识，那他还能有什么呢？一个人一旦拥有知识，那他还能缺什么呢？如果一个人不去学习并且不拥有知识，那他还能拥有什么呢？”

智慧比知识更重要

知识可以转化为财富，但需要有将知识转化为财富的能力。当然，知识本身就是一笔财富，但犹太人看重的是将知识如何转化为实实在在的物质财富，即人的知性，也就是人的智慧。因为智慧是打开幸福和财富之门的金钥匙。

知性并不是指知识。知性是以知识为基础，以完善知识，提高心性和能力为目的而构建起来的大厦。

犹太母亲，每每问孩子一个谜题：“假如有一天，你的房子被烧毁，财产被抢光，你将会带着什么东西逃跑呢？”

这个问题满含着犹太人悲惨的血泪史。

大多数孩子回答的是“钱”或者“钻石”。

母亲进一步问：“有一种没有形状，没有颜色，没有气味的东西，你知道是什么吗？”

孩子们回答不出来，母亲就说：“孩子们，你们带走的东西，不是钱，也不是钻石，而是知性。因为知性是任何人抢不走的。只要你还活着，知性就永远跟随你，无论逃到什么地方都不会失去它。”

从这则故事可知犹太人对知性的重视程度。

在犹太社会中，每个人都认为智者远比国王伟大，智者才是人们尊敬的中心。因为智者若死了，世上再也没有大智慧；而国王死了，任何一个智者的弟子都可以胜任。

犹太人如此看重智慧。所以，他们又把仅有知识而没有智慧的人比喻为“背着很多书本的驴子”，这种驴子很难派上大用场。

知识是为磨练智慧而存在的。假如只是收集很多知识而不消化，就等于徒然堆积许多书本而不用，同样是一种浪费。

犹太人也蔑视一般的学习，他们认为一般的学习只是一味地模仿，而没有任何的创新。实际上，学习应该是怀疑、思考、提高知性能力的过程。

正因为如此，《塔木德》上说：“学识及能力，都像是价值最昂贵的怀表。”

肯学知识的人最伟大

在犹太人看来，不管一个人到了多大岁数，也不论他有多么贫穷，只要他是人，就应该学习。因此，犹太人认为人们可以透过学习保持“青春”，保持年轻人的心态；还可以通过学习而获得“财富”，取得精神上的富足。

拉比曾教育说：如果一个人来到天国裁判所并说“我太穷了，终日为果腹奔波，没有时间学习”，那么，他就会被问到这样一个问题：“你比希莱尔还穷吗?”

希莱尔长老是一个穷人，他每天都辛苦地干活，却只挣到半个第纳尔。他用收入的一半支付给学院的门卫，而用剩下的一半来使自己和家人过活。

一天，在安息日前夜，他没有挣到钱，于是，学院的门卫就不让他进去。在学习知识的驱使下，他爬到教室的房顶上，把头紧紧贴在冰冷的屋顶上，透过玻璃屏息倾听智者施玛和阿弗塔扬讲课。在他趴在房顶上的时候，大雪飞扬，不一会儿，就将他覆盖起来，但他听得非常入迷，终夜没有挪动一下位置。

第二天清晨，施玛对阿弗塔扬说："兄弟，这间屋子每天都很亮，但今天却有些暗，外面是不是阴天了？"

他们抬头向上看，发现屋顶有一个人型的物体，于是，他们爬到房顶，发现了被大雪覆盖几乎冻死的希莱尔。他们把他背下来，给他洗澡并涂油，然后把他放到了火炉旁边。

两位圣人说："这个人亵渎安息日的行为是值得的，上帝保佑他。"

《塔木德》中有这样一些话：

"对于像孩子那样学习的人，我们把他比做什么呢？就像用墨水在新鲜洁净的纸上书写。"

"但对于像老人那样学习的人，我们把他比做什么呢？就像用墨水在破旧不堪的纸上书写。"

"世界只为了学童们的呼吸而持久存在。"

"学童们决不能忽视他们的学业，即便是为了建筑神庙也不行。"

"没有学童的城市终将衰败。"

塔木德智慧录

ta mu de zhi hui lu

只要是活着，犹太人总是不停地学习，因为对犹太人来说，学习是一种神圣的使命。犹太人认为到达天国以前，人必须要不断地学习，即使是一位最伟大的拉比，也不例外。学问的追求是永无止境的。所有的犹太人一向秉持着这样一种观念：肯学的人比知识丰富的人更伟大。

知识和智慧是不会流失的财富

在犹太人眼里，知识是重于一切的，他们甚至于把传授知识的老师和上帝相提并论，可见，他们对于知识的认识有多么的深刻。他们有一条万古不变的真理：财富可以被带走，唯有知识和智慧永不流失。

有一艘船在海上航行，这艘船上的旅客除了一位拉比之外，其他的都是腰缠万贯的大富翁，犹太历史上的拉比很多都是十分贫穷的，他们的出身大都十分卑微，比如希勒尔拉比原来是木匠，亚基巴拉比是牧羊人，而梅鲁拉比一个礼拜的生活费只有三米钠。但是由于犹太人们对于智慧的崇敬，所以，这位穷困潦倒的拉比才得以和这些大富豪们坐在同一艘船上。

有一天，大家坐在甲板上聊天，富翁们情不自禁的炫耀起自己的财富来，一直坐在边上默默无语的拉比说话了："如果要说财富的话，我觉得你们谁也比不上我富裕，虽然现在我无法证明，但是将来有一天你们会明白的。"富人们出于对拉比的尊敬，谁也没有出言嘲讽他，只是在心里暗暗发笑。

但是，拉比所说的这一天并没有等太长时间。在航行途中，他们遇上了大飓风，连水手们也没有办法，富翁们只好去请教拉比。拉比凭借着所学的知识，指导水手们避过了这一场灾难。飓风过后，拉比向富人们说道："在面对这种情况的时候，如果没有智慧，即使有亿万的家财也是毫无用处。"富人们不服气地回答道："如果我们花钱请几个更加高明的水手来，相信他们也一样可以避过飓风的。"拉比笑笑，没有再说话。

后来，在轮船前进的过程中，他们遇到了一群海盗，富人们引以为豪的财富被一抢而空。没有资金维持航行，轮船在一个港口停泊了下来，所有的人都不得不上岸自谋生路。

这个时候，拉比因为拥有丰富的学识和智慧而受到了当地人们的器重，成为了当地一所名校的教师，而那些富翁们却艰难度日。

于是，富翁们由衷地感叹："还是拉比的话正确，拥有的财富可以在一时之间全部失去，但是一个拥有学问的人，却会永远富有。我终于明白为什么我们的祖先要我们世世代代的尊敬拉比，其实尊敬的正是他们所拥有的知识和智慧啊。"

另外，犹太人在孩子三岁的时候，就开始教他们学习希伯来语的罗马字；在五岁的时候，就开始将孩子送进"赫德路"学校接受正式的教育，学习《摩西五经》和祈祷书以及相关的注解；到了七岁，开始学习《圣经》的其他部分以及《塔木德经》，并开始用希伯来语阅读；在十三岁成人之前，犹太孩子们要学完所有犹太教法的基础知识。犹太人重视知识的程度由此可见一斑。

而孩子们还会看到这样的一个童话故事，在耶路撒冷有一户十分贫穷的人家，但是他们却是极度虔诚的犹太教徒，出于他们对自己的供奉，神派了一位天使去了他们家，并且允许实现他们三个愿望。

天使来到这户贫穷的人家里，告诉他们说："愿主保佑你们，神的信徒！主让我给你们带来了三个愿望，只要你们提出来，我就实现它们。"

贫穷的人为这个突如其来的好运给惊呆了，半晌，男主人说："我们要很多很多的财富。"天使说："可以。"马上，许许多多的金钱装满了他们的钱柜和大大小小的箱子。

他们都傻眼了，因为从来没有见过这么多的金钱，于是，他们开始为如何分配、管理和使用这些财富而发愁，继而争吵，然后开始大打出手，最后，他们觉得太痛苦了，就祷告："主啊，快帮我们摆脱这些烦恼吧，我们宁愿不要财富。"话音刚落，所有的金钱都不见了，又回到原来一贫如洗的样子。

最后，他们商量了一下，希望天使能够赐给他们至高无上的智慧。这时，神出现了，说道："钱再多的人也有用完的时候，知识的泉水却永流不竭。你们终于能够明白这个道理，我赐予你们至高无上智慧。"

《塔木德经》里说："把你的女儿嫁给学者吧！"犹太富豪在为自己的儿子选择新娘的时候也说："即使变卖家产也要让自己的儿子和学者的女儿结婚！"而犹太教里最有名的所罗门王说得更彻底："即使花钱，也要买智慧。"

所罗门王也好，犹太富豪也罢，他们追求智慧，这是因为他们明白金钱总是会被带走的，但是智慧却永远属于自己，任谁也拿不去。

塔木德智慧录
ta mu de zhi hui lu

犹太父母们都会问孩子一个问题，那就是："如果有一天你的房子被烧毁了，你将带着什么东西逃跑？"你的答案是什么？金钱？宝物？但是犹太父母们的答案却是：书籍！他们的理由就是：财富可以被带走，唯有知识和智慧永不流失。

犹太智慧的沃土

一个不重视教育的民族是没有前途的民族。

犹太民族丰富的智慧除了与学习和求知的传统相关，还与他们遵奉着一套完善的教育制度有关。就算在四处流浪、流动不居的恶劣环境下，犹太人从来都没有忽视教育，而是将其列为头等大事。

这样一套义务教育制度需要巨额财政的资助，以色列教育经费一直没有低于其国民生产总值的8%，在最高的年度曾达到8. 8%。

对于一个不算富裕并要维持高额军费开支的国家来说，教育投资能达到这一水平是很不容易的。美国是世界上教育最发达的国家，但它的教育经费也仅占国民生产总值的8%左右，而像日本、德国就更低。

如果说，义务教育在今日尚属不易，那在犹太人历史上就更加不易了。为了保证学子们的学业与生活，犹太民族做出了两项制度性安排。

一项制度交纳是什一金，即每人把自己总收入的1/10，当然更多一些也可以，捐献出来，而且不管是谁，哪怕本人是接受施舍的穷人，也必须捐献1/10，唯有极个别的情形才有豁免的资格。

另一项制度安排是犹太人在婚配上的"门当户对"，这种"门当户对"

的独特之处在于，犹太人最理想的婚配是最有学问者（拉比或其他智者）的子女同最富有者的子女的结合。无论在古代的开罗、伊比利亚的托莱多、威尼斯共和国，还是中欧的犹太村社，人们都持有同样的观念。

从犹太人对教育的重视和对教师的敬重上来看，任何人都不难想象出教育的场所——学校，在犹太人生活中是何等的神圣。

1919 年，犹太人正同阿拉伯人处于日趋激烈的冲突之中，耶路撒冷的希伯来大学便在前线隆隆的炮火声中奠基开工。此后连绵不绝、愈演愈烈的冲突，并未能阻止这所大学在 1925 年建成并投入使用。

今天，人口仅 400 多万的以色列却拥有 6 所跻身世界一流的名牌大学：希伯来大学、特拉维夫大学、以色列理工学院、海法大学、内格夫一本古安大学和巴尔伊兰大学。

犹太人之所以特别重视学校的建设，除了他们“以知识为财富”的价值取向之外，还因为在他们看来，学校无异于一口保持犹太民族生命之水的活井。《塔木德》中记载的三位伟大拉比之一——约哈南·本·札凯拉比就认为：学校在，犹太民族就在。

公元 70 年前后，占领犹太国的罗马人肆意破坏犹太会堂，图谋灭绝犹太人。面对犹太民族的空前浩劫，约哈南殚精竭虑，想出一个方案，要亲自去见包围着耶路撒冷的罗马军队的统帅韦斯巴芊。

约哈南拉比假装生病要死，才得以出城见到罗马的司令官。他看着韦斯巴芊，沉着地说道：“我对阁下和皇帝怀有同样的敬意。”韦斯巴芊一听此话，认为侮辱了皇帝，做出要惩罚拉比的样子。

约哈南拉比却以肯定的语气说：“阁下必定会成为下一位罗马皇帝。”

将军终于明白了拉比的话，很高兴地问约哈南此来有何请求。约哈南回答道：“我只有一个愿望，给我一个能容纳大约 10 个拉比的学校，永远不要破坏它。”

韦斯巴芊说：“好吧，我考虑考虑。”

不久以后，罗马的皇帝死了。韦斯巴芊当上了罗马皇帝。日后当耶路撒冷城攻破之日，他果然向士兵发布一条命令：“给犹太人留下一所学校！”

学校留下了，留下了学校里的几十个老年智者，犹太的知识、传统得以延续。战争结束后，犹太人的生活模式也由于这所学校的存留而继续保存下来。

约哈南拉比以保留学校使犹太民族和犹太文化得以传承，无疑是一项极富历史感的远见卓识。

一方面，犹太民族在异族统治者眼里，常常被视为文化上的吞并对象。而小小的犹太民族之所以敢与世界帝国罗马相抗衡，其直接原因首先不是民族的政治统治，而是异族的文化统治，亦即异族的文化支配和主宰：即罗马人亵渎圣殿的残暴之举而引发的。

另一方面，犹太人与其他民族的区别，首先不是在先天的种族特征上，而是在后天的文化基因上。犹太人中有白人、黑人和黄种人。至今作为犹太人国家的以色列向一切皈依犹太教的人开放大门，因为接受犹太教就可被看作一个正统的犹太人。

我们完全可以说，为了达到这一文化目的，犹太人长期追求的，不仅仅是保留一所学校，而是力图把整个犹太生活的传统和犹太文化的精髓保留下来。从犹太民族2000多年来持之以恒、极少变动的民族节日，到甘愿被幽闭于“隔都”之内以保持最大的文化自由度，到复活希伯来语，到基布茨运动，所有这一切都典型地反映出了犹太民族的这种独特追求和这种追求中生成的独特智慧。

这种智慧就是对民族文化的高度自信、执著和维护。

也正基于此，犹太商人才会认为没有知识的商人不算真正的商人，既然不是真正的商人，那就没有必要与之做生意。犹太商人绝大部分学识渊博，头脑灵敏。在他们眼里，知识和金钱的多少是成正比的，只有拥有丰富的阅历和广博的业务知识，在生意场上才能少走弯路、少犯错误，这是能赚钱的根本保证，也是商人应具备的基本素质。

塔木德智慧录

ta mu de zhi hui lu

商人变得有学识是文明的进化，是推动经济发展的一只无形的手。犹太商人具有令人叹服的经商头脑，正是他们民族尊重知识，酷爱学习，重视教育的必然结果。以知识武装自己的犹太商人，左右逢源，处变不惊，这是“第一商人”的魅力所在！

将传承与思考结合起来

犹太说，“知识有两种：一种来自经典，一种来自思考。”这句其实告诉了我们学习应该有两种方式，而且缺一不可，一种是学习，另一种是思考。

知识有两种存在的方式：第一，具体的存在，也就是说以文字形式存在的，能够明明白白看到的；第二，抽象的存在，也即是你经过思考所得到的结果，以及你思考的本身。

有这么一个笑话：有一个人死后抱怨上帝，为什么不把苹果砸在他的头上，否则发现“万有引力”的就将会是他，他的名字就将会永垂青史，而不是默默无闻。于是上帝就让时间倒退了一百年，这个时候人们还不知道什么叫做万有引力。

一个夏天的午后，这个人坐在苹果树下睡觉。突然头上被砸了一下，他翻身一看，原来是一个苹果从树上掉下来了，于是他捡起来就吃了。上帝看了之后笑了笑，过了一会，又把一个苹果砸在他的头上，这个人一看又是苹果，于是就没有理会，只是挪了挪身子换了个地方接着睡觉。上帝摇了摇头，第三次把苹果扔下去，这时候，这个人被激怒了，他抓起苹果就向身后扔去，正好砸在不远处的牛顿头上。然后牛顿就开始在想为什么苹果会往下掉呢？为什么它不往上掉呢？最后，发现了著名的万有引力定律。

这虽然只是一个笑话，但是却说明了一个道理，用洛克威尔的话来说是：“真知灼见，首先来自多思善疑。”而用犹太人、伟大的科学家爱因斯坦的话说就是：“思维世界的发展，在某种意义上说，就是对惊奇的不断思索和加以摆脱。”

洛克威尔所说的，正是犹太人的想法：只有经过思考所得的结论才能算是真正的属于你自己，否则不管学到的道理多么地正确和伟大，那也是属于别人的，和自己毫不相干。所以，即使从经典中学到了知识，也不要忘了问“为什么”，因为只有在学习中不断地打出问号，才能在生活中不断地得到惊叹号。而知识就在这些问号和惊叹号中获取并且得以加深和强化。

布莱希特说：“思考是人类最大的乐趣。”爱迪生也说：“不下决心培养思考习惯的人，便失去了生活中最大的乐趣。”可见对于思考，哲人们是多么的重视。

犹太人有这么一个比喻：说是做学问就好像做衣服一样，不但要从缝纫书中学习怎样去做一件衣服，而且在做衣服的过程中还得要不断地去思考到底怎样的样式才是最好看的，怎样的样式才是最合身的，怎样的样式才是最流行的，到了最后，你自己就可以去写一本缝纫教科书了。

塔木德智慧录

ta mu de zhi hui lu

思考，对于每一个人来说都是非常重要的。思考的过程就是理解的过程，也是提高认识的过程。只有在学习中提出问题并认真思考，才能深入进去，把学到的知识转化为智慧和能力。如果在学习的时候不求甚解，那就什么也学习不到。

培养孩子坚强的品性

《圣经》中说：从没有人发现智慧存在于什么地方，或曾经进入过智慧的宝库，而且那些作过尝试的人也都消失了。你想要得到智慧，只有用你的身躯去接受你的命运的考验。

人在这一生当中，难免会遇到挫折，遭受苦难，挫折和苦难可能使人不断消沉，也可能使人的意志更加坚强，继续向命运挑战。苦难是人生的一位良师，他能教给孩子学会用积极的态度、感激的心情对待一切问题，养成坚强的意志，敢于面对困难，解决困难。

一个人的道德意志与他的品格完全是一致的：道德意志越是强大，其品格的形成越快、越牢固。意志是一个与克服困难相联系的概念。一个人在实现自己的目标的过程中，总会碰到许多难以预料的困难，克服困难的过程就是意志活动的过程，在不断克服困难的过程中，强大的意志就慢慢培养起来了。

如果一个人拥有了坚强的意志力，那么他就会有克服困难的勇气。因此，坚强的意志力是一个人成功的关键因素，是人行为的持久动力。为此，父母应当有意识地培养孩子坚强的意志力，让孩子多吃一些苦。

今天的孩子生活在一个富有的年代，优越的生活条件已经使他们不知道什么是贫穷与艰难。很多父母的通病就是过分溺爱自己的孩子，把他们当作“活菩萨”供在家里。过分溺爱孩子的后果是让孩子变得懒惰、脆弱、娇气、依赖性强、不思进取……

这是一个非常严峻的问题，值得每个家庭注意。

因此，不可过分溺爱孩子，从小培养孩子坚强的品性，让他们学会正确面对挫折。要让孩子知道“失败是成功之母”，以此激发孩子奋进，取得成功。

一些人认为，要想孩子有所作为，并不一定非要孩子都去吃苦，都去经历艰难困苦，这种认识是不合理的、也是不科学的。苦难能增强孩子的意志力，父母应该理性地去对待孩子，给孩子一个适合发展的环境，让孩子有足够的意志力，去面对未来复杂而竞争激烈的社会。

心理学家曾表明，一个人的智商与一个人的成就不是成正比的。成就高的人不一定智商过人，智商高的人并不一定成就高，但意志力的强弱差异却与人的成就大小有着明显的关系。

在现今社会，很多家长为了锻炼孩子，每逢冬天，幼儿都要光着身子在冰雪中滚爬跌打一定时间。寒风凛冽，孩子冻得浑身发抖，但父母们硬起心肠，决不会提前抱起自己的孩子。他们明白，只有让孩子经受了这样的考验，才能使他们更加坚强。

在以色列有一所“鲸鱼学校”，这所学校就是让孩子们乘上帆船在一年之内横渡两次大西洋，游遍 3 个岛，必须经受风浪的考验，忍受饥饿的威胁。这所学校的孩子必须学会驾船、捕鱼、做饭，还要完成考察、读书、讨论等课程。同时，为了熟悉当地的风土人情，他们还要与当地人打交道。孩子们经过这样一番磨炼，大都锻炼成为一个智勇双全的人。

爱孩子是父母的天性，但在爱的过程中一定要清楚：什么才是真正的爱，怎样才能爱得有价值、有意义。人的一生不可能是风平浪静、一帆风顺的，给孩子苦难的教育与适当的磨难，教导孩子正确对待失败、挫折，从失败和挫折中总结经验，吸取教训，培养孩子良好的心态和百折不挠的坚强意志，会使孩子终生受益。

塔木德智慧录

ta mu de zhi hui lu

在生活中，困难与挫折是不可避免的，孩子在成长的过程中免不了会在困难中跌倒，让孩子明白失败并不可怕，可怕的是跌倒了爬不起来。

没时间不是阻碍你学习的理由

许多年前，一位基督教徒想要雇一辆马车，但是他寻遍了广场的角落，只看到一排犹太人的马车，却没有看见车夫的人影。

于是他问在一旁玩耍的小孩："车夫哪去了？"小孩指着附近的一个俱乐部说："在那里边。"基督徒便顺着小孩所指点的方向走去，等他进入这间狭窄的屋子的时候，他发现所有的车夫都在学习《塔木德经》。这位基督教徒很奇怪，于是发问道："你们为什么在这里学习呢？现在不是该工作的时间吗？你们为什么不等到真正空闲的时候再学你们的《塔木德经》呢？"

其中一个车夫翻开《塔木德·艾博特》大声得念道："不要说等我有空闲时我就读书，恐怕你是不会有空闲的。"

从这个故事可以看出，犹太人对于学习是很看重的，不仅如此，他们还主张学习就要及时，不能挑时间。

犹太人还有句俗语：“酿蜜不嫌花少，读书不弃分与秒。”意思也是大同小异，都是在告诫我们，不要等到所谓的空闲的时候再去读书，要立即去做。

确实如此，很多人在学习的时候，总是对自己说：“我现在很忙，等到我有空余的时间了，我一定要好好的读书、学习。”但是结果他永远也没有空闲，也就没有时间去学习了。

真正成功的人士是不会有这样的理由的，相反，他们从来就不会找寻理由来推托读书，成功之前，他们“凿壁偷光”“囊萤映雪”“焚膏续晷”；成功之后，他们也还是“马上、枕上、厕上”的书不离手。

举一个例子。18 世纪俄国杰出的科学家罗蒙诺索夫是俄国唯物主义哲学和自然科学的奠基者。他出生在俄罗斯北方的北德维纳河的一个大岛上。他家境清贫，无力上学，全仗自学成才。由于要帮助父亲维持家里的经济生活，罗蒙诺索夫只好趁着夜深人静的时候，一个人偷偷地躲在屋后的一个板棚里，靠着蜡烛的微弱光亮，如饥似渴地读书。

1730 年，19 岁的罗蒙诺索夫悄悄地背着行囊来到了莫斯科，他是来求学的。但是由于他的贫穷，没有任何一所学校愿意要他。后来在同乡杜季科夫书记官的帮助下，他进入了莫斯科神学院学习。

在神学院里，罗蒙诺索夫利用一切时间，没出三个月，便把一年级的全部书给读完了，老师让他跳了级。又过了三个月，罗蒙诺索夫又把二年级的书给看完了，接下来他又跳到了三年级、四年级。最终，罗蒙诺索夫只用了四年的时间就学完了八年的课程，而且还把图书馆里的书都几乎读遍了。

很多人不明白这个道理，不停的给自己找借口，但是这些借口大都是难以成立的。因为无外乎“我很忙”“我没有时间”“我有个约会”“我太累了，我要睡觉”等等诸如此类的理由，似乎自己是一个整天忙忙碌碌的成功人士一样。

犹太人似乎在这方面要更胜一筹，因为在犹太人里面即使是烤面包的，他们也会利用任何时间思考如何提高自己的烤面包技巧，然后不停地学习。

培养独立思考的能力

犹太人在教育孩子时经常鼓励孩子多问为什么，进而培养他们独立思考的习惯。他们认为，学习应该以思考为基础。思考是由怀疑和答案组成的。学习便是经常怀疑，随时发问。怀疑是智慧的大门，知道得越多，就越会发生怀疑，而问题也就随之增加，所以发问使人进步，发问和答案一样重要。

正是基于这种认识，犹太人家庭特别注意与孩子的思想交流，孩子一直受到成人的教诲和指导。孩子们可以同成人谈话和讨论问题，偶尔成人还会和孩子们缠个没完，意在引导他们投入到学习与研究中去。无疑，犹太人出名的口才和智力测试中的高分同这一点是分不开的。

诺贝尔奖获得者、美籍犹太人赫伯特·布朗说：“我的祖父常问我，为什么今天与其他日子不同呢？他总是让我自己提出问题，自己再找出理由，然后让我自己知道为什么。我的整个童年时代，父母都鼓励我提出疑问，从不教育我依靠信仰去接受一件事物，而是一切都求之于理。我认为，这一点是犹太人的教育比其他人略胜一筹的地方。”

犹太人的基本信仰只有一条：承认上帝的存在，其他一切都可以根据自己的经验和理解去独立思考，而这并不违背教义。“三个犹太人有四种意见”是犹太人好争辩的写照。即使在家庭、摩西十戒中，父母与子女的关系只有一条：“孝敬父母”。父母有责任指导孩子读书，增长知识，明辨是非，他们在一起诵经，共同探讨经文真谛，达到交流思想的目的。孩子不简单模仿大人行为，要多问为什么，甚至展开争论。这与家规并不相悖，而会受到鼓励。可见，犹太人从小便教育孩子不迷信于权威，敢于怀疑，善于独立思考这一习惯，得益于他们有着良好的传统与教规。

犹太人维尔纳·卡尔·海森堡的大名在全世界物理学家中是极其响亮的，他 31 岁就获得了诺贝尔奖。当他入读慕尼黑大学第三年，还不足 22 岁时，就以非常出色的论文获博士学位。他的导师——世界级著名物理学家、物理学慕尼黑学派领袖索末菲对他赞不绝口："这几年来，眼看海森堡轻易地完成他的学业研究，真令人产生'智者不难'的感觉。在理论造诣上，我们都自愧不如。"一个名导师如此评价自己的学生，是非常罕见的。海森堡有哪些过人之处呢？

海森堡何以成功？值得注意的其中一点就是他不迷信权威，注重独立思考。

海森堡不迷信权威，注重独立思考，这与他父亲的言传身教分不开。他父亲是慕尼黑大学的教授，父亲的家训是："无论什么事情，都要自己看过才能相信！""千万不要盲目！要保证内心的自由，不要受流行见识所左右。你们只应该相信自己的严格判断，并且只对这种判断负责。"

当海森堡在"格丁根玻尔节"向当时的物理学"教皇"玻尔提出不同意见的时候，当他向物理学大师玻恩递纸条的时候，当他根据他的思考创立新理论的时候，他一定谨记着他父亲的家训。他把家训有效地用在科学研究上，他常对人说："如果你决心献身于科学，就应该对任何一种想法仔细考虑，一再加以怀疑，不能毫无批判地接受下来。"他还表示过这样的信念："在每一个崭新的认识阶段，我们永远应该以哥伦布为榜样，他勇于离开他已熟悉的世界，怀着近乎狂热的希望到大洋彼岸找到了大陆。"

关于独立思考，《塔木德》中有这样一段案例：

教士问："有两个犹太人从高大的烟囱里掉下去，一个满身脏，一个很干净，谁会去洗身子呢？"

年轻人说："当然是满身脏的人！"

教士说："你错了！满身脏的人看着很干净的人想：我身上一定也是干净的；很干净的人看着满身脏的人想：我身上一定也是满身脏的。所以，是很干净的人去洗身子！”教士接着问：“两个人后来又掉进去高大的烟囱，谁会去洗身子呢？”

年轻人说：“当然是那个很干净的人！”

教士说：“你又错了！很干净的人在洗澡时，发现自己并不脏；而那个满身脏的人则相反。他明白了那位干净的人为什么要洗澡，所以这次他跑去洗了。”教士再问：“第三次从烟囱掉下去，谁又会去洗澡呢？”

年轻人说：“当然还是那脏身子的人。”

教士说：“你又错了！你见过两个人从同一个烟囱掉下去，其中一个干净，一个脏的吗？”

这个故事中的教士似乎是在戏弄年轻人，但实际上是在告诉他一个真理：永远不要盲目地遵循别人思路，应该学会自己独立思考。

塔木德智慧录

ta mu de zhi hui lu

求知是让自己丰富，更让自己变得灵活机智、善于洞见。在这个世界上，相同的事情绝对不会重复出现。因此，当面临一种新的状况时，谁也不能把以前所学的东西，原本不动地运用上去。学习到的东西只能给人以知性的感觉，要使知性变得灵敏就必须融会贯通发表自己的见解。因此，敢于怀疑、独立思考就是求知的钥匙，从而才能开启智慧的大门。

因材施教的艺术

犹太人有着独特的育人艺术，他们教育学生的方法是：按学生该走的路来认真地教育他。犹太人很注重因材施教，而且教育方法有很强的灵活性。

在教育学生时，犹太老师对于所有的学生一视同仁，他们把好学生和差学生安排在一起，借以带动差学生向好学生学习，这种方法很有效果；犹太老师奖罚分明，他们会适当地奖励成绩优秀的学生，以此来调动学生的学习积极性。同时，他们不会去惩罚学生的失误，因为他们认为，惩罚失误可能会使学生退缩或者叛逆，而对于大错给予适当的惩罚会使学生走上正确的道路。

犹太拉比们认为，老师在给学生上课时，如果学生不理解老师的讲解，老师应该不厌其烦地反复讲解，直到学生们完全理解并掌握为止，而不可以对迟钝的学生发火，这是对老师道德方面的最基本要求。而且，犹太拉比们还认为，如果一个学生在老师重复了好几遍后才可以掌握讲课内容，这并不表明他比别人差，他不应该在那些只听一两遍就能掌握老师讲课内容的同学面前感到羞愧。

在教学过程中，老师如果发现有的学生在学习时粗心大意或懒惰，就应该帮他们纠正错误或者严厉地责备他们，这是老师的责任。如果老师对这样的情况置之不理或者视而不见，那么这就是严重的失职。

犹太老师注重教学方法，他们要求老师不能强行给学生们加重负担，因为给学生加重负担会使学生对学习失去兴趣，而在轻松愉悦的环境中学习，不仅可以增强学生的学习积极性，而且可以提高学习效率，必要时，老师要给学生们一些小小的奖励来调动他们的学习积极性，让他们感到高兴。老师可以故意在学生们面前摆出“漏洞”，然后再通过向学生提问，来激发学生们思考问题的兴趣，从而考察学生们对老师所讲内容的掌握程度。

如果学生在上课时走神或者捣乱，老师可以把他安排到一个学习勤奋的学生旁边，或者可以像犹太拉比们那样讲一些不可思议的事情来激发学生的学习兴趣或使他们保持注意力。

例如：一位拉比在一次演讲中，发现他的听众竟然都睡着了，他很失落。为了能让听众振奋起来，他突然高声叫道：“一位埃及妇女一次生了6000个孩子！”一位学生听到这句话，一下子就从困倦中惊醒了，他大声问拉比：“这怎么可能？她是谁？”拉比大声答道：“确有其人，她就是约克白德，她生了摩西，一个摩西等同于6000个普通人。”

这位拉比的做法很高明，他用巧妙的语言集中了学生的注意力，他的这种做法值得教师学习。

犹太人认为，教育学生要有紧有松，不要太苛刻，一定不能像约书亚那样，把学生力拒门外。

一次，约书亚带着他的学生从亚历山大到耶路撒冷，途中经过一个小酒店。酒店的主人知道约书亚是个有知识的人，所以对他非常尊重、非常热情。“这个 aksania 可真漂亮啊！”约书亚说。

aksania 有两层意思，既可以描述酒店也可以描述酒店老板。很显然，约书亚是在称赞酒店设计得很漂亮。他旁边的学生听到老师的话便说到道：“她是很漂亮，但遗憾的是她的眼睛小了些。”显然，这个学生说的是酒店的老板娘。

“没有道德的家伙！”约书亚叫道，”难道这就是你整天想的事吗？”于是，约书亚毫不客气地将这个学生逐出了师门。这个可怜的学生知道自己错了，他多次找到约书亚，苦苦哀求老师让他继续留下来，但是约书亚的态度非常坚决，他拒绝接受这样的学生。

一天，在约书亚祈祷的时候，这个学生又来了，约书亚决定收留这个学生，于是，他向这位学生做了一个手势，意思是等他做完祈祷再说。可是这位可怜的学生理解错了，他以为又被老师拒绝了。于是，他黯然地离开了老师，转而崇拜起月神来。

犹太人认为，像约书亚这样的老师是不合格的，这是做老师的一大失败。通过这件事情，犹太人也对学生提出了忠告：不能说没用的话和没礼貌的话，言辞要谨慎，学习要刻苦。

犹太老师总结出了许多可供学生采纳与借鉴的学习方法：

第一，反复学习。一个把知识复习了一千遍的人，是一个把知识复习了一百遍的人所永远也比不上的。这也揭示了温故而知新、熟能生巧的道理。

第二，认真阅读。写完东西以后，要注意再仔细地读一遍，因为任何人都不能避免疏漏。哪怕是写了一封短信，也绝不能因为匆忙而不去再读一遍，要仔细地检查其中的错误。这是犹太人学习严谨的体现。

第三，在写文章时要正确地使用语法，要注意准确用词。因为一个人如果在写作上出现了大错误，人们会一直记着他的这些错误，这可能会影响他的声誉。对于学习，犹太人精益求精。

老师在给学生上课时，如果学生不理解老师的讲解，老师应该不厌其烦地反复讲解，直到学生们完全理解并掌握为止，而不可以对迟钝的学生发火，这是对老师道德方面的最基本要求。

让孩子懂得感恩

从小培养孩子感恩与分享，不仅是一种礼仪，更是一种健康的心态。在犹太人家庭里，父母与孩子之间的爱都不是单向的，而是双向互动的。孩子不只接受来自父母的爱，更懂得爱的反馈和回报。犹太人认为，只有学会分享，孩子将来在学校里、社会上才能更好地与周围的人相处和合作。因为将来的社会不仅是竞争的社会，更是合作的社会。

犹太男孩捷克已经7岁了，当年，妈妈在生捷克的时候难产，情况十分危急，医生们采取了果断的措施，经过全力抢救，母子俩脱离了危险。因此，每年捷克过生日的时候，妈妈总会带着他到医院看望当年保他们母子平安的妇产科医生，感谢他们的救命之恩，是医生们高超的医术才有自己和孩子今天幸福的生活。即使在捷克生日那天，妈妈有重要的事情不能带捷克去医院，也会让捷克打个电话问候那些医生。

今天，在大多数的家庭里，父母非常宠爱自己的孩子，孩子就是家中的“小皇帝”，要什么有什么，得到所要的东西似乎是理所当然——有的家庭在吃饭时把好吃的菜都留给了孩子；看电视遥控器由孩子主宰；家里来了小客人，孩子竟不容许妈妈把零食分给小客人吃。这样下去，“分享的观念”和“感恩的心”就难以在孩子的心里生根。

犹太人认为，教育孩子感恩，要从教育他感谢父母开始。要让孩子明白，父母把他们养到这么大是很不容易的，孩子必须用自己的一生去回报父母的养育之恩。犹太人经常给孩子讲动物感恩的故事：乌鸦长大后，还返回来喂自己的父母，就像当初父母从外面寻找食物喂自己一样。鸟都能做到这一点，更何况是人呢？

犹太人告诫我们，教育孩子感恩，不要过于焦急，要教育孩子从小事做起，比如从尊敬老师、帮助老师擦黑板、主动分担父母的家务活儿、为父母分忧等不起眼的实在事做起，着力培养孩子的感恩意识，使他永远不忘父母师长的养育、教导之恩，不忘别人对自己的帮助之恩。对于曾经帮助过自己的人，感激之情应该发自内心，而不是做个表面文章，更不能忘恩负义。

其次，犹太人认为，培养家庭责任也是很重要的。可根据孩子年龄，指导孩子承担一定数量的家务劳动，也可让孩子参与社区服务。通过这些劳动，让孩子体验到父母的辛劳，使其更加珍惜家庭生活的幸福。

要想让孩子学会感恩，父母的榜样作用也是不容忽视的。在生活中，父亲与母亲既应各自承担家庭的责任和义务，又应共同分享家庭的利益。父母要“在乎”家中每一个人，关爱他人的需求，尊重他人的权益。如父母应常说“行”“麻烦你”“谢谢”。父母的一言一行深深地影响着孩子，孩子会在对父母的模仿中体会到一种感恩的思想。

塔木德智慧录
ta mu de zhi hui lu

感恩应该是一种更为广泛的情感，而不能仅仅局限在对父母的感恩上。在与他人的交往中，需要让孩子真心地去感谢那些曾经帮助过自己的人。

以一颗虔诚之心尊重教师

在古代犹太社会里，凡是被称为“他尔米特·赫里姆”，即精通犹太法典者，都不必纳税，因为大家认为他们已经付出了很多的心力，对这个社会有着莫大的贡献，所以他们不但不必纳税，还有权利得到整个社会的全力帮助。

有一条犹太格言是这么说的：“即使变卖一切家当，使女儿能嫁给学者也是值得的；为娶学者的女儿为妻，纵然付出所有的财产也在所不惜。”由此可见，学者在人民心中占有多么重要的地位。

犹太人历来有尊师重教的传统，每个孩子还很小的时候，父母就告诉他们要热爱学习，尊敬师长。在犹太历史上，教师一词的确切含义并非是一成不变的。在早期的犹太社会中，教育尚处在以家庭教育为主要形式、神学教育为主要内容的初级阶段。当时，社会上并不存在专职的教师职业，教育子女的任务主要是通过父亲和拉比共同完成的。在家庭中，父亲承担着教育子女的任务，他把智慧之言及为人处世的道理传授给自己的子女，因此，父亲就是教师，教师也就是父亲。所以，在希伯来语中，“父亲”一词本身就具有“教师”的意义。

在犹太传统中，教师享有极高的地位。在犹太人看来，在社会上，拉比不仅是神职人员、牧师、法官、医生、律师，而且是教师。因为在希伯来语中，“拉比”一词的第一涵义就是“教师”。他作为智慧的化身，不仅要向学生解答学业上的难题，而且还要指点生活上的迷津。不论人们遇到什么样的困难，都会向拉比求助，而拉比们说过的话往往被视为至理名言。

在犹太中还长期流传着这样一个说法：教师比父亲重要。有人做过这样的测试，让孩子回答这样一个问题假如你的老师和你的父亲同时被海盗绑架，必须以巨额财产才能赎回他们的生命，而你所拥有财产只能赎回一个人，那么你会选择救谁？测试的结果是孩子往往会选择，先从强盗手中救出自己的老师。

《塔木德》中还记载着这样一个故事，三位拉比被派到一个小镇来检查这里的教育情况。他们来到后对城里的居民说："把守护这个城市的人找来。"于是，当地人便把军队的士兵带来了，但拉比们却大声说："这些人不是城市的守护者，而是城市的破坏者！"居民们感到不解，问道："那么谁是城市的守护者呢？"拉比们回答说："城市的守护者是教师。"在拉比们看来，教师才是犹太城堡的保护者，是民族智慧的守护者，因为教师的事业关系到整个民族的未来。

正因为如此，犹太家长们经常引用《塔木德》这样告诫孩子们："惧怕你们的师长，就像惧怕上天一样。"长期以来，各地的犹太人都形成了一种尊师重教的优良作风。他们使"拉比、教师和有智慧的人得到极高甚至可以说是过高的声望"。

有一句犹太谚语这样说："赫黑姆（希伯来语，有智慧人之意）和富翁谁伟大？当然是赫黑姆了。因为赫黑姆知道金钱的可贵，但有钱人却不知道智慧的可贵。"有知识和智慧的学者是人们尊敬的中心，可以看出犹太民族是多么注重智慧。

在犹太人家中会有这种情况：家庭中产生了议员、部长、将军，并不被看重，而如果产生了一名或几名博士、教授，就非常荣耀。正因为这样，犹太人中产生的诺贝尔奖的获得者、科学领域中的代表人物及各种高级专业人才的数量均远远超过其他民族。犹太民族非常尊敬师长。在希伯来语中，山被称做"哈里姆"，双亲为"赫里姆"，教师为"奥里姆"，同山的发音非常相似。犹太人一向都认为双亲和教师都像是巍峨的高山，比普通人高出许多。

拉夫曾到过一个城镇，命令那里的人斋戒、祈祷来求雨，但雨却没有下。

于是，集会的诵经师便走到藏经龛前大声念诵祈祷书上的话："上帝让风吹。"话音未落，风立即吹了起来。

诵经师接着念道："上帝让雨降下来。"顷刻间，雨便下了起来。

拉夫问诵经师："你做了什么特殊的事迹而得到如此丰厚的奖励？"

诵经师答道："我教育孩子们，对穷人的孩子和富人的孩子一视同仁。对于交不起学费的人，我从不收费。而且，我有一个鱼塘，如果有孩子不想学习了，我就给他几条鱼，然后再把鱼从他那里赢过来。这样，他不久就变得好学了。"

因为师德崇高，垂范后世，也因为上帝奖赏有知识的人，所以犹太民族无比崇敬师长。

拉瓦说：如果你有一个胜任的老师，而另一个老师的能力更强，你也不能把第一个老师赶走而跟第二个老师学习，因为如果那样的话，这第二个老师就会因缺乏竞争而变得懒惰。但尼哈迪亚的拉夫迪米却说，如果第二个老师被任命的话，他会更勤勉，因为谚语说："抄写员中的嫉妒增进智慧。"（他将努力工作以便胜人一筹。）

拉瓦进一步说道：如果有两个老师，一个教课快，但有错误；而另一个教课慢而没有错误。那么，我们任命教课快的那一个，因为错误随着时间会自我修正。但尼哈迪亚的拉夫迪米不同意这种看法。他说：我们必须任命讲课虽慢却不出错的那一个，因为一旦一种错误扎根于学生的心田，就永远不能根除。

一个孩子可以从一个老师那里转到另一个在阅读和语法上更有能力的老师那里，但必须满足一个条件：老师和学生住在同一个城镇，并且没有被河流阻挡。因此，决不能把孩子送到另一个城镇的学校，甚至不能把孩子送到同一个城镇中隔一条河的学校，除非河上有坚固的不可能倒塌的桥。

这一点是犹太民族可引以自豪的传统，因为其他民族总是把王侯、贵族、将军或者富豪的地位放在学者之上，犹太人却更看重学者和教师，认为他们比国王更伟大。

塔木德智慧录
ta mu de zhi hui lu

犹太人的优秀之所以能延续下去，其中一个很重要的原因就是因为他们重视教育，而决定教育质量的关键因素就是教师。因此，犹太人历来尊崇学者，教师和有智慧的人享有很高的声望。

学习需要怀疑

尽信书不如无书

怀疑是学习的钥匙，能开启智慧的大门。求知的欲望正是不懈学习、探求知识的动力，而怀疑能引导自己不断获得新知识。

《塔木德》说：“好的问题常会引出好的答案。”

可见，好的发问和好的答案一样重要。问题要是问得好的话，答案也常常是深刻的。没有怀疑的精神，是不会发问的。思考就是由怀疑和答案共同组成的，所以，知道如何怀疑的人就是智者。

人没有理由对什么事都确信无疑。怀疑一旦开始，就会出现许多的疑点，循着怀疑的线索去探索追寻，就可以得到正确的答案。

但过分的思考对自己并没有什么好处。的确，犹豫是非常危险的，人们必须在最适当的时候果断抉择，否则就会与成功失之交臂。只有适时而大胆地行动，才会走向胜利。人不能为了学习而学习，学习是为了丰富自己的知识，使自己各方面的能力不断得到提高。在这个世界上，绝对不会重复出现相同的事情，因此，当面临一种新的情况时，谁也不能把以前所学的东西原封不动地运用上去。学习到的东西只能给人以知性的感觉。

而为了锤炼知性，就必须学习，使知性更加敏锐。

敏锐的知性可以抓住瞬间的机会，预见未来的趋势，洞悉细微处的微妙变化，把握宏观而抽象无形的东西。学习的目的便是培养这种洞若观火的洞察力。

学习一定要学到学识渊博，才能融会贯通。

犹太人说：“浅井的水一提就干，深井的水是提不完的。”

金银财宝是有限的，它总有用完的一天；而知识却是无限的，它永远与人同在。

理论与实践相结合

犹太人认为，理论来源于实践，并且随着实践的发展而发展。但是，理论又应该高于实践，它对实践具有指导的作用。只有把两者有效地结合起来，才能相得益彰。

有一只猴子在树上玩耍，忽然，它看见几个渔夫在海边撒网捕鱼，觉得挺好玩的，也想试一试。

后来渔夫们回家吃饭，将网留在岸边。猴子就迫不及待地从树上跳了下来，飞快地跑到岸边，拿起渔网，模仿渔夫的动作抡起网往外抛，结果把自己罩在里面掉进了水中。猴子使劲地挣扎，试图从里面出来，但这一切都是徒劳的。它无助地看着大海，哀叹道："我从来没拿过渔网，怎么可能会用它捕鱼呢？我落到了现在这个地步，真是活该啊！"

塔木德智慧录
ta mu de zhi hui lu

有些事情看起来容易，其实做起来却没那么简单，渔夫撒网就是如此。看似容易，实则隐藏着丰富的方法、经验，所以即使是聪明的猴子也不能一看就会。学习新事物，观察是非常关键的、不可缺少的，然而更为关键的是亲自体验，从中吸取经验和教训，这样才能真正掌握。千万不要不懂装懂，盲目行动，像猴子那样，捕鱼不成，反而把自己给害了。

将知识与实践结合起来

撒曼以色三世曾经说过："没有比既能做事又能做学问更好的了。没有劳动的学问结不出果实，相反则可能导致罪恶。"

卡曼利鲁拉比也说过类似的话："一边学习一边工作是最好的。无论你有多少学问，如果没有实际工作能力的话，一切努力都会白费。”

犹太人在学习上总是有自己的不同见解，而且这些见解往往是其他民族所缺少的，或者说所不重视的。当中国的小孩在家里看漫画、玩游戏的时候，犹太人的小孩却已经在蔬菜店门口替父母招揽生意了，有的甚至在工厂里干杂活。

很早以前，就曾有过“高分低能”和“低分高能”的热烈争论，结果谁也没有说服谁。其实，不管是哪种情况，和犹太人相比，都是走了极端的。犹太人要培养的是既要有学问，又要有能力的全新人才。

犹太人经常说，人的一生就像一棵树，学问是阳光、水、空气等等，而劳动就是泥土，没有光照等因素，小树即使能够成长也是病态的，而缺少泥土，虽然可以进行无土栽培，但是根基不稳，十分轻浮，很容易就夭折了。只有那些学问与劳动并重的人，才能茁壮成长为参天大树。

曾经有人把“读、书、死”三个字放在一起大玩文字游戏，但是结果却拼出了很令人震惊的深刻大道理：“读死书，死读书，读书死。”

其中的“死读书”就是这里所要讲明的道理：“没有劳动的学问结不出智慧的果实。”很多的人就知道死抱着书本不放，殊不知浪费了许多向社会学习的机会。他们空有满腹的学问，但是因为没有发挥出来，于是都烂在了肚子里，最后，一点用处也没有。别说是学富五车，即使“胸藏万卷书”，到头来也是“黄土一撮”，而且“泯然众人”。

犹太人就非常明白其中的得失，所以他们总是在教育别人的时候讲这么一个故事。有一个叫做哈伊尔的犹太人，是一个非常富有的大富翁。在他 14 岁的时候，远去法国留学，临走的时候，父亲给了他 100 法郎，告诉他说：“这 100 法郎就是你的学费，其余的你自己想办法吧，但是我是不会再给你一分钱了。而且即使这 100 法郎也只是我借给你的，等你留学回来，你必须还给我。”

哈伊尔明白这是父亲对他的考验，于是就揣着这 100 法郎来到了法国，到了法国之后，他凭借着从小受到锻炼的商业头脑和所学到的经济知识，想了一个又一个赚钱的好点子。到最后，他用自己赚的钱支付了在法国一共四年的费用，包括学费。

正如金钱一定要用于消费一样，金钱有五个职能，但是最重要的一个职能是作为流通手段而存在。如果像葛朗台一样把金钱财富作为一种收藏的话，有什么用？最后，面粉都硬得像石头，连斧头都劈不开；酒都已经变成醋一样发酸；而纸币更是一碰就成了灰末。

塔木德智慧录

ta mu de zhi hui lu

只有通过劳动把学问变成财富，那么这样的学问才能算是真正的有价值，真正的智慧。就如同俗语说："好钢要用在刀刃上。"如果倒过来说："只有用在刀刃上的好钢才算是真正的好钢。"这句话应该可以概括犹太人关于学问上的智慧了。

◎无论头上是怎样的天空，我准备承受任何风暴。

——拜伦

◎只有爱你所做的，你才能成就伟大的事情。如果你没找到自己所爱的，继续找，别停下来。就像所有与你内心有关的事情，当你找到时你会知道的。

——乔布斯

◎当你征服一座山峰时，它已经在你脚下了，你必须再找一座山峰去征服，否则，你只有下山，走下坡路了。

——俞敏洪

◎要想成功，必须具备的条件就是，用你的欲望提升自己的热忱，用你的毅力磨平高山，同时还要相信自己一定会成功。

——戴尔·卡内基